水生态环境保护与绿色发展国家智库丛书

人工湿地设计要点及案例分析

盛　晟　吕丰锦　宋思远　等　著

科学出版社

北　京

内 容 简 介

　　本书综合了中国电建集团华东勘测设计研究院有限公司(简称华东院)人工湿地技术团队十多年来对人工湿地的研究实践，系统回顾了人工湿地的基本概念、相关特征及发展趋势；总结了人工湿地污染物的去除机理、影响因素与强化措施；详细阐述了仿自然表流型及生态强化净化潜流型人工湿地的设计要点，并提出融入湿地公园的关键要点；此外，对人工湿地建设实施要点、运行管理以及典型生态恢复案例进行了详述。本书完整地阐述了人工湿地工程设计及实施的全部过程，讨论了中国人工湿地的现状以及目前技术的发展优势、局限以及未来发展的挑战。结合华东院多年工程实操经验，本书尝试将理论研究与实践创新相互结合，提出了人工湿地设计的新见解，以期给后续的设计、施工与管理提供良好的借鉴。

　　本书对人工湿地科研工作者和工程设计管理人员具有很好的借鉴作用和参考价值。

图书在版编目(CIP)数据

　人工湿地设计要点及案例分析/盛晟等著. —北京：科学出版社，2024.6
　(水生态环境保护与绿色发展国家智库丛书)
　ISBN 978-7-03-074030-4

　Ⅰ．①人… Ⅱ．①盛… Ⅲ．①工湿地系统–设计 Ⅳ．①X703

中国版本图书馆 CIP 数据核字(2022)第 228814 号

责任编辑：周　丹　沈　旭　赵　晶/责任校对：樊雅琼
责任印制：张　伟/封面设计：许　瑞

科学出版社 出版
北京东黄城根北街 16 号
邮政编码：100717
http://www.sciencep.com

河北鑫玉鸿程印刷有限公司印刷
科学出版社发行　各地新华书店经销
*

2024 年 6 月第 一 版　　开本：787×1092　1/16
2024 年 6 月第一次印刷　　印张：19 1/2

字数：463 000

定价：269.00 元
(如有印装质量问题，我社负责调换)

《人工湿地设计要点及案例分析》
作者名单

盛　晟　　吕丰锦　　宋思远　　徐建强　　成　静

马骏超　　贾娟华　　孙大洋　　周国旺　　郦建锋

宋凯宇　　林桂添　　傅菁菁　　韩善锐　　樊宇哲

周　锋

丛 书 序

　　水是生命之源、生产之要、生态之基。水生态环境安全是国家生态环境安全的核心。水生态环境安全和生态功能提升，是水生态环境保护和生态文明建设国家目标的重要保障。当前，在推动绿色发展、实现人与自然和谐共生现代化的总体任务要求下，协同推进降碳、减污、扩绿、增长，是新时期水生态环境保护的总要求。习近平总书记指出："十四五"时期，我国生态文明建设进入了以降碳为重点战略方向、推动减污降碳协同增效、促进经济社会发展全面绿色转型、实现生态环境质量改善由量变到质变的关键时期。在《中华人民共和国国民经济和社会发展第十四个五年规划和2035年远景目标纲要》中也对水生态环境做了具体的战略部署，新时期对水生态环境安全提出了更高要求——推动绿色发展，促进人与自然和谐共生：推进精准、科学、依法、系统治污，协同推进减污降碳，持续改善水环境质量，提升水生态系统质量和稳定性；加强水源涵养区保护修复，加大重点河湖保护和综合治理力度，恢复水清岸绿的水生态体系。因此，加强我国高水平的水生态环境保护和系统治理，是关乎国家绿色发展全局，实现中国式现代化的基础支撑和关键保障。

　　现阶段虽然我国水生态环境治理取得了显著成效，但水生态环境保护面临的结构性、根源性、趋势性压力尚未根本缓解，水环境风险不容忽视。与国际情况对比，我国在水生态环境保护与治理方面的差距明显，已经成为建设美丽中国的突出短板。当前，我国部分地区水生态系统受损严重，水资源被过度开发。人们用水量的持续增加，以及人们对水生态系统日益升级的开发利用，导致水生态系统平衡失调。由于综合国力的迅速增长，城市化进程快速提高，水体富营养化、饮用水源地污染、地下水与近海海域污染、新污染物涌现、生态用水短缺等，危及水生态和饮用水安全。水生态系统是一个依赖水生存的多样群体，对维持全球物质循环和水分循环起着重要作用。保持、恢复良好的水生态环境已成为保护水资源、实现经济可持续发展的关键，修复受损的水生态环境是恢复水生态环境健康的有效途径。我国水生态环境面临着江河湖泊整体性污染尚未得到根本解决、治理技术缺乏创新、治理理念有待更新、区域经济发展和区域环境容量不相适应、污染控制与水质目标脱节等问题，缺乏水生态统筹的系统性技术思路和协同治理的整体性技术模式，亟须通过理念创新、模式创新和技术体系创新来提升水生态环境保护与治理的系统成效。

　　近年来，我国各级政府和民众越来越重视生态环境安全问题。习近平总书记强调"要像保护眼睛一样保护生态环境，像对待生命一样对待生态环境"，绿色发展已成为新时代发展的主流，其中水生态环境的保护与治理是绿色发展的重要组成部分。2015年4月，国务院发布《水污染防治行动计划》（简称"水十条"），围绕水生态环境的保护与治理，由科技部、生态环境部、水利部、中国科学院等多部委统筹和部署，我国已经开展了多项科学研究（水体污染控制与治理国家科技重大专项、国家重点基础研究发展计划、国家重点研发计划和国家自然科学基金项目等），取得了一批重要的科研成果，产出了一批核心关键技术，并在实践过程中得以推广应用，取得了良好的效应。

这些基础性的监测数据、监测方法和治理经验，无疑为下一阶段的水生态环境保护、治理和修复提供借鉴，"水生态环境保护与绿色发展国家智库丛书"构想应运而生，成果可望为相关行业、部门和研究者，特别是水环境质量提升、水生态监测和评价、水生态修复及治理等工作提供最新的、系统的数据支撑，旨在为新时代、新背景下的水生态环境保护和绿色发展提供可靠、系统、规范的科学数据和决策依据，为后续从事相关基础研究的人员提供一套具系统性和指导性的理论与实践参考用书。

丛书将聚焦水生态环境保护和绿色发展主题，聚集领域内最权威的研究成果，内容涵盖水生态环境治理的基础理论、工程技术、应用实践和管理制度4方面，主要内容包括但不限于机制基础研究，理论技术应用创新，多介质、协同控制与系统修复理论，前瞻、颠覆、实用、经济的低碳绿色技术、工程示范、试点与推广应用等。

水生态环境保护因其自身的复杂性，是一项长期、艰巨和系统的工程，尚有很多科学问题需要研究，这将是政府和科学工作者今后很长一段时间的共同任务。我们期望更多的科学家参与，期望更多更好的相关研究成果出版问世。

中国工程院院士

吴丰昌

2023 年 3 月 20 日

序

  湿地被誉为"地球之肾"，是地球三大生态系统之一，具有涵养水源、调蓄洪水、改善气候、美化环境、控制污染、维护生物多样性等作用，是极其重要和特殊的生态系统。党的十八大把生态文明建设纳入中国特色社会主义事业"五位一体"总体布局，湿地保护为生态文明建设的重要内容，习近平总书记也曾多次考察湿地，强调要保护好湿地。

  人工湿地是湿地的一种重要类型，自 20 世纪 70 年代提出人工湿地的概念后，人工湿地以其较高的处理效率、实现废水资源化、运行维护方便、多重生态服务功能等特点，在生态城市建设和可持续发展中发挥越来越重要的作用，可以称为"城市之肾"。近年来，人工湿地运用研究的重点主要是湿地构建设计、参数、工艺流程与效益等方面，并在处理污水湿地的结构设计、运行参数与构建技术方法、管理配套技术研究等方面取得显著进展。

  然而，人工湿地运用中仍存在一些亟待解决的问题，如工艺组合、高效去污基质、防堵塞措施、数字化管理等都是当前研究的热点和难点，工程实际应用上需要进一步解决这些问题。特别在国家生态文明建设的大背景下，人工湿地水质净化与多重生态服务功能协同成为人工湿地工程设计持续发展的方向和动力，也是理论与实际紧密结合的处理技术进入一个新发展阶段的标志。

  "工欲善其事，必先利其器"。在国内人工湿地快速发展近 20 年之际，《人工湿地设计要点及案例分析》一书作者结合多年从事人工湿地研究、规划设计和应用实践的经验，系统梳理了人工湿地设计过程中综合考量的全要素特征，特别是与生态要素、复杂边界条件的衔接等；以大量的工程实际数据，对比现有规范，提出了许多创新性和独到性的见解。同时，该书也是国内少有的以人工湿地工程设计要点为重点，突出建设实施要点及运行管理措施的专著。全书注重体系的完整性和系统性，吸纳了当代相关研究成果并与工程实际结合，加以适当的概括和提炼，从理论原理、设计方法、建设实施、运行管理和工程应用等方面全面介绍了人工湿地的研究应用成果。

  该书视野宽阔、内容丰富、探讨细致深入，是理论研究与实践探索相得益彰的专著，不仅适用于基础设计人员的学习，对于有志于进一步深入研究人工湿地的学者也是一本很好的参考书。

中国工程院院士

2023 年 12 月

前　　言

我国正处于经济、社会快速发展时期，经济持续快速增长同资源环境约束的矛盾呈逐步增加的趋势，开始成为我国经济社会发展中诸多矛盾和问题产生的重要原因。党的二十大针对生态文明建设和生态环境保护，提出尊重自然、顺应自然、保护自然，是全面建设社会主义现代化国家的内在要求。水是万物之母、生存之本、文明之源，水生态文明建设是生态文明建设的重要组成部分和基础内容。

我们生活的地球是一个蓝绿镶嵌体，蓝色的是水，绿色的是植物，而蓝绿相遇形成的生态系统就是湿地。湿地与水密切相关，是地球上生产力最高的生境之一。湿地也是水资源、水环境、水生态、水景观、水文化、水经济的重要载体，是水生态文明建设关注的重中之重。湿地生态系统具有陆地生态学和水域生态学所无法涵盖的特征和特性，其独特性在于湿地作为陆生生态系统和水生生态系统的过渡带，具有独特的水文、土壤地质、微环境条件，并且其中的植物、动物、微生物种类也复杂多样。湿地特殊的水文状况和陆地、水域生态系统交错带作用，产生了特殊的生态系统功能。

人工湿地系统是用来净化污水的生态学工程系统，利用物理、化学和生物过程辅助污水处理，是逐渐出现的生态友好型工程系统。与传统的污水处理方法相比，人工湿地系统是低投资低成本、处理效率和生态服务较高的一种系统，随着大家对人工湿地系统的认知逐渐深入，其运用更加广泛，人工湿地也受到越来越多的重视。近年来，科研团队重点抓住人工湿地的影响因素以及控制性指标，使人工湿地工艺流程、组合模式、高效去污基质、模型研究、病原体微生物去除、防堵塞措施、植物管理、冬季运行等一系列难点问题成为研究热点，其中重点难点问题的解决促进人工湿地理论与实践的快速发展。

本书综合了研究人员 10 多年来对人工湿地的研究实践，系统回顾了人工湿地的基本概念、相关特征及发展趋势；总结了人工湿地污染物的去除机理、影响因素与强化措施；详细阐述了仿自然表流型及生态强化净化潜流型人工湿地的设计要点，并提出融入湿地公园的关键要点；此外，对人工湿地建设实施要点、运行管理以及典型生态恢复案例进行了详述。本书完整地阐述了人工湿地工程设计及实施的全部过程，讨论了中国人工湿地的现状以及目前技术的发展优势、局限以及未来发展的挑战。全书共分为 8 章：第 1 章主要阐述了人工湿地的基本概念与发展；第 2 章详细阐述了人工湿地污染物的去除机理、影响因素与强化措施；第 3 章详细阐述了仿自然表流型人工湿地工程设计要点；第 4 章详细阐述了生态强化净化潜流型人工湿地设计要点；第 5 章概述了人工湿地融入湿地公园关键要点；第 6 章从湿地地形塑造及基础处理、防渗处理、基质恢复、内部管道系统铺设以及植物群落构建等方面详细阐述了人工湿地工程建设实施要点；第 7 章从水位控制、植物管理、防堵塞措施、冬季运行措施、管网及设备设施维护、蚊蝇及野生物的控制、湿地监测等方面介绍了人工湿地建设运行管理；第 8 章详细介绍了城镇污水处理厂尾水水质提升、农村生活污水生态净化处理、城市主题湿地公园建设、河道滩地湿地生态修复、湖库水源地水质保障、小湖塘库等小微水体治理等典型人工湿地生态恢复案例。

　　人工湿地技术遵循了自然生态的物质循环和能量流动的原理，具有广泛的应用领域和推广价值。但目前我们的设计、施工和管理经验还很欠缺，需要在理论上不断总结提高，也需要在实践应用中不断完善，将理论研究与实践创新相结合，为后续的设计、施工和管理提供良好的借鉴。本书涉及的专业内容较为广泛，参与本书编撰工作的各位编者结合多年工程实操经验，对人工湿地设计提出了新的见解。但由于作者理论水平与专业知识所限，文中恐有疏漏与不妥之处，敬请各位专家、同仁和各界读者提出宝贵意见和建议。

盛　晟

2023 年 12 月于杭州

目　录

第 1 章 人工湿地的基本概念与发展

1.1 湿地基本概念

1.1.1 湿地的定义及分类

1. 湿地的定义

湿地（wetlands）与森林、海洋一起，并列为地球上三类最重要的生态系统。近一个世纪以来，国内外许多学者先后从不同的角度、不同的研究目的以及不同的国情，给出湿地不同的定义。从湿地的特征方面对其进行描述就可以形成湿地的定义。

1)《湿地公约》中湿地的定义

1971 年 2 月 2 日，在世界自然保护联盟(International Union for Conservation of Nature, IUCN)、国际湿地研究局(International Wetland Research Bureau, IWRB)、国际鸟类保护理事会(International Council for Bird Preservation, ICBP)的共同推动下，18 个国家在伊朗拉姆萨尔(Ramsar)召开国际会议，研究湿地保护问题，通过并签署了《关于特别是作为水禽栖息地的国际重要湿地公约》[又称《拉姆萨尔公约》(*The Ramsar Convention*)，简称《湿地公约》]。《湿地公约》把湿地定义为："天然或人造、永久或暂时之死水或流水、淡水、微咸或咸水沼泽地、泥炭地或水域，包括低潮时水深不超过 6m 的海水区。"《湿地公约》对湿地的定义被认为是比较权威的湿地概念，几乎所有缔约方都参考或直接引用该定义，该定义也是目前沿用最广的湿地定义。

2)国外有关湿地的定义

各国家和地区都是根据本国或者本地区湿地的实际情况，从各自保护和利用目的出发，界定各自湿地定义的内涵与外延。

A. 美国

美国是世界上率先提出并使用湿地定义的国家。1956 年，美国鱼类和野生动物管理局提出的"39 号通报"最早将湿地定义为：被浅水和有时被暂时性或间歇性积水所覆盖的低地，生长挺水植物的湖与池塘，但河流、水库和深水湖泊等稳定水体不包括在内[1]。1979 年进一步修改完善为，湿地是处于陆地生态系统和水生生态系统之间的转换区，通常其地下水位达到或接近地表，或者处于浅水淹覆状态。湿地至少应具有以下三个特点之一：至少是周期性地以水生植物生长为优势；地层以排水不良的水成土(hydromorphic soil)为主；土层为非土壤(nonsoil)，并且在每年生长季的部分时间被水浸或水淹。在美国，这一概念最为广泛地被湿地科学家所接受[1,2]，其包含对植被、水文和土壤的描述，为美国的湿地分类和湿地综合详查提供了依据。

20 世纪 90 年代初期，美国国家科学研究委员会(National Research Council，NRC)

对湿地的特征进行科学的评价，并于 1995 年出版了《湿地：特征和边界》（*Wetlands: Characteristics and Boundaries*）一书，书中将湿地定义为"湿地是一个依赖于在基质的表面或附近持续的或周期性的浅层积水或水分饱和的生态系统，并且具有持续的或周期性的浅层积水或饱和的物理、化学和生物特征。通常湿地的诊断特征为：水成土壤和水生植被。除非特殊的物理化学、生物条件或人类基因的因素使得这些特征消失或阻碍它们发育，湿地一般具备上述特征"。这是很综合的湿地定义，与美国鱼类和野生动物管理局的定义一样，这个定义也使用了"水成土壤""水生植被"等名词。1995 年，美国农业部通过其下属的自然资源保护局（Natural Resources Conservation Service, NRCS），开始关注湿地的定义。在"食物安全行动"列出了湿地保护条款（wetland conservation provision），湿地被定义为："湿地是一种土地，它具有一种占优势的水成土壤；经常被地表水或地下水淹没或饱和，生长有适应饱和土壤水环境的典型水生植被；在正常情况下，生长有一种典型性植被"。这一基于农业的定义，强调的是水成土壤。

B. 加拿大

加拿大国家湿地工作组将湿地定义为：被水淹或地下水位接近地表，或浸润时间足以促进湿成或水成过程，并以水成土壤、水生植被和适应潮湿环境的生物活动为标志的土地。这一定义强调了潮湿的土壤、水生植被和"多种"生物活动。加拿大学者认为，湿地是一种土地类型，其主要标志是土壤过湿、地表积水但小于 2m、土壤为泥炭土或潜育化沼泽土，并生长水生植物。

C. 日本

在日本，受法律保护的湿地范围非常广泛，仅其《自然公园法》就规定，在国立公园内凡从事涉及河道、湖沼等水位、水量增减的活动，在指定湖沼、湿原的水系范围内或其周围 1km 区域水域范围内建立污水或者废水设施的活动，以及填埋或者拓干湿地的活动，必须得到环境长官或者都道府县知事的许可。日本学者井一认为："湿地的主要特征，第一是潮湿，第二是地下水位高，第三是至少在一年的某段时间内，土壤水是处于饱和状态的"。这一提法充分表明，当前日本湿地界在湿地问题上强调水分和土壤，但同时忽略了植被的现状。

D. 澳大利亚

澳大利亚将湿地定义为：土地，其中水永久或暂时淹没或饱和，足以支持湿地植物或动物的生长。因此，至少在某些时候，水生植物和水鸟的出现是湿地必不可少的标志。这个广泛的定义包括一些湿地自然特征有争议的区域，特别是很少有或没有水生植被且易发生水患的地方和少数内陆荒芜区中"干涸的湖泊"。

E. 其他

英国 Loyd 等定义湿地为："一个地面受水浸润的地区，具有自由水面。通常是四季存水，但也可以在有限的时间段内没有积水，自然湿地的主要控制因子是气候、地形和地质，人工湿地还有其他控制因子。"

法国在其《水法》（*Loi sur l'eau*）中将湿地定义为："已被开发或者未被开发的，永久性或者暂时性充满淡水或者咸水的土地"[3]，其《湿地行动计划》中则引用了《湿地公约》的湿地定义。

比利时在《保护自然和自然环境令》及其相关法令中，均采用《湿地公约》中的定义，不过后者只适用于具有生物价值的湿地。

丹麦在《自然保护法》（*Nature Protection Act*）中采用列举的方式，规定了将湖泊、水道、沼泽、泥炭地、永久性湿草地等野生动植物栖息地类型的湿地作为保护对象。

亚美尼亚在制定《国家环境行动计划》时，将湿地的调整范围明确为自然湿地和人工湿地、永久性湿地和非永久性湿地类型。

赞比亚将湿地定义为："存在有周期性大水泛滥并有土壤交替出现的区域或为水深不超过几米的长期淹没区"。

俄罗斯在俄语中没有湿地专有名词，近年来俄罗斯国家湿地组织用组合词"水-沼泽土地"代替湿地一词。在俄语中，与湿地相关的词常见的有沼泽、沼泽化土地、泥炭地[4]。

3）国内有关湿地的定义

我国从商周时期就有了关于湿地的记载。在《礼记·王制》《禹贡》《水经注》等著作中都有关于湿地的相关记录，而我国历史上不同时代、不同地域、不同类型的湿地名称也不相同[5]。例如，地表临时积水或过湿的地带称为"沮洳"或"泽国"；滨海滩涂和沼泽称为"斥泽"、"斥卤"或"潟卤"；常年积水、湖滨和浅湖地带称为"沮泽"或"泽薮"等。此外，在《徐霞客游记》《宋史》等古代著名作品中也有关于湿地的论述，如"前麓皆水草沮洳"等[6]。

1987 年，《中国自然保护纲要》把湿地阐释为"现在国际上常把沼泽和滩涂合称为湿地"。徐琪[7]认为，凡是受地下水与地表水影响的土地均可称为湿地，并在 1995 年进一步强调，一般而言，凡是受地下水浸润或地表水周期性、季节性浸淹的土地均可称为湿地。佟凤勤等认为，湿地是指陆地上常年或季节性积水（水深 2m 以内，积水达 4 个月以上）和过湿的土地，并与其生长、栖息的生物种群构成的独特生态系统[8]。这一概念强调了构成湿地的三个要素：积水、过湿地和生物群落。王宪礼[9]在全面分析国内外湿地定义的基础上，提出了构成湿地的 3 个基本要素：湿地的确是以水的出现为标准的；湿地通常具有独特的土壤而与高地相区别；湿地提供适应于潮湿环境中的水生植物。陆健健等[10]根据国际上的相关定义，认为湿地是陆缘且含 60%以上湿生植物的植被区，水缘为海平面以下 6m 的水陆缓冲区，包括内陆与外流江河流域中自然的或人工的、咸水的或淡水的所有富水区域（枯水期水深 2m 以上的区域除外），不论区域内的水是流动的还是静止的、间歇的还是永久的。

2. 湿地的分类与界定

1）湿地的分类

《湿地公约》制定了一个湿地类型的分类系统，包含 42 种类型的天然湿地和人工湿地，其中天然湿地 32 种。1995～2001 年，国家林业局组织了第一次全国湿地资源调查。唐小平和黄桂林[11]于 1995 年对全国湿地分类系统提出了初步设想，通过综合已有的研究成果，将中国湿地分为滨海湿地、河流湿地、湖泊湿地、沼泽湿地和库塘湿地五大类 28 型。直到 2009 年 11 月，中国《湿地分类》（GB/T 24708—2009）国家标准发布，并于

2010 年 1 月正式实施。《湿地分类》(GB/T 24708—2009)综合考虑湿地成因、地貌类型、水文特征和植被类型，将湿地分为 3 级。1 级按照湿地成因，将全国湿地生态系统划分为自然湿地和人工湿地两大类。自然湿地按照地貌特征进行 2 级分类(4 类)，再根据湿地水文特征和植被类型进行 3 级分类(30 类)；人工湿地的分类相对简单，仅划分为两级，2 级有 12 类。整个分类系统共包括 42 类。各级分类依据如下：

(1)1 级，按成因进行分类。

(2)2 级，自然湿地按地貌特征进行分类，人工湿地按主要功能用途进行分类。

(3)3 级，自然湿地主要以湿地水文特征进行分类，包括淹没的时间、水质咸淡程度、湿地水源等特征因子。一些较为复杂的湿地类型，还采用植被形态特征(如沼泽湿地)和基质性质(近海与海岸湿地)进行分类。

2)湿地分类界定

A. 自然湿地

a. 近海与海岸湿地

在滨海区域由自然的滨海地貌形成的浅海、海岸、河口以及海岸性湖泊湿地统称为近海与海岸湿地，包括低潮时水深不超过 6m 的永久性浅海水域。

(1)浅海水域：湿地底部基质为无机部分组成、植被盖度<30%的区域，包括海湾、海峡。

(2)潮下水生层：海洋潮下，湿地底部基质为有机部分组成、植被盖度≥30%的区域，包括海草层、热带海洋草地。

(3)珊瑚礁：基质由珊瑚聚集生长而成的浅海区域。

(4)岩石海岸：底部基质75%以上是石头和砾石，包括岩石性沿海岛屿、海岩峭壁。

(5)沙石海滩：由砂质或沙石组成、植被盖度<30%的疏松海滩。

(6)淤泥质海滩：由淤泥质组成、植被盖度<30%的泥/沙海滩。

(7)潮间盐水沼泽：潮间地带形成的植被盖度≥30%的潮间区域，包括盐碱沼泽、盐水草地和海滩盐泽、高位盐水沼泽。

(8)红树林：由红树植物为主组成的潮间沼泽。

(9)河口水域：从近口段的潮区界(潮差为零)至口外河海滨段的淡水舌锋缘之间的永久性水域。

(10)河口三角洲/沙洲/沙岛：河口系统四周冲积的泥/沙滩、沙洲、沙岛(包括水下部分)，植被盖度<30%。

(11)海岸性咸水湖：地处海滨区域，有一个或多个狭窄水道与海相通的湖泊，也称为潟湖，包括海岸性微咸水、咸水或盐水湖。

(12)海岸性淡水湖：起源于潟湖，但已经与海隔离后演化而成的淡水湖泊。

b. 河流湿地

河流是陆地表面宣泄水流的通道，是江、河、川、溪的总称。河流湿地是围绕自然河流水体而形成的河床、河滩、洪泛区，以及冲积而成的三角洲、沙洲等自然体的总称。

(1)永久性河流：常年有河水径流的河流，仅包括河床部分。

(2)季节性或间歇性河流：一年中只有季节性(雨季)或间歇性有水径流的河流。

(3) 洪泛湿地：在丰水季节由洪水泛滥的河滩、河谷，季节性泛滥的草地，以及保持常年或季节性被水浸润内陆三角洲的统称。

(4) 喀斯特溶洞湿地：喀斯特地貌下形成的溶洞集水区或地下河/溪。

c. 湖泊湿地

由地面上大大小小形状不一、充满水体的自然洼地组成的湿地，包括各种自然湖、池、荡、漾、泡、海、错、淀、洼、潭、泊等水体名称。

(1) 永久性淡水湖：面积大于 8hm²，由淡水组成的具有常年积水的湖泊。

(2) 永久性咸水湖：由微咸或咸水组成的具有常年积水的湖泊。

(3) 永久性内陆盐湖：由含盐量很高的卤水(矿化度＞50g/L)组成的永久性湖泊。

(4) 季节性淡水湖：由淡水组成的季节性或间歇性湖泊。

(5) 季节性咸水湖：由微咸水/咸水/盐水组成的季节性或间歇性湖泊。

d. 沼泽湿地

具有以下 3 个基本特征的自然综合体：①受淡水、咸水或盐水的影响，地表经常过湿或有薄层积水；②生长沼生和部分湿生、水生或盐生植物；③有泥炭积累，或尽管无泥炭积累，但在土壤层中具有明显的潜育层。

(1) 苔藓沼泽：发育在有机土壤的、具有泥炭层的以苔藓植物为优势群落的沼泽。

(2) 草本沼泽：由水生和沼生的草本植物组成优势群落的淡水沼泽，包括无泥炭草本沼泽和泥炭草本沼泽。

(3) 灌丛沼泽：以灌丛植物为优势群落的淡水沼泽，包括无泥炭灌丛沼泽和泥炭灌丛沼泽。

(4) 森林沼泽：以乔木植物为优势群落的淡水沼泽，包括无泥炭森林沼泽和泥炭森林沼泽。

(5) 内陆盐沼：受盐水影响，生长盐生植被的沼泽。

(6) 季节性咸水沼泽：受微咸水或咸水影响，只在部分季节维持浸湿或潮湿状况的沼泽。

(7) 沼泽化草甸：为典型草甸向沼泽植被的过渡类型，是在地势低洼、排水不畅、土壤过分潮湿、通透性不良等环境条件下发育起来的，包括分布在平原地区的沼泽化草甸，以及高山和高原地区具有高寒性质的沼泽化草甸。

(8) 地热湿地：由地热矿泉水补给为主的沼泽。

(9) 淡水泉/绿洲湿地：由露头地下泉水补给为主的沼泽。

B. 人工湿地

人类为了利用某种湿地功能或用途而建造的湿地，或对自然湿地进行改造而形成的湿地，也包括某些开发活动导致积水而形成的湿地。

(1) 水库：以蓄水和发电为主要功能而建造的、面积大于 8hm² 的人工湿地。

(2) 运河、输水河：以输水和水运为主要功能而建造的人工河流湿地。

(3) 淡水养殖场：以淡水养殖为主要目的修建的人工湿地。

(4) 海水养殖场：以海水养殖为主要目的修建的人工湿地。

(5) 农用池塘：以农业灌溉、农村生活为主要目的修建的蓄水池塘。

(6)灌溉用沟、渠：以灌溉为主要目的修建的沟、渠。

(7)稻田/冬水田：能种植水稻或者是冬季蓄水或浸湿状的农田。

(8)季节性洪泛农业用地：在丰水季节依靠泛滥能保持浸湿状态进行耕作的农地，集中管理或放牧的湿草场或牧场。

(9)盐田：为获取盐业资源而修建的晒盐场所或盐池。

(10)采矿挖掘区和塌陷积水区：由于开采矿产资源而形成的矿坑、挖掘场所蓄水或塌陷积水后形成的湿地，包括砂/砖/土坑、采矿地。

(11)废水处理场所：为污水处理而建立的污水处理场所，包括污水处理厂和以水净化功能为主的湿地。

(12)城市人工景观水面和娱乐水面：在城镇、公园，为环境美化、景观需要、居民休闲、娱乐而建造的各类人工湖、池、河等人工湿地。

1.1.2 湿地基本组成要素

湿地生态系统具有陆地生态学和水域生态学所无法涵盖的特征，其独特性在于湿地作为陆生生态系统和水生生态系统的过渡带，具有独特的水文、土壤地质、微环境条件，而其中的植物、动物、微生物种类也复杂多样[12]。湿地特殊的水文状况以及陆地和水域生态系统交错带的作用产生了特殊的生态系统功能[13]。

湿地基本组成要素主要包括水文条件、生物化学环境和生物三大类，其影响因素包括气候、地形等。如图 1.1 所示，这三个要素不是完全独立的，生物对水文条件和生物

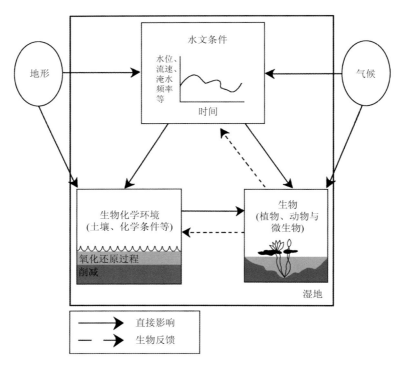

图 1.1　湿地定义的三个基本组成要素[14]

化学环境有重要的反馈。在地形、气候等因素的影响下，水文条件(如水位、流速、淹水频率等)可直接、显著改变水体的水质以及湿地土壤的理化性质等物理化学环境，土壤又与水文条件一起决定湿地中生物资源的种类、数量和湿地生态系统的功能，而湿地生态系统功能的改变又会反作用于植物、动物和微生物等生物组分以及水质，最终引起水文的改变[10,14]。

具体而言，水文过程是湿地形成、发育和演化的重要驱动机制，该过程的重要特征是周期性的水位变化，同时也有非周期性的波动[10,15,16]。而水文条件的过渡变化导致不同的湿地形成机制，其对维持湿地的结构和功能极为重要。水体的水文条件和水文过程对湿地植物生理生态、物种丰富度、群落演替、植被结构与格局等方面有着显著影响[17-20]。研究表明，水文条件能形成独特的植被组成，植物群落中的物种丰富度随着水流流通的增加而增加，但流水也能够营造相对一致的表面生境，为单一物种的生长提供条件[21,22]。

湿地土壤是湿地生态系统的重要组成部分，包括微生物、无机营养物质、原生生物等多种组分。湿地土壤具有独特的氧化还原过程和与众不同的水成土，是湿地获取化学物质的最初场所及全球生物地球化学循环的中介，具有维持生物多样性、分配和调节地表水分、分解固定和降解污染物等功能[10]。

湿地生物以湿地植物为例，小尺度上植物对水文变化的敏感程度由不同种属的个体及其组合的影响来表明，当河水淹没时，腐蚀冲刷和沉积作用常常会促进不同栖息地发展。此外，流水也能产生一个相对一致的表面，可能会出现单一成片的植物物种来主导湿地系统，其中，水生植物可适应较低的土壤氧气浓度，并且为动物提供栖息地[22]。

1.1.3　湿地生态系统服务功能

生态系统服务功能是指对人类生存及生活质量有贡献的生态系统产品和生态系统功能。尽管生态系统服务及其相关理论从 20 世纪 70 年代开始就有所发展，但是全球范围内开展广泛研究则是从 20 世纪 90 年代中后期开始的。最具代表性的是 Daily 于 1997 年主编的《自然的服务：人类社会对自然生态系统的依赖性》(*Nature's Services: Societal Dependence on Natural Ecosystems*)以及 Costanza 等[23]对全球生态系统服务价值评估的研究，其中，湿地生态系统单位面积服务价值在各类生态系统中居于首位，其价值总量占全球生态系统服务价值的 30%。

湿地被誉为"地球之肾""天然蓄水库""生命的摇篮""物种基因库""鸟类的乐园"，具有调节气候、调蓄水量、涵养水源、净化水质、丰富生境、美化环境等多种生态系统服务功能。这些湿地生态系统不仅包括为人类提供的食物、医药及其他工农业生产的原料，而且更重要的是，该系统可支撑和维持地球的生命支持系统，维持生命物质的生物地球化学循环与水文循环，维持生物物种多样性与遗传多样性，净化环境，维持大气化学的平衡与稳定。在各类生态系统中，湿地生态系统的服务功能价值居于首位。

(1)固定二氧化碳和调节区域气候：湿地由于具有水分过于饱和的、厌氧的生态特性，积累了大量的无机碳和有机碳。由于湿地中的微生物活动相对较弱，植物残体分解释放二氧化碳的过程十分缓慢，因此形成了富含有机质的湿地土壤和泥炭层，起到了固定碳的作用[6,24]。如果湿地遭到破坏，其固定碳的功能将减弱，同时湿地中的碳也会氧化分解，湿地将由"碳汇"变成"碳源"，这将加剧全球变暖的进程。湿地具有调节区域气候的功能[25]。湿地及湿地植物的水分循环和大气组分的改变调节局部地区的温度、湿度和降水状况，以及区域内的风、温度、湿度等气候要素，可使附近区域的温度降低、湿度增大、降水量增加，从而减轻干旱、风沙、冻灾、土壤沙化过程，防止土壤养分流失，改善土壤状况[26]。湿地对周边区域的气候具有明显的调节作用，且对当地农业生产和人民生活具有重要意义[25]。

(2)调节径流和蓄洪防旱：由于湿地具有特殊的水文物理性质，因此其具有超强的蓄水性和透水性，能将过量的水分储存起来并缓慢释放，从而在时间上和空间上对水分进行再分配，是蓄水防洪的天然"海绵"[25]。许多湿地处于地势低洼地带，与河流相连，其在暴雨和河流涨水期将过量的水分存储起来，并均匀地缓慢释放，减弱危害下游的洪水。在干旱季节，湿地可将洪水期间容纳的水量向周边地区和下游排放，防旱功能十分显著。因此，湿地在控制洪水、调节河川径流、维持区域水平衡中发挥着重要作用[27]。

(3)水资源功能：湿地是地球上淡水的主要蓄积地，人类生活用水、工业生产用水和农业灌溉用水除开采地下水外，均来源于湿地，而且湿地还是地下水的主要补给来源。众多沼泽、河流、湖泊和水库中的水都是可被直接利用的水，湿地在输水、储水和供水方面发挥着巨大效益。湿地如果受到破坏或消失，会影响对地下蓄水层的供水，地下水资源就会减少。因此，可以认为湿地直接或间接地为人类提供重要的淡水资源[27]。

(4)降解污染和净化水质：湿地是自然生态系统中自净能力最强的生态系统之一。当水体进入湿地时，因水生植物的阻挡作用，缓慢的水体有利于沉积物的沉积，许多污染物吸附在沉积物的表面，随同沉积物沉积而积累起来，从而有助于与沉积物结合在一起的污染物存储、转化[28]。在湿地中生长的植物、微生物和细菌等通过湿地生物地球化学过程的转换，如物理过滤、生物吸收和化学合成与分解等，将生活和生产污水中的污染物吸收、分解或转化，使湿地水体得到净化[27,29]。

(5)维持生物多样性：湿地处于水陆交互作用的区域，仅占地球表面积的6%，却为世界上20%的生物提供了生境[24]。湿地景观的高度异质性为众多野生动植物提供栖息环境，是许多珍稀濒危物种特别是珍稀濒危水禽所必需的栖息、迁徙、越冬和繁殖的场所，在生物多样性保护方面具有极其重要的价值。我国湿地面积约占国土面积的5%，但却为约50%的珍稀鸟类提供栖息场所[24]。在保护物种多样性的同时，湿地还是重要的物种基因库，不仅维持了野生物种种群的延续、进化，还为改善经济物种提供了基因材料[27]。

(6)丰富的产品资源：由于湿地水源充沛、养分充足，有利于水生动植物生长，因此湿地具有极高的生产力，每平方米湿地年均生产2kg左右的有机物质[29]。湿地除了可以为人类提供丰富的水产品、粮食、水果以及可用作加工原料的皮革、木材、药材和芦苇(Phragmites australis)等，还可以为人类提供泥炭这种独特的产品。湿地是人工养殖和经济植物种植的优良场所[24,27]。

(7)湿地的社会功能：复杂的湿地生态系统、丰富的动植物群落、珍贵的濒危物种、独特的自然景观等，使湿地成为人类休憩旅游以及教育和研究的理想场所[29]。有些湿地是人类社会文明的发祥地，保留了极具历史价值的文化遗址，有些湿地中的泥炭层保留了过去在生物、地理等方面演化进程的信息[27]。湿地以其形态、声韵或习性的优美给人以精神享受，增强了生活情趣，湿地公园也成为生态旅游的重要内容。

此外，滨海湿地还具有防止海水入侵、保护堤岸、抵抗海浪台风、保护沿海工农业生产的功能。在河流入海口形成的湿地，通过泥沙的淤积，具有成陆造地的功能。有些湿地开阔的水域为航运提供了条件[27]。

1.2　人工湿地的组成与特点

1.2.1　人工湿地基本组成结构

人工湿地是一个综合的生态系统，它应用生态系统中物种共生、物质循环再生的原理，以及结构与功能协调的原则，在促进废水中污染物良性循环的前提下，充分发挥资源的生产潜力，防止环境再污染，获得污水处理与资源化的最佳效益。美国湿地学家等将人工湿地定义为："一个为了人类利用和利益，通过模拟自然湿地，人为设计与建造的由饱和基质、挺水与沉水植被、动物和水体组成的复合体。"[30]具体地，人工湿地就是通过模拟自然湿地的结构与功能，选择适宜的地理位置、地形，根据人们的需要人工建造、监督和控制，利用湿地生态系统中物理、化学和生物间的协同作用来实现水质净化[31]。

人工湿地有广义和狭义两种概念。广义上讲，凡是人工构筑而成的湿地都可归入人工湿地的范畴。因此，《湿地公约》中广义的人工湿地包括养殖池塘、水塘、灌溉地、农用泛洪湿地、盐田、蓄水区、废水处理场所、运河、排水渠等。基于污染物降解功能的人工湿地是目前被广泛接受的人工湿地的狭义定义，即工程湿地。这类人工湿地通常用于处理生活污水、雨水径流、工矿企业废水以及农田排水等。虽然自然湿地也具有一定的污染物降解功能，但是经过缜密设计和科学管理的人工湿地不但具有可控制的空间范围，而且在功能发挥上更加高效与稳定，这可以确保在一定条件范围内，污水在流经人工湿地后满足直接排放到自然水体中的水质要求[32]。

通常，水环境治理领域所提及的人工湿地具体指用于污水净化处理的人工建造的湿地。《人工湿地污水处理工程技术规范》（HJ 2005—2010）中将这一用于水环境治理领域的人工湿地定义为用人工筑成水池或沟槽，底面铺设防渗漏隔水层，充填一定深度的基质层，种植水生植物，利用基质、植物、微生物的物理、化学、生物三重协同作用使污水得到净化[33]。由上述定义也可以看出，人工湿地的基本组成主要包括主体围护构造、水体控制系统、基质填料、水生植物系统以及微生物。人工湿地的基本组成结构也相应地决定了其水质净化、生态修复等功能。

1. 主体围护构造

湿地的结构工程对于湿地建设尤为重要。人工湿地作为绿色基础设施，在结构设计中也应尽量采用绿色设计，从而使对生态环境的影响降至最低[34]。在设计表流型人工湿地时，应减少钢筋、水泥、砖等灰色设施工程的使用量，有效利用地块原状土进行土石方平衡[35]。潜流人工湿地主体围护构造的作用在于保证湿地的稳定性，使其不因外部条件的变化而对内部系统造成显著干扰。潜流人工湿地通常为轮换运行，当相邻单元格一组进水、另一组不进水时，挡墙两侧的受力难以平衡，这时挡墙底部可采用钢筋混凝土底板，挡墙墙体采用砖砌，也可采用新型人工材料[34]。

2. 水体控制系统

湿地生态系统特殊的水文条件使其区别于陆生生态系统和水生生态系统，并使其具有独特的物理化学属性。人工湿地由于其特定的功能目的，处理水源时需要通过一定的工程措施实现有序可控，因此构建水体控制系统以保证适宜的水力条件对于整个人工湿地系统至关重要。在工程设计中，湿地水力条件是决定湿地类型和保证湿地正常运行的因子，同时对湿地生物系统起着决定性作用。人工湿地内水流特性的稳定也是保证湿地处理效果的前提，良好的水力流态可以充分发挥人工湿地系统的生态净化功能，其直接影响或改变湿地内部的物理化学性质，如营养物质的分布、缺氧程度、pH以及沉淀性能[36]。

3. 基质填料

基质填料是人工湿地的主要组成部分，一般由土壤、碎石、细砂、粗砂、砾石、碎瓦片、粉煤灰、泥炭、铝矾土、沸石等组成，在人工湿地中起着重要作用。基质填料可作为植物、微生物生长的载体，为湿地中进行的反应活动提供场所，也可以吸附污水中某些污染物，同时为湿地内部溶解氧的传递提供通道等[33]。人工湿地重点通过基质的人工改造配置，强化基质对污染物的选择吸附性和微生物附着生长适宜性。目前主要应用的基质填料包括天然材料、工业副产品、人造产品三大类型。其中，天然材料主要包括土壤、泥炭、粗砂、砾石、火山岩、沸石等；工业副产品主要包括灰渣、高炉渣、粉煤灰、钢渣、细砖屑等；人造产品主要包括陶粒、陶瓷滤料、塑料等。此外，现在有许多学者致力于新型填料的研发，包括生物质炭、磁黄铁矿、铁纳米颗粒、钛酸钠纳米纤维等[37]。

4. 水生植物系统

水生植物是在水中生长的植物的总称[15]。广义的水生植物不仅包括挺水植物、浮叶植物、漂浮植物、沉水植物，还包括在水分充足、非常湿润的土壤中生长的湿生植物[38]。水生植物系统是湿地生态系统的重要组成部分，其不仅可以美化环境、营造良好的视觉景观，还可以为水生生物提供产卵和栖息的场所[15]，并且在湿地处理污水过程中起着不可或缺的作用[39]。其主要体现为：可以从污水中汲取氮、磷等污染物及营养盐以供自己生长需要，并转化为可去除的生物量形式；可以吸收一些有毒物质，定期对其进行收割就可以将有毒物质转移出湿地；可以产生氧气并向湿地内传送，向根系输送氧气以便在根区形成复杂的好氧和厌氧条件等；其根系可以为微生物提供生境、为好氧菌提供附着点，并且可截留一定量的污染物[33]；发达的根系可对湿地床体进行固定，增强基质的透水性，防止堵塞发生（图1.2）。

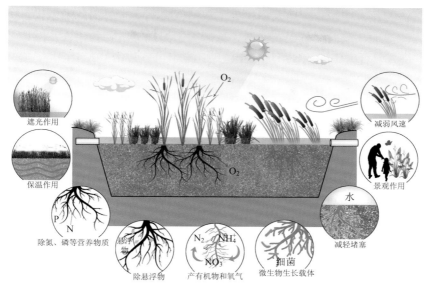

图 1.2　植物在人工湿地中的作用[38]

5. 微生物

人工湿地中的微生物主要包括细菌、真菌、藻类和原生动物，是污水实现净化的主要贡献者[40]。其中，细菌和真菌类是分解有机污染物的主体种群，湿地中的主要优势菌属包括产碱杆菌属、黄杆菌属和假单胞菌属（*Pseudomonas*）等，这些优势菌属能够直接吸收和转化污水中的可溶性污染物，分解污染物并实现快速生长[41]。微生物的代谢活动是湿地系统污水中降解去除有机污染物、氮素污染物和磷的基础机制，污水中的有机污染物主要通过微生物的代谢活动降解去除，氮素污染物通过微生物的吸收转化降解最终产生气态氮释放去除，而磷则部分被水生植物及微生物吸收利用。

人工湿地中污染物的降解是各组合部分协同作用的结果，湿地基质填料表面和水生植物根系中存在大量微生物形成的生物膜，废水流经湿地时，悬浮物被基质填料及根系阻挡截留，可溶性有机物则被生物膜中的微生物吸附并通过同化、异化作用去除[31]。在湿地生态系统中，由于水生植物根系传递释放氧，因此湿地在根区周围形成好氧、缺氧和厌氧状态的微环境，使污水中的氮、磷不仅能通过植物及微生物的吸收作用去除，还可以通过氨氮（ammonia nitrogen，NH_3-N）的硝化、反硝化过程及微生物对磷的积累作用实现净化，而对水生植物定期收割和更换则可以进一步从系统中去除氮、磷[41]。

1.2.2　人工湿地主要类型及特点分析

国内外学者对人工湿地的分类多种多样，不同类型的人工湿地对特征污染物的去除效果和去除能力不同，具有各自的优缺点。在工程应用领域，通常按照人工湿地的水体流动方式分为表流型人工湿地、水平潜流型人工湿地和垂直潜流型人工湿地。以上述三种人工湿地为基础，在实际工程应用中也不断衍生发展出更多的人工湿地类型及工艺组合，包括表流强化人工湿地、出水回流人工湿地、曝气人工湿地、潮汐运行人工湿地、跌水复氧人工湿地、流向往复人工湿地、蚯蚓人工湿地、生物强化人工湿地、廊道循环人工湿地、塔式复合人工湿地、折流人工湿地、电子供体强化型人工湿地、电化学耦合潮汐流人工湿地、微生物燃料电池耦合人工湿地。结合目前人工湿地工程基本技术原理及主要应用类型，重点分析基础型、工艺组合型、技术耦合型三种人工湿地的主要特点[37]。

1. 基础型人工湿地

1）表流型人工湿地

表流型人工湿地（surface flow constructed wetlands）是最简单也是最早被使用的人工湿地，该系统与自然湿地系统相似。表流型人工湿地通常底部有由黏土层或其他防渗材料构成的不透水层，可防止有害物质对地下水造成危害[30]，水流以推流的形式缓慢流过人工湿地基质表面（图 1.3），水位较浅，一般为 0.1～0.6m。

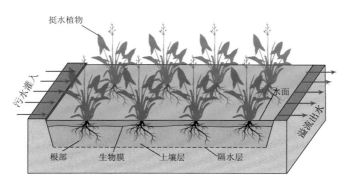

图 1.3　表流型人工湿地

表流型人工湿地水力停留时间较长，对悬浮物及有机物的去除效果比较好；其水体通常呈碱性，可以促进磷酸盐的去除，并有利于氨气从水体表面挥发出来[30]。表流型人工湿地更适合处理低污染物浓度的污水，并具有很高的观赏价值，湿地设计施工简单，因此施工成本和运行费用较低。

然而，表流型人工湿地占地面积较大，处理负荷能力较低，也没有充分利用基质填料及水生植物根系区域的生物膜，净化效果并不理想；湿地运行受自然气候影响较大，冬季易结冰，夏季易孳生蚊蝇、产生异味[37,42]。

2）水平潜流型人工湿地

水平潜流型人工湿地（horizontal subsurface flow constructed wetlands）是目前研究和应用较多的一种湿地，通常使用砾石或粗砂作基质填料，水流从一端进入湿地，经过配水系统以水平流动的方式均匀进入根区基质层，在基质、水生植物及微生物的共同作用下，经过一系列复杂的物理、化学及生物净化作用后从另一端流出（图 1.4）[43]。

污水的潜流可充分利用基质填料表面和水生植物根系表面生长的微生物实现净化，水力负荷远高于表流型人工湿地，其典型的填料深度为 0.5～1.0m，典型的水力负荷是 2～20cm/d。由于基质处于饱水状态，因此大部分区域处于缺氧状态，而水生植物根区由

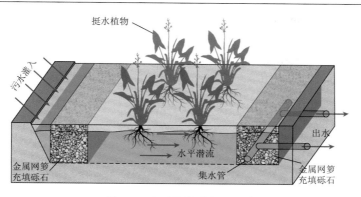

图 1.4　水平潜流型人工湿地

于水生植物的输氧作用呈好氧状态，故湿地中可形成好氧、缺氧及厌氧的微环境状态，对污染物的去除尤其是脱氮过程具有重要意义[41]。

该湿地的优点是占地面积小，处理效率较高，同时由于水体在基质底下流动，保温性较好、处理效果受气候影响小、卫生条件较好；其缺点是建造费用较高，基质容易堵塞，从而形成表面滞水，不利于湿地的长期运行[43]。

3) 垂直潜流型人工湿地

垂直潜流型人工湿地(vertical subsurface flow constructed wetlands)的水流方向和床区呈垂直方向，由上而下或由下而上(图 1.5)，其水流状况综合了表流型人工湿地和水平潜流型人工湿地的特点，净化机理基本与水平潜流型人工湿地相同。该类型湿地的床体处于不饱和状态，氧气可以通过大气扩散和植物传输进入人工湿地系统，提升有机物去除和硝化效能，因此，垂直潜流型人工湿地对化学需氧量(chemical oxygen demand，COD)、总氮(total nitrogen，TN)的去除率高于水平潜流型人工湿地，抗冲击负荷能力也更强。

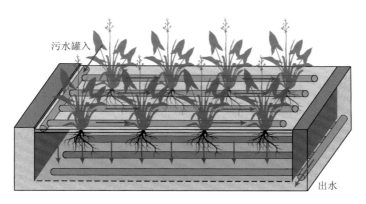

图 1.5　垂直潜流型人工湿地

该湿地系统的优点是占地面积相对其他湿地要小，输氧效果好，有利于硝化作用的进行，出水水质好；其缺点是布水、集水系统相对复杂，对基建要求高，且当污染负荷高时容易堵塞[43]。

潮汐流人工湿地是近些年由伯明翰大学提出的一种新型人工湿地。它是垂直潜流型人工湿地中的一种，通过模拟潮汐运行方式，将湿地按时间序列周期性地充满水和排干水，使湿地内部不断形成耗氧-厌氧过程，从而实现对污染物的去除。这种交替的进水和空气运动大大提高了氧气的传输速率和消耗量，强化了湿地的污水处理效果。潮汐流人工湿地通常分为"进水、反应、排空、闲置"四个阶段[43]。

2. 工艺组合型人工湿地

基于不同类型人工湿地的复氧条件和水力学特点，人工湿地系统可以采取不同的组合运行方式，以期获得更好的处理效果，尤其是脱氮效果。一般情况下，表流型人工湿地的溶解氧条件好，利于硝化反应的发生，但处理负荷能力较差；水平潜流型人工湿地可为反硝化提供较好的条件，但 NH_3-N 硝化能力却有限；而垂直潜流型人工湿地可以高效去除 NH_3-N，但由于其不能同时提供好氧和厌氧环境使反硝化过程受限，单级的人工湿地系统难以获得很高的 TN 去除率。因此，依据每种单独系统的优势，由多种不同类型湿地①单元串联布置的组合流湿地系统被引入污水处理领域，并很快出现了多种不同的组合流湿地系统[41]。

工艺组合型人工湿地主要包括表流+潜流复合人工湿地、垂直潜流+水平潜流复合人工湿地、复合垂直潜流人工湿地、生态塘+人工湿地复合系统等。所有类型的人工湿地都可以进行组合，发挥自身的优势，实现优势互补[41]。

1) 表流+潜流复合人工湿地

20 世纪 90 年代起，出现了由表流湿地与其他类型湿地组成的复合系统[44]。采用该组合可以有效提高湿地对氮的去除，由于表流湿地区域利于生物膜的硝化作用，潜流人工湿地区域反硝化菌活性较高，两者联用，可有效形成硝化-反硝化作用，去除污水中的含氮污染物[44]。在我国北方城市邯郸市，表流+潜流复合人工湿地在秋季对 COD、TN、总磷(TP)和悬浮物(SS)的去除率分别为 65%、86%、80% 和 91%[45]。对污水厂尾水进行深度处理，出水 COD、五日生化需氧量(BOD_5)、NH_3-N、TN 和 TP 的去除率分别为 35.2%、44.3%、40.5%、45.6%和 53.5%，出水水质可达地表水质标准Ⅲ或Ⅳ类[46]。加拿大安大略省东部，Kinsley 等[47]应用表流+潜流复合人工湿地处理垃圾渗滤液，对 BOD_5、总凯氏氮(TKN)和 NH_3-N 的去除率均高于 90%。

2) 垂直潜流+水平潜流复合人工湿地

垂直潜流+水平潜流复合人工湿地在欧洲有较多应用[48]，污水首先在垂直潜流阶段实现有机物去除和硝化过程，而在后续的水平潜流阶段实现反硝化[41]。有研究指出，COD 降解主要发生在垂直潜流阶段上部 25cm，而 NH_3-N 的转化发生在中部和下部，未降解的有机物会对硝化菌生长产生竞争抑制[49]。垂直潜流+水平潜流复合人工湿地的主要优点在于，可承受较高的污染负荷，水力停留时间短，相对占地面积小；同时该湿地不用回流运行，动力能耗低、运行简便，但运行成本较高，因此常用于污染程度较高的小规模污水处理中。意大利佛罗伦萨、爱沙尼亚等区域气候寒冷，可以利用垂直潜流+水平

---

① 表流、潜流、复合、水平等这些特指某一类型的湿地为人工湿地。

潜流复合人工湿地实现对生活污水的有效处理，达到当地排放标准。刘志平等[50]研究了垂直潜流+水平潜流复合人工湿地对农村污水及池塘废水的处理效果，出水水质均可达到地表III类水质标准。

垂直潜流+水平潜流复合人工湿地是一种较为常见的组合流湿地。Vymazal[51]认为，将垂直潜流置于水平潜流之后并通过部分垂直潜流阶段出水回流至水平潜流阶段前端，从脱氮效果上来讲是更为优秀的湿地类型，因为回流的硝化液可利用进水中的有机组分完成更彻底的反硝化脱氮过程。

3) 复合垂直潜流人工湿地

复合垂直潜流人工湿地是一种由两组及以上垂直潜流型人工湿地组成的复合人工湿地系统，通常由垂直下行流人工湿地和垂直上行流人工湿地组成，第一级下行流湿地的内环境为缺氧环境，而第二级上行流湿地的内环境为厌氧环境，这样可以有效通过硝化-反硝化过程除氮。在复合垂直潜流人工湿地床中，水流内氧化还原电位(oxidation-reduction potential, ORP)升高使磷的释放更加缓慢，这对营养盐有较好的处理效果；池体的底层含氧量充足，对湿地系统中氮的去除效果好[44]。此类复合人工湿地常用于规模较小的污水处理中。研究表明，下行+上行复合潜流人工湿地系统对 TN 的去除效果明显，部分案例去除率超过 80%；在广东被用于处理受污染河水的案例中，其对 COD、BOD$_5$、TP 的平均去除率也分别达到 64.74%、60.63%、72.62%[52]。然而，堵塞问题在复合垂直潜流人工湿地中显得更为突出。

该湿地类型在设计运行时需要着力避免的问题如下：湿地堵塞后基质层渗透系数减小，水力停留时间变长，下行流池表面出现积水，空气中的氧气不能进入池体内的基质层，使得复合垂直潜流中的好氧微生物活性下降，湿地系统的净化能力下降[53]。此外，与自由表流及潜流湿地相比，复合垂直潜流人工湿地系统对基建的要求较高[30]。复合型人工湿地能耗相对较大，在实际应用中并不广泛。

4) 生态塘+人工湿地复合系统

生态塘为复合系统的主要组成单元，并具有一定的蓄水防洪能力。陈德强等[54]研究了潜流湿地、下行流湿地、上行流湿地、好氧塘和兼性塘等不同组合工艺对污水的净化效果，发现下行流湿地+上行流湿地+潜流湿地对总悬浮物(TSS)、COD、BOD$_5$ 的去除效果好；下行流湿地+好氧塘对 NH$_3$-N 的去除效果好；而单独的潜流湿地的处理效果比其他组合工艺都差。

工艺组合型人工湿地能有效去除有机物和悬浮固体，而氮、磷等营养物的去除效率与湿地的组合类型和湿地运行的条件有关[44]。垂直潜流+水平潜流复合人工湿地对氨的去除效率最高，表流+潜流人工湿地对 TN 的去除率相比于其他类型的复合人工湿地最高。

3. 技术耦合型人工湿地

1) 一级处理工艺+人工湿地

为解决传统人工湿地易堵塞、处理效率低等问题，人工湿地与前处理结合的技术越来越受到重视，如化学强化一级处理-人工湿地[55]、强化生物絮凝-三级人工湿地[56]、物理强化复合人工湿地[57]分别以粉煤灰基絮凝剂、聚合氯化铝、改性生物竹炭对污水中大颗粒悬浮杂质进行絮凝沉淀、吸附[58]。此外，以生态氧化池[59]、生物带为代表的利用生物接触预处理技术的人工湿地不但对原水中 COD、TN、NH₃-N 及 TP 有部分去除效果，而且增加了湿地进水生物量，为人工湿地后续深度处理奠定了微生物基础[58]。

2) 二级处理工艺+人工湿地

人工湿地运行负荷较低、水力停留时间长等缺点制约了其应用领域。人工湿地与其他污水处理工艺相结合显著提高了湿地对污染物的处理效果，是强化人工湿地系统净污功能的一项重要举措[58]。将微生物燃料电池(microbial fuel cell，MFC)加入人工湿地中，形成人工湿地微生物燃料电池耦合(CW-MFC)系统[60]。CW-MFC 系统的处理效果、产电效能等受植物、运行条件等因素的影响。研究表明，种植植物有利于 CW-MFC 系统阴极区域溶解氧浓度提升，有利于提高有机物的降解。也有将人工湿地和电极生物膜反应器(biofilm electrode reactor，BER)进行耦合。BER 可以在不需要外加碳源的条件下高效去除低碳氮比废水中的硝酸盐[60]。人工湿地耦合生物膜反应器提高了 NH₃-N 和硝氮的去除效率，从而降低了出水 TN 浓度。

有研究将人工湿地和高效藻池工艺相结合，高效藻池水深较浅，采用多廊道的形式，利用藻类的光合作用和微生物代谢处理污水，同时回收生物质。Ding 等[61]研究了高效藻池水平潜流人工湿地系统对于模拟废水的处理效果，NH₃-N、硝态氮和 TN 去除效率均明显高于单一的人工湿地，有效提高了人工湿地系统的脱氮效率。

人工湿地和其他工艺融合可以提高人工湿地的处理效率，但是目前这些研究主要限于小试系统，实验条件严格控制，实验周期也较短，需要放大到中试或者小规模现场进行实验，以进一步考量[60]。

1.3　国内外人工湿地应用情况

1.3.1　国内外人工湿地发展历程

1. 国外人工湿地发展历程

19 世纪 80 年代以前，人工湿地名称尚不统一，曾出现 man-made wetland、engineered wetland、artificial wetland 等不同说法。1988 年以后，"constructed wetland"逐渐成为人工湿地的通用学名。

世界上第一个运行状态良好的人工湿地 1903 年建于英国约克郡，名为 Earby 湿地，一直运行至 1992 年。

1953 年，德国科学家 Seidel 在 Max Planck 研究所建造了第一个中试规模的湿地污水处理设施，并研究发现芦苇能有效去除有机污染物和无机污染物[62,63]。

1967 年，荷兰开发了一种被称为 Lelysttad Process 的处理系统，这个系统是水深为 0.4m 的表流湿地，形状如星形，占地 1hm²，随后大量这种湿地在荷兰建成[64]。

1974 年第一个人工湿地在德国建成，20 世纪 60 年代中期 Seidel 与 Kickuth 合作开发了"根区法"(root zone method)[65]，该理论指出植物的茎叶能够传输 O₂ 至根部，在根部周围依次形成好氧、厌氧和缺氧环境，好氧环境能够促进好氧微生物对有机物的氧化分解，促进硝化过程的完成；而厌氧和缺氧环境能够为反硝化过程提供条件。"根区法"理论标志着人工湿地污水处理机理的初步萌芽，掀起了人工湿地研究的热潮[43]。

1978 年，霍顿采用自然泥炭湿地处理夏季城市污水。1980 年，在美国肖洛构建了湿地塘接纳城市污水，以改善野生环境，与此同时，美国的国家空间技术实验室研究开发了"厌氧微生物和芦苇处理污水"复合系统[66]。1984 年，在弗里蒙特和内华达州利用人工沼泽与湿地处理城市暴雨径流、二级出水。1986 年，美国和加拿大建立了人工湿地处理城市污水。1987 年，在默特尔海滩利用南卡罗来纳州天然海湾湿地处理城市污水[67]。

1988 年和 1990 年，分别在美国和英国召开了关于人工湿地处理技术的国际研讨会，会议提出了人工湿地处理污水的机理和设计参数，这标志着人工湿地作为一种独特的污水处理方法进入环境科学技术领域。

1993 年，在埃弗格雷斯港建立了面积 $1380km^2$ 的沼泽湿地处理农田径流中的磷。

1996 年 9 月，在奥地利维也纳召开的第 4 届人工湿地国际研讨会，标志着人工湿地系统作为一种独特的新型废水处理技术正式进入水污染控制领域，此后人工湿地作为一种新的污水净化资源化生态工程技术被不断完善，在美国、德国、英国、丹麦、日本、荷兰等地得到广泛应用，并在全球迅速兴起[68]。

经过这几十年的发展，人工湿地研究主要集中在人工湿地脱氮除磷效率提升、去除新兴污染物、人工湿地根区微生物研究、人工湿地模型研究等方面[60]。

(1) 人工湿地脱氮除磷效率提升。人工湿地投资少、运行简单，但随着土地资源日益紧张，人工湿地水力停留时间长、占地面积大的缺点逐渐不可忽视。因此，提高人工湿地脱氮除磷效率、加大水力负荷、减少占地面积成为人工湿地研究的热点问题，主要以高效基质的筛选与应用、人工湿地工艺组合方式、与微生物燃料电池等其他工艺的耦合以及补充碳源四个方向为研究重点，来提升人工湿地脱氮除磷效率[60]。

(2) 去除新兴污染物。随着化学合成技术日益提升，环境中各类新兴污染物层出不穷，这些污染物往往具有较长的半衰期，可生化性较差，常规污水处理难以去除。人工湿地微环境多样，研究表明，人工湿地对去除新兴污染物有很大的潜力，去除效率受到人工湿地的构型、植物、水力停留时间、运行方式等多种因素的影响[60,69-71]。

(3) 人工湿地根区微生物研究。微生物在人工湿地去除污染物方面发挥着重要作用，开展人工湿地"黑箱"中微生物研究是人工湿地去除机理研究的重要一环[60]。随着高通量测序技术的成熟发展，应用高通量测序研究湿地中微生物群落结构的报道也与日俱增。已有研究应用定量聚合酶链式反应(polymerase chain reaction, PCR)对水平潜流型人工湿地中的基因丰度进行测定[72]，根据基因丰度判断人工湿地中氮去除的主要途径为硝化反硝化路径；基质微生物多样性与植物生物量密切相关，研究表明，植物根区微生物多样性明显增加，放线菌丰度为 20.9%，显著高于对照组(无植物)的 1.9%，并通过路径分析发现，植物通过影响基质 pH 从而影响微生物的多样性[73]。

(4) 人工湿地模型研究。人工湿地作为一个黑箱，其机理研究可以使"黑箱"变"白箱"，模型研究则是对黑箱的行为进行预测分析。模型研究主要包括污染物去除的反应动力学模型、人工湿地的水力学计算模型、其他领域的模型或者活性污泥模型在人工湿地中的应用等方面[60]。

2. 国内人工湿地发展历程

我国从 20 世纪 80 年代初开始研究人工湿地，引进以及学习借鉴国外在这方面的先进技术，虽然起步较晚，但研究发展却非常迅速。在第七个五年计划期间，我国将人工湿地处理技术作为科技攻关，进行理论以及实践研究[74,75]。1987 年，天津市环境保护研究所率先采用人工湿地技术处理污水，该湿地占地 $6hm^2$，种植芦苇，日处理污水量 $1400m^3/d$。为了研究该湿地对生活污水处理的性能，采用了 11 个单元试验，并对运行参数与污水中污染物之间的规律进行探索，研究结果表明，芦苇湿地能有效去除 NH_3-N[76]。

我国人工湿地的发展大致上可分为三个阶段。

(1) 研究及探索阶段(1987～2000 年)：随着生态治理技术的发展，我国开始了稳定塘、土地处理系统、人工湿地的研究。1989 年，北京昌平建成自由表流型人工湿地，处理生活污水和工业废水量 $500m^3/d$，占地面积为 $2hm^2$，水力负荷为 4.7cm/d，水力停留时间(hydraulic retention time, HRT)为 4.3d，BOD_5 负荷为 59kg $BOD_5/(hm^2·d)$，用于处理水解池出水[77]；1990 年，深圳白泥坑建设了生产性的人工湿地用于污水处理，并以此为基地开展了湿地内部生物降解动力学、水力学等相关研究[78,79]；20 世纪末，成都市活水公园展示了人工湿地污水处理新工艺"绿叶鲜花装饰大地，把清水活鱼送还自然"的魅力[80]。

(2) 迅猛发展阶段(2001～2008 年)：随着 863 课题、水体污染控制与治理科技重大专项的实施[74]，我国人工湿地研究及应用得到迅猛发展，论文数量迅速增加[60]，研究范围涉及重金属、藻类、藻毒素、农药和酞酸酯等污染物的去除，人工湿地广泛应用于生活污水、造纸废水、矿山废水、养殖废水、农业面源污染等污水的处理，以及污水处理厂尾水的深度处理、湖泊河流等水体的生态修复、小流域综合整治等[60]。其中，滇池 863 课题"滇池流域面源污染控制技术研究"中系列示范工程(处理生活污水、农业径流、暴雨径流)的多类型湿地及系列示范工程连续两年以上的运行，标志着我国人工湿地技术发展进入新阶段[81]。

(3) 规范应用阶段(2009 年至今)：2009 年，住房和城乡建设部标准定额研究所颁布了《人工湿地污水处理技术导则》(RISN-TG006—2009)；2010 年，环境保护部颁布了《人工湿地污水处理工程技术规范》(HJ 2005—2010)等。人工湿地在我国各类水处理中得到广泛应用，同时也将水处理人工湿地与景观、生态环境保护与修复相结合，既强调水处理效果，又注重景观与生态效应。随着人工湿地技术的发展及应用，北京、天津、上海、浙江、江苏、安徽等省级行政区相继发布了人工湿地相关标准，进一步规范了人工湿地的设计与应用[74]。

1.3.2　国内外人工湿地应用现状

1. 欧美各国人工湿地应用

在国外，人工湿地技术被应用于处理各种污水，如行政事业单位、小城镇、农村、郊区的污水和垃圾渗滤液[82]。目前对于工业废水处理，主要是去除 COD、BOD$_5$、金属离子和油等污染物，人工湿地技术对工业废水进行处理的浓度极限范围不断被突破，现在能处理高达数千 COD 的工业废水。除应用于城市生活污水和二级污水厂出水等方面，采用人工湿地治理面源污染的研究已取得突破，主要应用于治理农业面源污染、城市或公路径流等非点源污染。此外，随着技术的不断发展，人工湿地技术不仅仅应用于气候较暖和的地区，在严寒地区也能运行良好。例如，北美湿地工程公司开发了循环流湿地工艺和通风强化床工艺，该技术已被成功应用于处理气候太冷或污水浓度太高的地区。

到目前为止，欧洲有 1 万多座人工湿地，北美洲有 2 万多座人工湿地。其中，欧洲多利用人工湿地作为乡村社区生活污水二级处理工艺，北美洲则多将人工湿地用于污水的深度处理。为了交流和沟通关于人工湿地的设计与运行管理等方面的信息，英国和美国率先构建了相关数据库。英国于 1996 年建立了人工湿地数据库，共登记了 154 座人工湿地的相关信息。2000 年设立的人工湿地协会开始管理此数据库，该数据库主要包括处理农村地区生活污水的人工湿地，也包括处理矿产废水、污泥、垃圾填埋场渗出水、工厂废水、路面径流等的人工湿地。该数据库的登记内容主要包括人工湿地的设计与施工参数、运行状况等[83]。至 2006 年 2 月，已登记有 956 座人工湿地。其中，有 800 座人工湿地处理农村地区生活污水，主要类型是水平潜流(horizontal subsurface flow, HSSF)，占数据库登记数的 89%，垂直潜流湿地占 9%，复合型人工湿地占 2%[84]。北美人工湿地数据库由美国国家环境保护局(United States Environmental Protection Agency, USEPA)在 1994 年建成，其内容除与英国人工湿地数据库相近外，还包含大量自然湿地的植物、野生动物、人类活动及水质监测等相关指标[83,85]。

2. 亚洲各国人工湿地应用

韩国人工湿地的发展历程可以追溯到 20 世纪 80 年代。由于城市化和工业化的加速发展，韩国的水环境遭受到了严重的污染和破坏。为了改善水环境，韩国政府开始推广人工湿地技术，并在全国范围内建设了一系列人工湿地项目。1991 年，韩国首个人工湿地项目在京畿道光明市建成，这个项目的成功启动为韩国人工湿地的发展奠定了基础。此后，韩国政府陆续在全国各地建设了许多人工湿地项目，如始华湖人工湿地等；并基于"土地-植物系统"的生态作用，研发了湿地污水处理系统，用于处理分散式农村生活污水，常用的湿地植物有香蒲(*Typha orientalis*)、灯心草等，其净化效果好，处理后的水可用于水稻浇灌。

日本由于土地有限，有必要进一步减少人工湿地的占地面积，发展紧密型湿地。所谓紧密型湿地，就是面积相对较小的湿地(即压缩湿地占地面积)[86]。为了减小占地面积，紧密型湿地采取了一系列手段，如增加预处理装置、用人工材料来替代砾石以提高孔隙率等。1984 年，中里广幸首次提出水耕蔬菜型人工湿地，也称水耕生物过滤法。该方法采用不穿根、不透水的材料建造水路，根据对水质、景观等功能的需求，提取需要净化的水，在适当的密度中配置栽培适量的水生蔬菜，或其他经济植物[87]。

新加坡气候温暖，植物生长较快，生物活性较高，人工湿地的功能会更有效。但其土地稀缺、建筑密布，而人工湿地通常需要更大面积的土地，以改善靠近源头的城市景观的雨水径流质量。因此,为了缓解土地限制,新加坡国立大学、荷兰三角洲研究所(Deltares)和代尔夫特理工大学测试了内置式湿地(in-stream wetland)的新方法。

3. 中国人工湿地应用

国内人工湿地主要应用于农村生活污水处理、城镇污水处理厂尾水深度处理、城市地面径流净化、河道及湖泊水质提升、湿地公园水质保障等领域。

1) 人工湿地应用于农村生活污水处理

人工湿地技术作为农村污水处理工艺,不仅可以提供清洁的补充水源,还能兼顾经济效益、生态效益和社会效益的统一,具有极大的推广应用价值和广泛的应用前景;并且农村生活污水中氮、磷含量较高,可生化性好,适合用人工湿地技术进行处理[84]。人工湿地对进水中有机物、氮、磷等物质的去除,主要依靠湿地中微生物的降解作用、植物的吸收作用以及填料的沉淀吸附/过滤作用来完成。付融冰等[88]比较了种植芦苇和菖蒲的潜流型人工湿地处理农村生活污水中氮的去除率,发现有植物湿地明显好于无植物湿地,且芦苇湿地的脱氮效果好于菖蒲湿地。由于潜流型人工湿地处理农村生活污水存在着溶解氧(DO)浓度低、长时间使用后基质易堵塞等问题,孙亚兵等[89]设计了自动增氧型潜流人工湿地处理太湖流域的农村生活污水,通过增设湿地内穿孔管来提高 DO,试验结果表明,COD、NH_3-N、TP 的去除率分别为89.5%、88.9%、90.3%,且该湿地有较强的抗冲击负荷能力。连小莹等[90]分别利用水平潜流型人工湿地与垂直潜流型人工湿地对农村生活污水进行了检测试验,研究发现,这两种类型的湿地对生活污水中的 NH_3-N、COD、TN 和 TP 等都有很高的去除率,运行稳定后的出水符合相关排放标准。

2) 人工湿地应用于城镇污水处理厂尾水深度处理

利用人工湿地处理污水处理厂尾水的研究也越来越多,并且在国内外都取得了较好的成果。尾水人工湿地核心工艺主要包括表流型人工湿地、水平潜流型人工湿地、垂直潜流型人工湿地,研究人员和工程设计人员综合考虑进水水质和占地条件等因素,采用了不同的处理工艺,并做了大量监测、研究、比对等工作。

林武和廖波[91]采用强化型垂直潜流人工湿地(工艺为"生态氧化池+垂直潜流人工湿地"的组合)用于深度处理污水处理厂尾水(一级 A),连续 12 个月的水质监测数据表明,出水水质优于《地表水环境质量标准》(GB 3838—2002)的Ⅳ类标准。范远红等[92]选用 5种南方常见的水生植物构建不同的表流型人工湿地系统,对污水处理厂尾水进行深度处理,研究表明,风车草+再力花组合挺水植物人工湿地对 TN 和 TP 的去除率最高,其次是苦草和黑藻沉水植物湿地系统,紫叶美人蕉+粉花美人蕉组合生态浮岛和风车草+再力花组合生态浮岛效果较差。韩成铁[93]采用水平潜流型人工湿地对上海市东区水质净化厂的二级出水进行深度处理,在 1m/d 的水力负荷下,人工湿地对 COD 有着较好的去除率。禹浩等[94]对尾水潜流湿地处理系统水力学特征与污染物分布进行了研究,结果表明,正粒径填充方式的潜流人工湿地具有较高的水力学性能,对 COD、硝酸盐氮、TN 的去除效果较好。

3) 人工湿地应用于城市地面径流净化

已有研究发现,人工湿地对降雨径流的污染控制效果较为理想。杨敦等[95]对其设计的湿地进行研究发现，该湿地对降雨径流面源污染的 COD、TN 和 TP 去除率分别达到 90%、95% 和 80%，其中菖蒲-沸石人工湿地综合净化能力最好。徐丽花和周琪[96]发现填料为沸石的人工湿地比较适合净化间歇性的降雨径流污染，对径流中 COD、NH_3-N、NO_3^--N、TN 具有较高的去除率，分别为 80.3%、99.5%、96.7%、95.4%。石文娟等[97]采用潜流型人工湿地，对径流中 COD、NH_3-N、TN、TP 的去除率分别可以达到 90%、92%、90%、98%。张荣社[98]采用潜流型人工湿地控制滇池暴雨径流，发现该湿地耐冲击负荷能力强，可以有效控制氮、磷的污染。肖海文等[99]对重庆市住宅区处理雨水径流污染的两组人工湿地的净化效果进行研究，发现该湿地可以消除溢流和初始冲刷效应的冲击，出水水质可以达到《城镇污水再生利用　景观环境用水水质》(GB/T 18921—2002)标准。单保庆等[100]将塘-湿地作为组合技术对降雨径流污染进行处理，发现该技术对径流污染物具有空间调控作用，对径流的持留效率较高，能够较好地控制城市面源污染。

4）人工湿地应用于河道及湖泊水质提升

目前，人工湿地被广泛应用于河道、流域生态修复领域。例如，利用人工湿地生态系统去除水体中的藻类效果显著，这说明人工湿地生态系统在污水深度处理以及减少水体富营养化、抑制藻类疯长等方面具有独特作用。

2008 年开工建设的山西丹河人工湿地是全国较大的垂直潜流人工湿地，该工程表明垂直潜流人工湿地对地形要求低、补氧能力相对较强，且具有较好的脱氮除磷效果，工程进水 NH_3-N、TP 分别由 30mg/L、1.5mg/L 降到 1.5mg/L、0.1mg/L，达到地表水III类水质标准[101]。张淑萍和欧阳峰[102]对龙泉驿区鸡头河污染治理项目进行了研究分析，结果显示，污水通过人工湿地净化后，COD_{Cr}、BOD_5、NH_3-N、TN、TP 的去除率分别为 85%、94.4%、76.5%、72.3%、92.9%。林恒兆[103]以观澜河清湖段人工湿地项目作为分析样本，监测表明，人工湿地对主要污染物 COD、NH_3-N 的处理效果良好，去除率可分别达到 60%、50%左右。王硕等[104]利用表流-垂直潜流复合人工湿地处理巴公河受污水体，对 COD、NH_3-N 和 TP 的去除率均超过 60%，污染河道水质得到改善；郑骏宇等[105]利用经强化的化学混凝法作为预处理单元与复合人工湿地系统结合，来处理东莞运河污染水体，COD、NH_3-N 和 TP 的去除率分别达到 65.53%、88.66%和 69.45%。

5）人工湿地应用于湿地公园水质保障

湿地公园是指拥有一定规模和范围、以湿地景观为主体、以湿地生态系统保护为核心的湿地区域。其兼顾湿地生态系统服务功能展示、科普宣教和湿地合理利用示范等功能，蕴涵一定文化价值或美学价值，可供人们进行科学研究和生态旅游，并予以特殊的保护和管理[106]。

20 世纪末期，我国开启了在污水处理型人工湿地中加入景观设计的探索。1998 年建设的成都活水公园首次把人工湿地污水处理技术与景观要素相融合，并运用在城市园林建设中，成为首个污水处理型人工湿地景观的案例，标志着我国污水处理型人工湿地景观营造的兴起[107]。

21 世纪以来，我国的人工湿地景观研究得到迅速发展。世博园后滩湿地公园成为上海世博园的核心绿化景观之一,位于 2010 年上海世博园的西南端,原有场地为工业棕地,土壤污染尤其严重,黄浦江边的水为劣 V 类水[108]。规划设计的内滩近自然湿地突出自然栖息地和水生生态系统净化功能、生产和科普教育功能,重点修复被污染土地,展示湿地生态环境、生物多样性、湿地污水净化功能和景观,使整个区域生态系统与景观的结合趋于完善[108]。

近年来,我国湿地公园数量增多,包括上海的崇明岛东滩湿地公园、北京的翠湖国家城市湿地公园、杭州的西溪国家湿地公园、西安浐灞国家湿地公园及深圳的洪湖公园等,这些湿地公园不仅大大改善了水质,还创造了丰富的生态景观。

1.4 人工湿地发展中存在的问题及展望

1.4.1 人工湿地应用主要存在的问题

1. 技术实施方面

受气候温度影响较大:人工湿地的作用效果受气候温度影响显著,以我国为例,目前人工湿地主要广泛应用在华东、华南、西南等南方地区,而华北、东北等冬季寒冷的北方地区由于低温、冰冻等不利条件限制,人工湿地的应用相对较少,北方地区已建成的人工湿地冬季运行效果很多也不能满足设计需求。

究其原因,人工湿地受气候温度影响较大,随着季节的变化,人工湿地对污染物的去除效果也发生变化。人工湿地中的植物和微生物对温度尤为敏感,如果植物和微生物在湿地中的生长受到影响,将直接影响人工湿地的处理效果。大量研究表明,水温低于10℃时,人工湿地的处理效率会明显下降[109],且有学者认为,在 4℃ 以下时湿地中的硝化作用趋于停止[110]。同时,在较低温度和氧含量的情况下,微生物活性也会降低,使微生物对有机物的分解能力下降。聂志丹等[111]研究了季节变化对人工湿地处理效果的影响,结果发现,各人工湿地随季节变化的去除率排序依次为夏季>秋季>春季>冬季,NH_3-N、高锰酸盐指数变化较大,冬季去除率下降尤为明显。冬季低温条件不仅对人工湿地的污染物去除效果产生影响,同时还存在人工湿地处理工艺脱氮效率低、基质易堵塞、床体缺氧等问题[112]。人工湿地受气候温度影响较大,这是限制人工湿地在寒冷地区推广应用的原因之一[109]。

基质堵塞预防难度大:基质在人工湿地中发挥着重要的作用,但是随着污水处理过程的不断运行,湿地中的微生物也相应繁殖,再加上植物的腐败以及基质的吸附能力逐渐趋于饱和,若维护不当,很容易产生淤积、阻塞现象[109]。最早关于人工湿地出现堵塞现象的报道是由 Seidel 等建成的 Krefeld 湿地存在的堵塞和积水现象[113]。当堵塞现象发生时,它不仅影响湿地的水力负荷,还会影响湿地的寿命以及湿地长期运行的稳定性,甚至使湿地丧失功能。

技术规范的局限性:人工湿地是一个涉及生物学、环境科学、水力学、水文学和水化学的复杂生态系统,然而,其设计多建立在统计数据和经验公式的基础上,缺少大规模人工湿地充分详细的高质量数据。目前,对人工湿地的设计仍然是建立在一定假设条件和忽略某些影响因素的基础上，导致参数存在不确定性[109]。目前国内出版了《人工湿地污水处理技术导则》《污水自然处理工程技术规程》《人工湿地污水处理工程技术规范》等相关导则和规范，其参数标准相差很大，同时在人工湿地设计过程中也出现各种公式混用甚至滥用的现象。人工湿地设计规范不标准，很大程度上阻碍了人工湿地的推广应用。

粗放施工影响建设成效：在人工湿地建设过程中，植物规格的选择与栽种密度、基坑放坡的角度、填料的选配与清洁、管网布置以及穿孔管的质量等都将直接影响人工湿地的运行效果。在人工湿地建设过程中，常存在施工单位粗放施工的情况，特别是人工湿地用于处理农村分散式生活污水时，存在工程量小、专业施工队参与的积极性不高、由非专业施工队施工的质量难以得到保障的现象，这些不符合国家及地方有关标准和规范要求的施工，在一定程度上影响了人工湿地的污染物去除率，阻碍了人工湿地的推广应用[114]。

运行管理认识不到位：人工湿地工程在运行过程中还存在着管理上的问题，随着人工湿地的运行，很多枯枝落叶就会落到人工湿地表面，若不及时清理掉这些枯枝落叶，则会影响人工湿地的处理效果，甚至造成人工湿地的堵塞[109]。某些植物的枯枝落叶经水淋或微生物的作用释放出克生物质，抑制植物自身的生长，如宽叶香蒲枯枝烂叶腐烂后阻碍其自身新芽的萌发和新苗的生长[115]；同时植物还可能通过释放化学物质，促进或抑制周边植物的生长，Szczepański[116]的研究表明，宽叶香蒲、水葱、木贼、薹草等植物体腐烂产生的化感物质对芦苇生长、繁殖具有抑制作用，因此要加强对湿地植物的管理。但是目前对湿地的管理力度还不够，很多地方缺乏管理理念，认为人工湿地后期的维护管理不重要，导致人工湿地在运行一段时间后污水处理能力下降，失去人工湿地原有的应用价值，缩短人工湿地的使用寿命[109]。

2. 工程经济方面

占地面积相对较大：人工湿地占地面积较大，一般认为人工湿地占地面积是传统污水处理工艺的 2~3 倍[109]。人工湿地净化的机制与特点决定了其需要较大的占地面积，而对于水平潜流型人工湿地，由于其水力负荷小，需要占用更多的土地，这就制约了人工湿地的发展，尤其是在用地紧张的地区。此外，由于人工湿地中填料和植物的纳污能力有限，基质易达到饱和，因此还需要有平行湿地交替运行，使得湿地停床休整时有平行湿地轮流运转，保证湿地的运行效果，这就导致利用人工湿地进行污水处理时需要占用更大的土地面积[109]。

填料投入及更新投资较高：在人工湿地处理系统中，填料是人工湿地的基质与载体，填料的所有理化性质都将影响到它对污水的处理效果。在表流型人工湿地中的填料主要指铺在预制池底表层的泥土，其利于挺水植物的生长。这类表层土的设置一般可记在土方工程成本中[117]。对于潜流型人工湿地来说，填料主要指填到床体中具有一定粒径的砾石或其他岩石。填料的成本主要取决于填料的种类、尺寸、所需体积及输送距离。一般来说，填料是人工湿地建设过程中最大的支出[118]。填料管理是人工湿地运行维护过程中的重要环节，主要体现在堵塞问题上，这是人工湿地运行过程中面临的最大问题，当湿地单元进水段负荷较高时，产生堵塞的概率大，一旦出现堵塞现象，可以更换湿地进水段局部填料，这种方法可以有效地恢复人工湿地的功能[119]，但对大规模人工湿地来说，其工程量较大、因更新填料产生的投资较大，这就使得填料成本成为人工湿地建设及运维成本的主要支出。

工艺标准集成度低：人工湿地在水污染治理过程中，不仅能够净化水质，还能够提升生态环境的健康性，更突出了低碳环保的社会发展理念，从而被广泛应用于各地污水处理中[120]。湿地工程要发挥正常效果，设计、施工与质量验收、竣工环境保护验收及运维4个环节缺一不可，而现行标准侧重于设计环节，缺少对全过程的指导。此外，以我国为例，现行相关标准未充分考虑我国地域广、温差大的特点，进水浓度跨度很大，且大部分没有分区分质给出对应的设计参数，设置的污染负荷等关键参数取值不合理，实用性及指导作用不强，导致在人工湿地设计、建设、竣工验收和运行监管方面存在诸多问题，这严重影响项目效果，造成治理资金浪费。

循环经济价值重视不足：循环经济是针对经济的不断发展施于资源和环境的压力而提出的一种新的经济发展模式，是运用生态环境学规律来指导人类社会的经济活动，用"资源-产品-再生资源"的循环理念重构经济运行过程，最终实现最优生产、最适消费、最少废弃；同时，循环经济是一种按照"减量化、再利用、资源化"的原则，以资源的高效利用和循环利用为核心，以推进资源节约、资源综合利用和清洁生产为重点，以"低消耗、低排放、高效率"为基本特征，贯彻可持续发展理念的经济增长模式[121,122]。人工湿地更多地被定义为具有污染物去除效果的仿自然湿地，多被用于处理面源污染或点源污染。其在气候变化的大背景下，缺少新时代下以资源为导向的水务管理定位；在人工湿地的运行管理过程中，对"绿水青山就是金山银山"的科学发展理念贯彻不充分，具体表现在未充分开发利用人工湿地的蓄水、娱乐、园林绿化、绿色景观等生态功能，并未将净化后的水、收割的植物等变成有市场价值的回用产品。

3. 社会公众方面

生态服务功能认识不足：根据 Costanza 等[23]对生态系统服务的划分原则，湿地生态系统服务的内涵可分为5类：提供产品、防洪减灾、调节作用、保护生物多样性、社会文化载体。人工湿地能够净化污水，还能吸收 CO_2 释放 O_2 调节微气候、阻滞沙尘、清新空气、降低噪声、杀灭病菌，从而为人们提供更舒适的生活环境和休闲娱乐场所，同时还具有很高的文化科研功能[123,124]。但在实际应用过程中，人工湿地并没有表现出如此丰富的生态服务功能，相对来说比较单一，在工程应用上湿地植物的种类少，且基本属于水生草本，造成湿地结构单一的问题[125]。同时，植物的景观价值较低，相比于传统的污水处理技术，景观生态价值是人工湿地的优势之一，湿地具有为生物提供栖息地的生态价值，但是景观价值的增加可能会提高湿地的成本，因此，在人工湿地的设计中，投资者就削弱了其相比于传统污水处理技术的优势[109]。

1.4.2　人工湿地应用发展展望

1. 技术规范适宜性提升

Kadlec 和 Wallace 撰写的 *Treatment Wetlands* 一书，详细介绍了各类人工湿地的设计运行及管理，但是该书的参数大多基于国外人工湿地的监测结果，对于我国而言，还需要长期的实践数据来支撑[60]。我国住房和城乡建设部、环境保护部分别出台了人工湿地相关技术规范，如《人工湿地污水处理技术导则》(RISN-TG006—2009)、《人工湿地污水处理工程技术规范》(HJ 2005—2010)等。人工湿地的工程设计依赖于现场的长期监测数据，也依赖于对机理的进一步阐释，同时也需要模型的发展，即要逐步从经验向有理有据的理论设计转变。此外，随着人工湿地应用的蓬勃发展，其越来越强调与景观的结合，通过植物配置来优化景观格局，还需要环境工程和风景园林专业交叉共同研究，这也是人工湿地设计应用要重点考虑的方向[60]。

2. 主体结构标准集成化

人工湿地是 20 世纪 60 年代发展起来的一种污水处理技术，具有投资低、维护管理方便、环境效益高等优点。目前，人工湿地技术广泛应用于海绵城市建设、黑臭水体治理、农村污水处理和城市污水处理厂的尾水处理实践中，具有集约化和大型化建设的机遇和趋势。然而，人工湿地施工团队专业性低和湿地运行的堵塞问题成为制约人工湿地技术发展的重要因素。已研发的模块化人工湿地旨在突破人工湿地建设大兴土木的传统模式，使其具有湿地模块工厂生产、施工现场拼装、水流定向流动、局部堵塞更换的特点，推进人工湿地半工厂化、产业化进程，但仍存在产品从原材料的选取、尺寸的统一、制备的供需等方面没有统一的制备标准等问题。因此，加强人工湿地主体结构标准集成化将是人工湿地研发与应用的重要方向。

3. 数字化建设管理应用

人工湿地的模型研究方兴未艾。现有的研究大多为灰箱模型，对人工湿地内部的过程做了太多的简化和假设，从而导致模型参数不具有广泛性。而在实际人工湿地中，其条件复杂，影响因子繁多，导致模型预测值与真实值仍存在较大差异。因此，模型如何能提高预测精确度，从而指导设计，辅助解释机理，已成为模型发展的重要内容[60]。

由于人工湿地受植物和基质种类、污染负荷和运行方式的影响较大，因此应加强不同种类植物和基质对各类污水中污染物的去除机制研究；目前大型人工湿地工程的运行参数也没有真正的设计、运行和维护规范，基于以上情况，可考虑将正在运行的湿地的处理数据集中起来，建立专门的数据库，在数据库的基础上，利用技术及建模开发更多、更实用的人工湿地模拟模型软件，降低各种因素对人工湿地的影响。同时，对已获得模型及参数的人工湿地系统的各类要素进行更为系统、全面的描述及科学分类，提高已有模型及其参数的可用性，并结合不同地区的具体情况深入开展人工湿地处理特殊废水的研究工作，建立适合于不同地区、不同环境、不同气候条件及不同特性废水的实用数据库。建立人工湿地数据库，可以降低建设低效湿地的风险。同时，将模型理论应用到实际中，可以为人工湿地的广泛应用提供科学指导[109]。

4. 生态系统服务功能价值挖掘

生物多样性下降和生态系统服务功能退化，是当今世界面临的主要环境危机之一。人工湿地是模拟自然湿地建造的特殊生态系统，相应地具有自然湿地具备的生态系统服务功能。人工湿地具有水质净化、调节微气候、调节大气组分、参与营养循环、维持生物多样性等功能，但是当前我国对人工湿地生态系统服务功能价值的研究尚处于起步阶段。党的十八大提出要把资源消耗、环境损害、生态效益纳入经济社会发展评价体系，建立体现生态文明要求的目标体系、考核办法、奖惩机制；建立反映市场供求和资源稀缺程度、体现生态价值和代际补偿的资源有偿使用制度和生态补偿制度[126]。党的十九大进一步提出建立市场化、多元化生态补偿机制；设立国有自然资源资产管理和自然生态监管机构。党的二十大报告强调，要完善生态保护补偿制度，促进生态系统良性发展。因此，应积极探索符合我国气候、地形和人口等特点的人工湿地生态系统服务评价方法、评价路径，有效支撑各级政府积极开展生态系统服务价值评估工作，推动各级政府实施生物多样性保护措施。

第 2 章　人工湿地污染物的去除机理、影响因素与强化措施

2.1　人工湿地系统中的物理、化学及生物过程

为了去除或降解进水中的污染物，在人工湿地系统运行的过程中发生大量的理化生反应过程。本节将主要介绍几种重要的反应过程及其常用的计算方法。这一节所涉及的内容仅限于特定的反应过程，整体的去除机理还与人工湿地系统内部的水力设计、地形高程结构以及植物布置有关。人工湿地中几种常见的污染物及其详细的去除机理、影响因素与强化措施等内容将在之后的小节中具体介绍。

2.1.1　人工湿地系统中的物理过程

1. 挥发过程

在人工湿地系统中，许多化学反应都将会产生气体，并释放到大气环境中。常见的气体产物有氨气、硫化氢、四氧化二氮、一氧化二氮和甲烷。同时，湿地植物通过光合作用从大气吸收二氧化碳并释放氧气，并与微生物一起通过呼吸作用吸收氧气释放二氧化碳。

2. 物理沉淀过程

人工湿地水体中的悬浮颗粒由于溶解度低，密度比水大，在水力停留时间充足的情况下，从湿地水体中沉降到湿地基质中的过程即物理沉淀过程。由于许多污染物是依附于悬浮物上的，因此对于这些污染物的去除效果主要使用以下公式来计算[113]：

$$J = k_{\text{TSS}} \cdot C_{\text{TSS}} \cdot K_{\text{p}} \cdot C \tag{2.1}$$

式中，C_{TSS} 为悬浮物浓度，mg/L（或 g/m^3）；k_{TSS} 为总悬浮物去除常数，m/d；K_{p} 为污染物在悬浮物中的分配系数，m^3/g；C 为污染物在水体中的浓度，mg/L（或 g/m^3）。

3. 吸附过程

吸附过程是指湿地土壤、沉积物以及基质表面通过物理过程吸附水体中污染物的现象。在吸附过程中，污染物并没有改变其原来的性质，吸附能小，被吸附后容易再脱离。

污染物被吸附的量与湿地基质的吸附系数以及污染物在平衡状态下在水相中的含量有关。在湿地相关计算中，有以下三种常见的吸附方程[113]。

线性吸附方程：

$$C_{\text{s}} = K_{\text{p}}C \tag{2.2}$$

弗罗因德利希（Freundlich）吸附方程：

$$C_s = K_f C^n \tag{2.3}$$

朗缪尔(Langmuir)吸附方程:

$$C_s = K_L \left(\frac{C}{C+b} \right) \tag{2.4}$$

一般来说,在吸附过程中有以下几点值得注意[113]。

(1)在人工湿地系统运行的初始阶段,吸附作用对于磷的迁移转化至关重要。如果初始状态下基质或沉积物中不存在磷,它将会在基质或沉积物均达到水饱和状态时才会被储存积累;相反,如果初始阶段的基质或沉积物中已存在磷,人工湿地系统运行时其将会被释放到水体中。

(2)在间歇性运行的人工湿地系统中,吸附作用对于NH_3-N的迁移转化非常重要。短期被基质或沉积物吸附的NH_3-N在水位降低时可能被氧化。

(3)吸附作用对于亲水性有机化学物质来说同样重要。由于氢键的存在,这类物质极易被吸附于湿地基质或沉积物中含碳元素的物质表面。

(4)湿地基质、沉积物及土壤中的污染物浓度并不等同于污染物在湿地水体中的浓度,而是等同于基质、沉积物及土壤孔隙水中的浓度。

(5)吸附过程中的一部分吸附点位可通过湿地系统内形成的新沉积物而不断累积更新。

(6)污染物通过矿化反应或者化学反应形成新的物质,部分吸附过程不可逆。

(7)一般通过线性吸附方程计算即可得出理论上湿地的一级去除过程。

2.1.2　人工湿地系统中的化学过程

1. 氧和氧化还原电位

当湿地土壤淹水时,氧气难以在土壤间隙中扩散,从而导致土壤的氧化还原电位(ORP)明显降低,形成厌氧、还原的环境,但是淹水条件可以提高湿地植物对土壤中磷的吸收利用。这主要是因为,淹水条件降低了土壤的氧化还原电位,从而磷酸铁、磷酸铝水解释放磷;在酸性土壤中,淹水使pH升高,增加了Fe-P和Al-P的溶解度。此外,湿地植物的根系能释放氧气,从而显著增加土壤的氧化还原电位,把根际土壤中的Fe^{2+}氧化成Fe^{3+}[127]。由于氧化层土壤中存在Fe^{3+},所以土壤表面通常呈棕色或红棕色,而Fe^{2+}居主导地位的厌氧层常常呈灰色或蓝灰色,如图2.1所示。

氧化还原电位作为介质(包括土壤、天然水、培养基等)环境条件的一个综合性指标[128],已沿用很久,它表征介质氧化性或还原性的相对程度,可以直接采用各种电极测定。只要溶液中存在溶解氧,其变化幅度就比较小(+400~+700mV)。而随着氧气的消耗,其变化幅度比较大,范围通常在−400~+400mV[129]。

土壤的氧化还原性质对土壤的许多物理、化学以及生物性质都有着直接或间接的影响。它将直接导致土壤尤其是可变电荷土壤pH、离子强度、溶液组成、表面电荷性质和离子吸附性质等的变化,进而引发土壤中毒性物质活性的改变、营养元素失调症的出现以及植物毒害作用的产生[130]。近年来,随着环境污染的加剧和生态环境的恶化,如水体

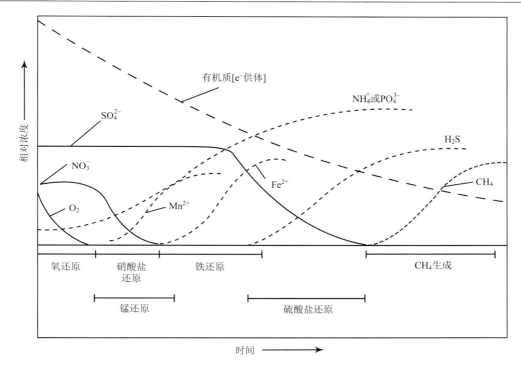

图 2.1　淹水后土壤中物质转化的时间序列[10]

的富营养化、温室气体的排放、全球性汞污染与扩散等，这些环境问题日益突出，无不
与氧化还原作用密切相关[131]，如图 2.2 所示[42]。

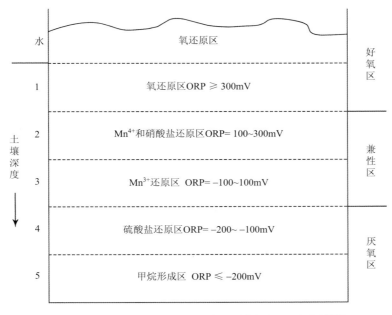

图 2.2　污染负荷较轻的湿地中典型的氧化还原反应[132]

2. 碳的转化

湿地是大气中 CO_2 等温室气体的重要碳汇[133]。湿地面积虽然只占据全球陆地面积的 4%~6%，但是其包含着全球 30% 左右的碳[134]，是全球最大的碳库[135,136]。湿地生态系统碳循环是指湿地生态系统中碳元素的吸收、转化、储存和释放过程。它涉及湿地植物通过光合作用吸收 CO_2，将其转化为有机物质，并在生物降解和分解过程中释放 CO_2 和 CH_4。湿地还可以储存大量的有机碳，包括土壤有机碳和植被残体。湿地生态系统的碳循环对全球碳循环具有重要影响，同时也对气候变化和温室气体排放起到调节作用[136]。

在有氧条件下，光合作用和有氧呼吸作用是碳转化的主要过程：

$$6CO_2 + 12H_2O \longrightarrow C_6H_{12}O_6 + 6O_2 + 6H_2O \tag{2.5}$$

$$C_6H_{12}O_6 + 6O_2 \longrightarrow 6CO_2 + 6H_2O + \text{能量} \tag{2.6}$$

有机物通过有氧呼吸分解而实现了有效的能量转化，在湿地缺氧/厌氧条件中，主要进行无氧呼吸，如发酵，生成各种低分子量的酸、醇和 CO_2。

$$C_6H_{12}O_6 \longrightarrow 2CH_3CH_2COOH \tag{2.7}$$

$$C_6H_{12}O_6 \longrightarrow 2CH_3CH_2OH + 2CO_2 \tag{2.8}$$

在特殊的水文状况和供氧条件下，湿地土壤有机碳的分解转化包括有氧降解和厌氧发酵两种途径，CO_2 是这两条途径的最终产物，只有当土壤处于极度还原环境时（氧化还原电位 ORP $<-150\text{mV}$）才会形成还原产物 CH_4[137]。对于某一特定区域，有机碳分解机制主要受待分解底物的性质、影响分解微环境的理化性质（如温度、水文状况、pH、ORP等）以及待分解底物与分解微环境共存的时间三方面因素的制约[9]。河滨湿地碳循环模拟模型结构见图 2.3。

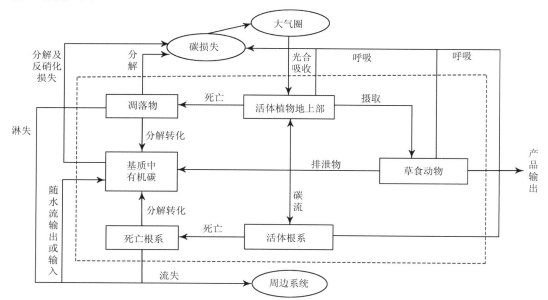

图 2.3　河滨湿地碳循环模拟模型结构[138]

3. 化学反应过程

人工湿地系统中大多数污染物的去除均涉及多种化学反应和多种化学物质。许多化学物质在去除过程中的产物可能是某种特定的污染物，其中一个明显的例子就是氮元素的转化过程：

$$有机氮 \rightarrow 氨氮 \rightarrow 氧化氮 \rightarrow 氮气$$

在氮元素的化学反应过程中，前三种形态的氮都是潜在的污染物，在化学反应过程中有可能被消耗或者产生。因此，不容易区分并计算某一特定污染物的去除效果。

另一个例子是氯化有机物质的脱氯降解过程。三氯乙烯是人工湿地系统运行过程中产生的一种化学物质，它的降解过程如下所示：

$$三氯乙烯 \rightarrow 二氯乙烯 \rightarrow 氯乙烯 \rightarrow 二氧化碳 + 水 + 氯离子$$

在这些化学反应过程中，有必要利用反应模型来计算化学物质产生和消耗两个反应过程，每一步可单独设立一个简单的模型来进行计算，如按反应等级分步计算。但就总体去除效果而言，其计算将更为复杂。

4. 光催化降解过程

光照可以降解或转化湿地水体中的许多物质。许多微生物，包括致病菌和病毒，都可以被紫外线辐射杀死。其去除有效性受光照的辐射量以及生物体的浓度影响。虽然在理论上光催化降解过程属于二级过程，但从长远来看，湿地所接收的光照辐射量是相对恒定的，因此在计算生物浓度时，去除率可当作一级过程来计算。

此外，许多化学物质也会因光的作用而被催化降解。太阳光中的紫外线可直接造成化学物质光解，如硝基甲苯即为一种易光解物质。同时，化学物质还可通过与辐射形成的自由基(如过氧烷基、氢氧基和单线态氧自由基)发生光氧化反应实现降解。然而，光催化降解过程在人工湿地的研究和开发中基本上没有得到重视和发展，目前的研究仍然有限。

2.1.3　人工湿地系统中的生物过程

1. 微生物降解过程

在人工湿地系统中，绝大多数的反应过程都涉及微生物降解过程。这些微生物降解过程主要是细菌及其他微生物正常新陈代谢的生理过程。通常，自由漂浮在湿地水体中的微生物是极少数的，绝大多数都是以生物膜的形态附着在沉积物或湿地基质表面的。

在微生物降解的整个过程中，第一步是将化学物质从水相转移至固相表面。这些固相表面除了生物膜能起到生物降解的作用外，还可利用特定的结合点位起到吸附的作用。在表流型人工湿地中，这种传质过程主要发生在水体中的枯落物和植物茎秆表面的生物膜上，而在潜流型人工湿地中，则主要发生在湿地基质表面的生物膜上。

湿地水体中的化学物质通过扩散作用从水相中转移到固体表面上，并依靠化学转化过程穿透生物膜进入生物体内(图 2.4)，其中，生物膜所附着的可能是沉积物、植物枯落物碎片或者植物的水下部分。这一过程可以用 Bailey-Ollis 模型来描述[139]。在这一模型中，一般定义湿地背景浓度值为零，但是某些非零的情况也同样可以应用。

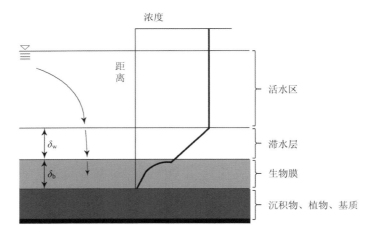

图 2.4　湿地系统中污染物从水相通过扩散层进入生物膜的运动路径[140]

物质在湿地水体与生物膜间的传质效率公式如下：

$$J_{mt} = \frac{D_w}{\delta_w}(C - C_{interface}) \tag{2.9}$$

$$J_{mt} = Ek_b\delta_b C_{interface} \tag{2.10}$$

式中，C 为物质在湿地水体中的浓度，mg/L（或 g/m³）；$C_{interface}$ 为物质在生物膜中的浓度，mg/L（或 g/m³）；D_w 为物质在湿地水体中的扩散系数，m²/d；δ_b 为生物膜厚度，m；δ_w 为静止临界水层（湿地水体与生物膜间）厚度，m；$E = \frac{\tanh(\phi)}{\phi}$，为生物膜有效系数；$J_{mt}$ 为传质效率，g/(m²·d)；k_b 为生物膜内反应速率常数，d⁻¹。

而 ϕ 的计算公式为

$$\phi = \delta_b \sqrt{\frac{k_b}{D_b}} \tag{2.11}$$

式中，D_b 为物质在生物膜中的扩散系数，m²/d。

将式(2.9)～式(2.11)合并可得

$$J_{mt} = \left[\frac{Ek_b\delta_b}{1 + M}\right]C = k_i C \tag{2.12}$$

式中，k_i 为内在一级面积反应常数，m/d。

$$M = \frac{Ek_b\delta_b\delta_w}{D_w} \tag{2.13}$$

由此可以看出，该理论推导出的局部一级传质速率主要取决于生物膜的特性和污染物扩散系数。

在实际情况中，还必须了解所要计算的湿地面积 A_w 中生物膜的面积 A_b（图 2.5），并以此对理论传质速率计算公式进行修正。

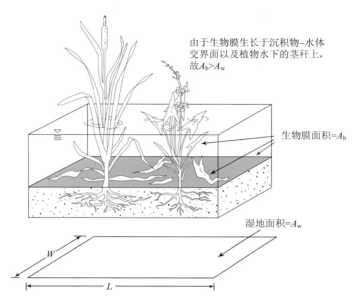

图 2.5　生长于沉积物−水体界面、枯落物与腐败物质表面的生物膜[140]

修正后的公式如下：

$$JA_w = k_i A_b C \tag{2.14}$$

$$J = k_i \left(\frac{A_b}{A_w} \right) C = k_i a_s C = kC \tag{2.15}$$

式中，a_s 为单位湿地面积中的生物膜面积，m^2/m^2；A_w 为湿地面积，m^2；A_b 为生物膜面积，m^2；k 为一级面积反应常数，m/d。

根据目前少数几个表流型人工湿地获得的数据，可以粗略推算出 a_s 的数量级：①湿地无植物种植，生物膜只生长在湿地底部，那么 $a_s \leqslant 1.00 m^2/m^2$；②湿地种植挺水植物，植物根系或者茎秆所增加的生物膜量可导致 $a_s \approx 5 m^2/m^2$；③湿地系统已长时间运行，已产生枯落腐败物质，a_s 的量将达到 $10 m^2/m^2$。

物质在湿地水体与生物膜间的传质效率在人工湿地中的应用已由 Polprasert 及其团队于 1998 年进行修正，修正后 a_s 的范围为 $2.2 \sim 2.9 m^2/m^2$。而根据对美国加利福尼亚州的阿克塔（Arcata）湖和密歇根州的霍顿（Houghton）湖中湿地植物水下根茎表面积进行测算，a_s 的范围为 $1.0 \sim 9.0 m^2/m^2$。

2. 湿地植物吸收过程

湿地植物通过根系吸收并储存养分以维持正常的新陈代谢。在绝大多数情况下，湿地植物通过根系吸收土壤中的化学物质，在极少情况下形成不定根，吸收湿地水体中的化学物质。研究表明，相比于挺水植物和浮叶植物，湿地中的沉水植物可通过吸收过程将一部分营养盐和重金属从湿地水体中转移至植物茎干及叶子中。

2.2　有机物的去除机理、影响因素与强化措施

2.2.1　人工湿地系统中有机物的去除机理

有机物在复杂人工湿地中有多种去除途径，如挥发、光化学氧化、沉淀、吸附和生物降解等过程[141]，人工湿地系统中碳循环转化示意图见图 2.6。受有机物种类、湿地类型、湿地运行参数、环境条件、人工湿地系统内的植物类型及基质条件等因素影响，有机物的主要去除途径会发生变化[142]。

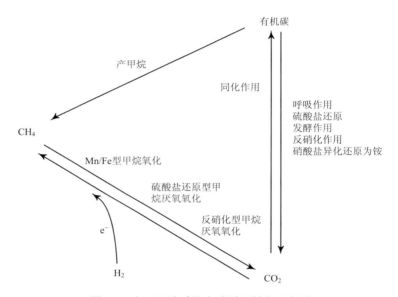

图 2.6　人工湿地系统中碳循环转化示意图

1. 有机物的非降解去除过程

在人工湿地污水处理过程中，有机物的非降解去除过程(如挥发和吸附)，仅仅只是通过对污染物进行转移以降低其浓度，并不是实质性去除。

1) 挥发和植物蒸腾作用

有机污染物除了直接从水中排放到大气中(挥发)外，一些植物可以通过根系吸收和植物蒸腾作用将污染物转移到大气中[143,144]。

挥发和植物蒸腾作用适宜处理如丙酮[145]、苯酚[146]等亲水性化合物以及低氯代苯、氯化乙烯[147]、苯系化合物[148]等挥发性疏水化合物，是有机污染物重要的去除过程。

2) 吸附和沉淀作用

吸附是指湿地基质与有机物分子之间产生的范德华力、氢键或其他分子间的作用力，把溶解性有机物(dissolved organic matter, DOM)从水中抽离，取代基质表面水分子的过程[149]。溶解性有机物包括腐殖质(腐殖酸、富里酸等)、蛋白质降解物、植物分泌物和湿

地中死亡生物降解物质[150]，是湿地微生物碳的主要来源，包含羟基、氨基等活性官能团，能与多种金属离子结合[151]。湿地基质对有机物的吸附能力与基质本身的特性、被吸附离子的种类、pH、基质比表面积有关。

3）植物的吸收作用

植物作为人工湿地系统的重要组成部分，其生长需要吸收污水中大量的营养物质，包括有机物、氮、磷、金属离子等。运行多年的、成熟的人工湿地植物具有密集的植物茎叶和强大的根区系统，溶解性有机物可通过植物根系生物膜的吸附、吸收过程从污水中去除[152]。

2. 有机物的降解去除过程

1）植物的降解过程

植物对有机物的降解过程是指植物的代谢式降解，通过植物酶或辅酶因子对有机污染物进行降解的过程[142]。研究发现，多种植物具有代谢转化有机物的能力[153]，如常见的芦苇、宽叶香蒲等湿生植物和一些杨属植物[154]。根据植物的生理结构特性，被降解有机物的种类有限：①芦苇中只存在能降解每分子含 3 个或 3 个以下氯原子的多氯联苯的酶，含有更多氯原子的多氯联苯则较难被芦苇降解[154]；②杨树对含四氯化碳的水有显著的净化优势[154]。

2）微生物的降解过程

微生物是人工湿地系统去除有机物的重要主导者。微生物的合成代谢和分解代谢过程都需要有机物，特别是溶解性有机物作为重要碳源参与代谢过程（图 2.7）。

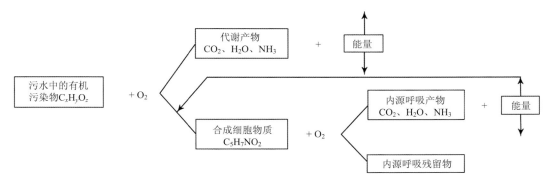

图 2.7　微生物分解和合成有机物模式图

微生物活动在酶的参与下进行合成和代谢的方程式如下所示。

分解：

$$C_xH_yO_z + \left(x + \frac{y}{2} - \frac{z}{4}\right)O_2 \longrightarrow xCO_2 + \frac{y}{2}H_2O - \Delta H \tag{2.16}$$

合成：

$$nC_xH_yO_z + nNH_3 + \left(x + \frac{y}{4} - \frac{z}{2} - 5\right)O_2 \longrightarrow (C_5H_7NO_2)_n$$
$$+ n(x-5)CO_2 + \frac{n}{2}(y-4)H_2O - \Delta H$$

(2.17)

式中，$C_xH_yO_z$ 为有机物；$C_5H_7NO_2$ 为细胞自身组织。

此外，由于杀虫剂、防腐剂和农药的大量使用，污染水体中出现大量如烃类、苯环类等难降解的有机物，此类物质大部分由人工合成，具有毒性且难以被分解，在生态环境中持续时间长，可通过生物实现积累和传递[149]。对于这类难降解的有机物，需要不同种类微生物相互协同作用，或作为非基质通过共代谢方式对其进行降解，从而达到去除难降解有机物的目的[155]。

2.2.2 人工湿地系统中有机物去除的影响因素

人工湿地系统中有机物的去除受多种因素影响，其中人工湿地类型、有机物种类、氧化还原电位、溶解氧是影响人工湿地有机物净化效果的重要因素[149]。溶解性有机物可增强其他有机物的溶解性，提高基质对溶解性有机物的吸附能力，氧化还原条件和电子受体浓度会影响微生物对有机物的转化效率，提高溶解氧浓度可直接改善微生物对有机物的去除效果[156]。此外，氧化还原电位、溶解氧浓度与人工湿地类型及运行参数有密切关系，人工湿地类型及运行参数将间接影响湿地中有机物的去除效果。

1. 人工湿地类型

1) 表流型人工湿地

表流型人工湿地全年或一年中大部分时间都有表层水存在，这使得湿地与污水接触面积较大且污水停留时间较长，因此对悬浮物和有机物去除效果较为理想[157]。

2) 潜流型人工湿地

潜流型人工湿地对有机物的去除具有周年的相对稳定性，受季节以及气温变化的影响较小，污水中的溶解性有机物可通过生物膜的吸附以及微生物的代谢得以去除，不溶性有机物可通过湿地的沉淀、过滤被截留，进而被微生物、原生动物以及后生动物利用[158]。

在潜流型人工湿地中，水平潜流型人工湿地常常处于饱和水状态，复氧能力弱，因此与垂直潜流型人工湿地相比，水平潜流型人工湿地的有机物去除率略低。

2. 人工湿地运行参数

人工湿地的水位因素将影响人工湿地空气-水界面的氧气传递效率，从而影响有机污染物的去除效果。人工湿地常用的水位参数一般选择 0.5～0.7m，此水位较适宜湿生植物，尤其是芦苇的生长[159]。水位较高时，植物根系发达，生物膜生长旺盛，不仅增强了系统对不可溶性有机物的过滤拦截作用，还促进了生物膜对可溶性有机物的吸附和降解，使有机物去除率增加。同时，研究表明，当湿地进水负荷较高时，水位较深的人工湿地对有机物的去除效果较好；而当湿地进水负荷较低时，水位较浅的人工湿地对有机物的去除效果更好[160]。

因此，在一定进水负荷范围内，水位较浅的人工湿地对有机物的去除更加有利，但由于水位与水力停留时间密切相关，所以还需要考虑其他因素对有机物去除的交互影响。

3. 植物种类

人工湿地中不同植物对不同污染物的吸收、利用以及富集程度不同。研究表明，芦苇、香蒲、茭白、慈姑等都能够有效降低污水中的 COD、BOD_5 浓度[161]。由于植物根区微生物种类和数量不同，其对应的净化效果也不同[162]。种植芦苇的人工湿地系统中，存在假单胞菌属、产碱杆菌属、黄杆菌属等优势菌属，且芦苇根际比香蒲更适合亚硝酸盐细菌的生长[157,163]。

4. 环境因素

1) 温度

温度主要与人工湿地系统所处的地理位置有关，其随着昼夜、季节和纬度的变化而变化。温度变化不仅影响人工湿地系统中微生物的代谢速率，还影响水的分层、营养循环和初级生产等其他重要环境因子[157,164]。这些因子共同影响着微生物种群和群落动力学、结构和功能，从而影响有机物的降解效率。

理论上来说，温度的变化可能会影响有机物的降解效率，但是研究显示，温度变化对于稳定的人工湿地中有机物的去除没有直接显著的影响[165]，但温度变化会影响人工湿地系统中整个生态系统的活力，从而间接影响有机物和其他污染物的去除。

2) 溶解性有机物

人工湿地系统中溶解性有机物对湿地污染物的迁移转化过程有着重要影响[166]。其中，溶解性有机物对有机污染物环境行为的影响主要表现在[167]：①对有机污染物有增溶作用；②与有机污染物在土壤表面的共吸附作用，增加土壤对有机污染物的吸附容量，促进有机污染物在土壤中的吸附；③与溶解性有机物结合的有机污染物在土壤中的迁移速度受土壤水分的制约；④溶解性有机物作为光敏剂，可提高有机污染物的光解速率；⑤可促进或抑制有机污染物的水解速率。

3) 氧化还原电位

人工湿地系统中有机污染物的转化与基质中的氧化-还原环境及电子受体的种类和含量密切相关[168]。研究表明，湿地基质中的氧化还原电位影响 C、N、P、S 等生源要素的活性，也会影响有机物的分解状况[169]。当基质处于氧化状态时，温度较高的基质，微生物活性高，有机物分解速率快。湿地基质中氧化还原电位变化范围在 $-300\sim+700\text{mV}$，该范围受水文条件、电子受体的存在条件和植物向根区的输氧情况等因素影响[168]。

4) 溶解氧

人工湿地系统中溶解氧的含量直接影响有机污染物的去除，改善湿地进水的溶解氧含量，可提高人工湿地系统对有机污染物的去除率。

研究发现，溶解氧的变化不但受日照的影响，更有明显的季节变化[170]。溶解氧浓度在干燥、温暖的季节被抑制，而在寒冷、潮湿的季节被增强。夏日温度较高，碳质、含氮化合物耗氧，微生物耗氧的速度加快，在同一水力条件下，溶解氧消耗增加。

在好氧区域(植物根系区)，水解产生的溶解性有机物在微生物酶的作用下迅速完成生化反应，有机污染物作为电子供体，氧气作为受氢体，部分有机物发生异化作用，降解为 CO_2、H_2O、NH_3 等，大部分有机物通过同化作用，合成为新的原生质；而在厌氧区域(远离根系区)，发生厌氧消化过程，兼性细菌和厌氧细菌降解有机物，使部分有机物经一级和二级代谢分解为 CH_4、CO_2、H_2S 等[156]。

5) pH

人工湿地系统中微生物的活性受 pH 的影响较大。在低 pH 条件下，湿地中真菌类微生物的活性较强，而高 pH 条件会影响人工湿地系统内微生物对含氮、磷有机物的去除效果。湿地植物在不同 pH 条件下活性也有所不同[157]。pH 的变化还会影响土壤和基质中离子的电离，从而影响湿地环境的氧化还原电位，进而影响人工湿地系统对污水中有机物的吸附和去除作用。

6) 盐度

高浓度无机盐对污水生物处理的毒害作用表现为通过升高环境渗透压而破坏微生物的细胞膜和菌体内的酶，从而破坏微生物的生理活动。高浓度无机盐对污水生物处理的影响与无机物的类型和浓度有关，对生物反应速率的影响可分为刺激作用、抑制作用和毒害作用三类[157]。研究发现，盐度对湿地处理系统的影响主要表现为引起细胞胞浆溶解，降低细胞活性，从而导致湿地系统运行效率降低[171]。

2.2.3　人工湿地系统有机物去除的强化措施

目前，人工湿地系统有机物去除的强化措施主要为提高人工湿地系统溶解氧含量、满足各类微生物(需氧微生物、厌氧微生物)对氧气的需要、加强对有机物的去除能力。可行的措施主要有增加湿地植物密度、采取间歇方式进水[172]、增加曝气和污水回流，以有效改善湿地的溶解氧状况，提高人工湿地系统对有机物的去除率等[173]。

2.3　氮的去除机理、影响因素与强化措施

2.3.1　人工湿地系统中氮的去除机理

氮素是提供给湿地中植物和生物的重要营养物质和生长物质之一，但过量的氮素会导致湿地环境的污染和相应功能的退化。在湿地中无机氮最重要的存在形式是 NH_4^+、NO_2^-、NO_3^-、N_2O 以及溶解的氮元素和 N_2[174]。氮也可以尿素、氨基酸、胺类、嘌呤和嘧啶等有机形式出现在湿地中[42]。

人工湿地系统中氮的去除机理主要依靠物理、化学和生物三个方面的协同作用[175](表 2.1)，人工湿地系统中氮循环转化示意图见图 2.8。其中，吸附沉淀作用在特殊基质湿地或者湿地使用初期效果较好，但对于长期稳定运行的、成熟的人工湿地而言，微生物对氮的转化和去除才是主要途径。

表 2.1　人工湿地系统中氮的去除机理和方式

机理		方式
物理	沉积	固体物质在重力作用下沉降，对湿地中氮去除影响很小
	挥发	形成氨气从而挥发，pH 是影响挥发的重要因素
化学	吸附	氨氮吸附是快速且可逆的，但并非是氮去除的长效途径
生物	微生物作用	矿化、硝化与反硝化作用是重要的氮去除途径
	植物吸收	低氮条件下，植物摄取量较为显著

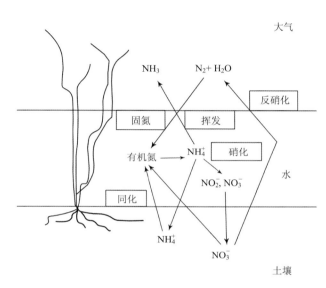

图 2.8　人工湿地系统中氮循环转化示意图

1. 氨的挥发

人工湿地系统中部分氮元素可通过挥发的方式从系统中去除。氨的挥发量受气候、水文条件、植物生长状态等因素影响。根据氨挥发方程式：$NH_4^+ + OH^- \longrightarrow NH_3 + H_2O$，淹没土壤和沉积物中氨的挥发与 pH 密切相关。当 pH≥9.3 时，氨的挥发非常显著；当 pH=7.5～8.0 时，氨挥发不显著；当 pH<7.5 时，氨挥发基本可以忽略。虽然湿地中藻类、浮叶植物和沉水植物的光合作用会导致湿地水体中 pH 升高，但一般人工湿地的 pH 基本稳定在 6～7，因此通过挥发作用损失的氮元素基本可以忽略不计[176]。需要注意的是，如果人工湿地中的基质为石灰石等材料时，湿地系统的 pH 会高很多，此时通过挥发损失的 NH_3-N 则需要列入考虑范围。

2. 介质吸附

湿地基质的活性部位可快速地吸附还原态 NH_3-N，但由于这种离子交换过程是可逆的，不可作为 NH_3-N 长期去除的有效途径。当人工湿地系统中的 NH_3-N 通过硝化作用而减少时，基质表面吸附的 NH_3-N 自动释放到水相中，使得吸附的 NH_3-N 浓度与水相中的浓度重新保持新的交换平衡。在间歇性进水的人工湿地系统中，基质吸附的 NH_3-N 可在无水期被大量消耗，而在持续性进水的人工湿地系统中，这一现象则不明显。Langmuir 和 Freundlich 吸附方程可用于模拟不同类型活性点位的 NH_3-N 吸附过程。通过研究和工程实践，沸石由于对 NH_3-N 吸附能力强，吸附速率快，而且在适宜条件下可通过生物作用与自然充氧作用等促进吸附能力再生[176]，因此是重要的人工湿地基质。

3. 矿化过程

矿化过程是指人工湿地系统中的微生物将含氮有机物分解并转化为无机氮(尤其是 NH_3-N)的过程。在人工湿地系统中，矿化速度与温度、pH、系统充氧能力、C/N 以及土壤的质地结构有关[176]。当人工湿地系统中氧气充足时，有利于矿化过程的发生；当人工湿地系统处于缺氧状态时，矿化速度降低。而温度升高 10℃，矿化速度能提高 1 倍。当人工湿地系统 pH 处于 6.5～8.5 时，矿化过程最佳。

4. 硝化过程

硝化过程是指人工湿地系统矿化产生的铵根离子在微生物的作用下，被氧化成亚硝态氮并进一步被氧化成硝态氮的过程[177]。硝化作用分为两个阶段，由两组自养型好氧微生物完成，其反应方程式如下：

$$NH_4^+ + 1.5O_2 \longrightarrow NO_2^- + 2H^+ + H_2O \tag{2.18}$$

$$NO_2^- + 0.5O_2 \longrightarrow NO_3^- \tag{2.19}$$

总反应方程式如下：

$$NH_4^+ + 2O_2 \longrightarrow NO_3^- + 2H^+ + H_2O \tag{2.20}$$

硝化反应的第一阶段为亚硝化过程，由严格好氧的化能无机营养细菌将铵根离子氧化为亚硝酸根离子。参与这个阶段的亚硝酸细菌主要有 5 个属：亚硝化毛杆菌属(*Nitrosomonas*)、亚硝化囊杆菌属(*Nitrosocystis*)、亚硝化球菌属(*Nitrosococcus*)、亚硝化螺菌属(*Nitrosospira*)和亚硝化肢杆菌属(*Nitrosogloea*)，其中以亚硝化毛杆菌属为主[178]。

第二阶段为硝化过程，由兼性化能无机营养细菌将亚硝酸根离子氧化为硝酸根离子[176]。参与这个阶段的硝化细菌主要有 3 个属：硝酸细菌属(*Nitrobacter*)、硝酸刺菌属(*Nitrospina*)和硝酸球菌属(*Nitrococcus*)，其中以硝酸细菌属为主[179]。

除上述的自养型微生物外，人工湿地系统中还存在多种异养型微生物，也能将无机态氮和有机氮化合物氧化为 N_2O 和 N_2，但由于研究有限，其硝化能力与自养型硝化细菌的差异尚未得知。

5. 反硝化过程

反硝化过程是指在缺氧条件下，由异养微生物将硝化作用产生的硝酸盐逐步还原成氮气的生物化学过程，具体反应方程式如下：

4. 添加碳源措施

人工湿地系统中的碳源包括进入湿地的污水中所含的碳源、人工湿地系统中的内碳源和外加碳源。进入湿地的污水中 C/N 低，不利于反硝化过程进行。同时，在湿地系统中，由根系释放、死亡植物分解、微生物分解以及沉积有机物缓慢释放产生的内部有机碳源仍不足以充足供应反硝化过程[182]。因此，需要额外添加碳源以满足人工湿地系统对有机碳的需求。

目前，常见的外加碳源包括富含维生素类物质的天然有机物(棉花、稻壳等)、易生物降解的液体碳源(甲醇、乙酸、醋酸钠等)、糖类物质(葡萄糖、果糖、蔗糖等)、天然植物废弃物(植物秸秆、植物枯叶等)、生物可降解多聚物(聚-β-羟丁酸、聚乙内酯)[182]等。

虽然投加易生物降解的液体碳源或者多聚物能有效提高湿地的反硝化速率和脱氮效果，但为了维持人工湿地系统稳定的脱氮效果以及高效碳源的使用率，需要增加碳源投加系统，如加药泵、储药池、计量器、配套管路以及监测系统，这极大地增加了人工湿地系统的维护难度和运行费用。

相关研究证明，投加植物生物质作为外加碳源同样可以强化湿地的反硝化过程，但目前关于植物生物质的最优投加量、投加位置、投加周期以及投加生物质碳源对出水水质的影响的研究较少，难以指导工程实践应用。

5. 出水回流措施

在人工湿地系统运行过程中，后段的反硝化过程由于缺乏足够的碳源，反硝化过程缓慢或者停滞。通过出水回流的方式，回流液中的反硝化细菌可利用原水中的有机物作为碳源，将回流液中的硝态氮还原成 N_2 或者 N_2O，从而达到脱氮的目的。

同时，出水回流可对进水产生稀释作用，减轻污染物负荷，若回流液采用低扬程水泵，通过水力喷射或者跌水方式运行，还可以增加水中溶解氧的浓度，提高其硝化效率，减少出水可能出现的臭味。

6. 人工湿地系统组合优化

在人工湿地设计中，将潜流型人工湿地与表流型人工湿地或者一些高效稳定塘等多级串联组合，可以增强脱氮的效果。研究表明，垂直潜流型人工湿地由于其复氧效果较好，有较高的硝化效果；水平潜流型人工湿地在碳氮比很低的情况下也有较好的反硝化作用。采用水平潜流-垂直潜流-垂直潜流-水平潜流的湿地串联系统，不仅具有较好的脱氮效果，还可以有效地解决垂直潜流型人工湿地的堵塞问题。

同时，人工湿地与其他污水处理工艺的结合也扩大了其应用范围。目前，许多新型组合污水处理系统，如动态膜生物反应器-人工湿地组合系统(DMBR-IVCW)、生物质生物膜-人工湿地组合工艺(BBFR-IVCW)、浸没式膜生物-人工湿地复合系统(SMBR-IVCW)、内外循环厌氧反应器-序批式生物膜反应器-人工湿地组合工艺(IOC-SBBR-CW)、生物接触氧化-复合人工湿地组合工艺等[37]，已被广泛应用于生活污水、高浓度含氮污水、猪场废水以及工业废水的处理。结果表明，组合工艺处理效果明显优于单一工艺，且处理效果稳定、抗冲击能力强。

2.4 磷的去除机理、影响因素与强化措施

2.4.1 人工湿地系统中磷的去除机理

目前一般认为，人工湿地系统除磷主要通过以下四种方式：土壤中的物理沉积作用、基质的交换吸附和络合沉淀作用、微生物的同化作用和植物的吸收累积作用[187,188]。磷在人工湿地中迁移转化的形态和方式如图 2.10 所示。

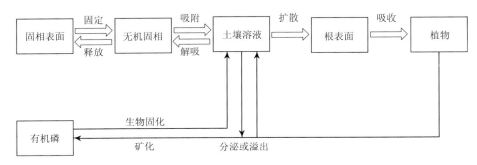

图 2.10 磷在人工湿地系统中迁移转化的形态和方式

1. 土壤中的物理沉积作用

人工湿地表面有疏松的沉积层，具有较好的沉积作用，磷可以通过物理沉积的作用进行去除。但是，如果人工湿地水量突然增加或者湿地动物活动，人工湿地沉积物可能会重新扩散到水中，导致沉积物中磷的释放。

2. 基质的交换吸附和络合沉淀作用

人工湿地基质表面具有与磷配位交换的点位，可通过吸收、吸附、离子交换、络合反应等一系列物理化学反应来净化和去除水体中的磷[189]。当人工湿地中磷的负荷较高时，湿地除磷的主要途径就是湿地基质对磷的吸附和离子交换作用以及磷与其他物质发生的沉淀反应[190]。不同基质的除磷潜力受到其物理特性和化学特性的影响。

从基质除磷的物理机理来看，在相同条件下，基质的比表面积越大，气体和液体在基质表面的传质效率越高，越有利于除磷的发生。同时，基质的渗透性影响水力条件，孔隙率和透水性影响人工湿地中水体的流动、停留时间和除磷效果。

在化学机理方面，基质中能与磷发生沉淀反应的元素含量和化学形态，决定了基质的吸附除磷能力。研究表明，在酸性或中性条件下，磷与 Fe^{3+} 和 Al^{3+} 发生反应形成难溶性化合物；在碱性条件下，磷主要与 Ca^{2+} 发生反应[191,192]。

3. 微生物的同化作用

人工湿地系统中微生物除磷的方式主要包括两种：一是微生物正常新陈代谢对磷的

吸收利用；二是聚磷菌(phosphate accumulating organisms，PAOs)在好氧条件下对磷元素的过量摄取。

磷在微生物细胞中主要存在于其遗传物质和膜系统中，当微生物进行生长繁殖和新陈代谢时，需要一定量的磷元素。因此，人工湿地污水中的部分磷元素会被湿地微生物所吸收利用。

同时，人工湿地系统在好氧/厌氧交替的条件下，能驯化出聚磷菌这种微生物，其可以从污水中摄取磷酸盐，并以聚磷酸盐的形式储存在细胞内，最终以高磷含量的污泥形态排出体外。聚磷菌拥有在厌氧段释磷、好氧段超量吸磷的生理特性，它将水体中的磷元素富集到体内，并随富磷液排出体外。但是，由于人工湿地系统中的磷酸盐更新速率缓慢，聚磷菌对磷的吸收去除作用较小。

研究认为，人工湿地在除磷过程中，微生物的同化作用只能去除14%左右的磷[193]，而且由于人工湿地一般不存在排泥过程，所以当微生物死亡后，磷将会被重新排入人工湿地中。

4. 植物的吸收累积作用

人工湿地系统中植物对磷的去除作用根据净化途径的不同，可以分为直接作用和间接作用。直接作用是指植物根据自身生长吸收湿地内污水中的小分子含磷物质，合成植物自身结构，之后通过定期移除湿地内腐败的植物组织达到除磷的目的。间接作用是指植物传输氧气和分泌化感物质的作用。植物通过其网状根系结构，为根系周围的微生物提供生长所需的好氧环境。同时，植物根系对基质有一定的穿透作用，可以在一定程度上增加和稳定基质的水力传导性。研究表明，长期运行的人工湿地，离根系范围越近，基质中磷含量越高，间接反映植物根系对磷的滞留作用[194]。此外，一些植物的根系分泌物还可以杀死污水中的大肠杆菌和病原菌等，显著影响人工湿地系统中微生物的族群构成，间接促进微生物对正磷酸盐的转化，为微生物吸收磷和基质吸附磷提供前提条件。

但是研究表明，植物的吸收累积作用并不是湿地除磷的主要方式。当移除人工湿地中的植物时，人工湿地的除磷量只减少了不到5%[195]。同时，植物对磷的蓄积是短期的，其吸收磷的能力受自身生长周期的影响较大。在植物生长期结束后，如不能及时完成收割，其会在腐烂后将磷重新释放到人工湿地系统中。

2.4.2　人工湿地系统中磷去除的影响因素

1. 水力停留时间

水力停留时间的长短可以影响填料多孔表面和吸附点位附近磷的扩散量。水力停留时间的长短与磷的去除存在一定的线性关系，适当延长水力停留时间可以提高磷的去除率[184]。但是，过长的水力停留时间同样不利于磷的去除，时间过长可能形成厌氧环境，抑制微生物的呼吸作用，导致微生物释放磷元素，从而降低除磷效率[196]。

2. 温度

在人工湿地系统中，基质、植物和微生物对磷的去除受季节和温度的影响较大，尤其是在温度年较差较大的北方。

首先，基质对磷的吸附过程属于自发吸热反应，在低温情况下不利于磷的吸附去除。研究表明，当温度高于 8℃时，总磷的去除率受温度的影响不大[197]。但是当温度降低至 5℃以下时，以钢渣为例，磷的吸附量将降低至常温 (25℃) 的 1/5[198]。

其次，气温较高时，植物旺盛生长、植物根系附近氧气活跃交换、微生物代谢增强，均有利于将污水中的有机磷及溶解性较差的无机磷酸盐代谢，直接溶解或转化为可以被吸收的正磷酸盐。

3. pH

磷在水中的形态与 pH 密切相关。随着 pH 的升高，磷在水中先后以 H_3PO_4、$H_2PO_4^-$、HPO_4^{2-}、PO_4^{3-} 的形态存在。在酸性条件下，磷酸根离子与基质溶解的金属离子形成磷酸盐沉淀[199]；在碱性条件下，磷酸根离子与金属离子的配位基进行交换而被吸附。在适宜的 pH 下，磷酸根易与铁、铝、钙、镁等金属离子、金属氧化物和氢氧化物通过配位体交换作用发生沉淀和吸附反应，以难溶性磷酸盐的形式继续存在于人工湿地系统内[199,200]。研究表明，在湿地水体中，基质中 Ca^{2+} 和 Al^{3+} 的含量决定了 pH 在 6.6～7.7 时磷的去除量[201]。

4. 进水磷浓度

磷的去除主要依靠湿地基质的吸附作用，这是一种动态的平衡关系。当湿地水体中的磷浓度较高时，可与基质外表面液膜形成浓度差，从而增加磷的迁移动力，有利于基质对磷的吸附。但是当进水中磷的浓度过低时，会在基质表面形成负浓度梯度，不仅不利于污水中的磷扩散到基质表面，还可能导致含磷基质反向释放磷元素，造成水体中磷含量的上升。

5. 溶解氧

湿地内溶解氧的含量将直接决定湿地的好氧和厌氧环境。在基质吸附沉淀作用中，以铁元素为例，在好氧条件下，铁元素基本以 Fe^{3+} 形式存在，通过与 PO_4^{3-} 发生反应形成不溶于水的化合物沉淀，实现对磷的固定；反之，在厌氧条件下，不利于磷的去除。此外，在微生物同化过程中，如果溶解氧过低，会抑制聚磷菌的活性，降低其好氧超量吸磷速率。而且，溶解氧浓度高还可以促进生物膜的脱落与更新，从而增加人工湿地系统除磷的稳定性。

6. 氧化还原电位

氧化还原电位 (ORP) 对磷的影响较为间接，不像氮、铁、锰随电位的改变而直接发生变化。磷在还原态的条件下更容易溶解，在氧化条件下可转化为植物和微生物难利用的无效磷。研究表明：①在还原条件下，湿地土壤中溶解态磷的浓度较氧化性土壤中的浓度高。②在氧化条件下，不溶性磷酸盐与铁离子、钙离子、氯离子一并发生沉淀；磷可被黏土颗粒、有机泥炭、铁离子与氯离子的氢氧化物和氧化物所吸附；磷还可以与有机质相互束缚进入活的生物体内[202]。

7. 基质种类

基质对污染水体中的磷有吸附沉淀作用，不同基质对磷的物理吸附作用和化学沉淀作用的大小也不同，筛选合适的基质对于提高磷的去除效率至关重要。

基质除磷性能受到自身的化学成分及化学形态的限制。目前，国内外关于基质种类的研究中包括的基质种类有煤渣、钢渣、石灰石、活性炭、陶粒等。一般认为，含钙、铁、铝丰富的填料能有效吸收磷[203]。

同时，基质的物理形态也会影响除磷效果。基质粒径越小，比表面积越大，磷的吸附量和吸附效率越高[204]。基质的粒径对人工湿地系统孔隙的大小有决定性的影响，过小的粒径容易造成人工湿地系统堵塞，而粒径过大又会缩短人工湿地系统水力停留时间，导致净化效果不佳。因此，需要在保证净化效果和防止人工湿地系统堵塞之间寻求平衡点[205]。

8. 湿地植物种类

植物是人工湿地系统的关键组成要素，对污水的净化效果有着直接或间接的影响。不同植物对磷的去除效果不同。研究表明，在相同生长条件下，香蒲对于总磷的吸收量约是菖蒲的 35 倍[206]。同时，根系发达的湿地植物可以提供更多的根系分泌物，为根区部分微生物输送氧气，提高根际间好氧微生物的活性。在相同根长的条件下，香蒲对外分泌氧气的速率较快，是凤眼莲的 2.3 倍[207]。

2.4.3　人工湿地系统磷去除的强化措施

1. 基质的选择

由于人工湿地系统除磷的过程主要是通过基质的交换吸附和络合沉淀完成的，因此在除磷过程中，基质的选择非常重要。合理的选择比表面积大、孔隙率大、具有较多阳离子的基质，有利于人工湿地对磷的吸附，这是提高人工湿地中磷去除效率的关键[208]。一般认为，含钙、铁、铝丰富的填料能有效吸收磷[203]。研究表明，钢渣由于含有丰富的铁元素，是一种非常高效的除磷基质[209]。

由于天然基质的吸附容量有限，因此诸多研究开始对现有常用的天然基质进行适当改性，增加其化学吸附容量，以期获得吸磷能力强、吸附容量大的高性能人工湿地基质。

2. 植物的筛选种植

植物的生长速度、分泌氧气和吸收转化污染物的能力，都会对污水净化效果造成影响[210]。为了提高湿地的除磷效果，应该在符合植物生长习性的前提下，选择种植磷吸收能力强的植物，通过植物的生长，将水体和基质中的磷富集到植物体中。

湿地前端污染负荷较高，耗氧量较大，易使溶解氧急剧下降，因此可将芦苇、美人蕉、香蒲等光合速率高、产量大同时又易吸收磷的植物种植在前端，并适当增加种植密度，提高溶解氧浓度，这对于改善人工湿地系统内微生物种类，进而提高出水水质具有极大意义。同时，为避免冬季低温、植物死亡腐烂导致的磷释放，可在人工湿地中搭配种植石菖蒲等耐寒植物，保障冬季人工湿地系统的运行效能。

3. 聚磷菌的强化与富集

目前，关于改良工艺提高除磷效率的措施相对较多，但关于高效菌种的筛选尚不多见。厌氧/好氧时间段的设置可使人工湿地系统处于厌氧/好氧交替的状态，为培育聚磷菌成为优势菌种提供条件。同时，研究表明，控制湿地碳源表面负荷，即 COD 表面负荷为 $2.4g\ COD/(m^2 \cdot d)$ 时，既可以避免聚磷菌与好氧异养微生物竞争，又可以满足聚磷菌的生长所需，提高人工湿地系统的除磷效率[211]。

此外，定期回收人工湿地系统中的磷也可以促进聚磷菌的强化。当人工湿地系统中磷的含量降低时，聚磷菌细胞内多富集的磷被释放，从而恢复超量吸磷的能力，改善人工湿地的除磷效率。研究表明，在经历 3 次生物蓄力磷-磷回收的过程后，生物滤池的除磷效率有大幅提高，且底部生物膜中微生物的形态和组成也得到相应的优化，聚磷菌占比由 43%提高到 70%[212]。

2.5 重金属的去除机理、影响因素与强化措施

2.5.1 人工湿地系统中重金属的去除机理

重金属在人工湿地中的迁移转化是指重金属被固体基质颗粒吸附、释放，以及在这个循环过程中所发生的物理、化学和生物过程。研究表明，在人工湿地处理系统中，基质表面的黏土颗粒与有机质对重金属的吸附和沉淀起主导作用，植物体的吸收作用和根部的吸附作用对重金属的去除作用不明显[213]。

1. 物理过程

物理过程的主要方式是过滤和沉积作用。当此类污水进入人工湿地基质层后，含重金属的悬浮物会因为过滤作用截留沉积于基质中。这类转移过程始终处于动态平衡，重金属既可以从水体向基质中转移，又可以从基质向水体中释放。因此，表层基质既是重金属的汇集场所，又是潜在的污染源[214,215]。

2. 化学过程

化学过程中的吸附、离子交换、氧化、水解和沉淀作用对于湿地中重金属的去除有较大作用。此类化学过程发生的强度和速度主要取决于基质的种类和数量。

1) 吸附作用

吸附作用是重金属离子从水溶液向土壤转移的过程。在诸多化学过程中，吸附作用

最为重要[216]。吸附作用主要有四种方式：污染物与土壤胶体吸附、污染物与腐殖质发生离子交换、污染物与富里酸或者腐殖酸等螯合或结合、发生化学反应产生沉淀。其中，吸附在土壤胶体和腐殖质上的重金属本身不会发生降解，只是随着时间与沉积物的变化而变化[217,218]。

重金属离子的吸附不仅与吸附剂和吸附质有关，同时还受水环境中其他因素的制约，如水温、pH、离子强度、泥沙含量、粒子以及重金属离子的初始浓度等[215,219,220]。

2) 氧化和水解作用

氧化和水解作用是好氧型湿地去除重金属的重要机制。在人工湿地系统中，重金属污染物，如 Fe、Al、Mn 等经过氧化和水解作用可生成氧化物、氢氧化物与羟基氧化物[215]。

其中，Fe 的去除率受 pH、阴离子浓度、氧化还原电位的影响。Al 的去除率完全受 pH 的影响。Al 在 pH 为 5 时，其氢氧化物开始沉淀。Mn 在污水中主要以 Mn^{2+} 形式存在，因此在人工湿地系统中需要调节 pH 至中性或者弱碱性，使得 Mn^{2+} 发生氧化，最终以难溶的 Mn^{4+} 或者 $MnCO_3$ 的形式去除[218]。

3) 沉淀和共沉淀

在人工湿地系统去除重金属的过程中，沉淀和共沉淀也是非常重要的一类。沉淀作用主要受人工湿地系统的 pH、金属离子的浓度以及金属离子相关阴离子的影响。共沉淀主要发生在次生矿物与重金属之间。例如，Cu、Ni、Zn、Mn 可以与铁氧化物发生共沉淀；Cu、Ni、Fe、Zn 可以与锰氧化物发生共沉淀[221]。

4) 金属碳酸盐、硫化物和磷酸盐沉淀

当污染水体中含有大量的重碳酸盐时，重金属元素可以与重碳酸盐发生反应生成碳酸盐沉淀。虽然金属碳酸盐沉淀不稳定，但是对重金属的初始固定起到重要作用。在人工湿地系统基质中，碳酸氢盐碱度较高时，重金属可与之迅速发生反应生成金属碳酸盐沉淀，反应方程式如下：

$$M^{2+}(SO_4^{2-},Cl_2^-) + Na_2CO_3 \longrightarrow MCO_3 \downarrow + Na_2(SO_4^{2-},Cl_2^-) \tag{2.27}$$

式中，M 为重金属。

存在于基质中的微生物会产生一些有助于重金属沉淀的产物。厌氧硫酸盐还原菌及其他微生物可以把 SO_4^{2-} 还原成 H_2S，H_2S 可和重金属生成难溶的金属硫化物[222]。其反应方程式如下：

$$2CH_2O + SO_4^{2-} \longrightarrow H_2S + 2HCO_3^- \tag{2.28}$$

$$M^{2+} + H_2S + 2HCO_3^- \longrightarrow MS \downarrow + 2H_2O + 2CO_2 \tag{2.29}$$

式中，CH_2O 为有机物。

通过硫化物形式去除重金属是人工湿地系统中长期、有效的重金属去除机制，人工湿地基质中含有足够的有机质是生成硫化物沉淀的重要前提，并且要保持湿地处于厌氧状态。

此外，湿地内一些菌类的分泌物也可以促使重金属沉淀。例如，抗 Cd 的柠檬酸菌可以分泌酸性磷酸酯酶，并且产生 PO_4^{3-} 和一些重金属形成磷酸盐沉淀物[218,223]。

3. 生物过程

人工湿地中通过生物方法去除重金属的过程主要发生在植物的吸附、迁移和富集中。水生植物从污染水体中直接吸收、吸附、富集重金属；重金属在植物中由根部向地上部分迁移，通过收割植物地上部分去除重金属；通过植物降低重金属活性，以便于重金属沉淀而抑制其迁移。因此，用于人工湿地系统中重金属去除的水生植物必须拥有超强的富集性。根系发达的沉水植物可以较多吸收基质以及污染水体中的重金属，根系不发达的浮叶植物从污染水体中吸收的重金属较少[224]。不同植物对重金属的去除率差异较大，这主要与重金属种类、植物生长率及单位生物量的污染物蓄积强度有关[225]。根据人工湿地系统中植物去除重金属污染的机理不同，可将植物去除重金属污染物的过程分为植物过滤、植物钝化、植物提取和植物挥发四大类。

1) 植物过滤

水生植物的根系将周围污染水体中的重金属吸附在根系表面或者使其沉淀的过程称为植物过滤。用作植物过滤的水生植物必须具有根系生长速度快和在长时间内可以去除重金属的能力[218]。

2) 植物钝化

利用水生植物来降低重金属活性促使其沉淀，从而减弱重金属在环境里的迁移能力，并防止其通过淋滤及径流等方式在环境中迁移扩散的过程称为植物钝化。植物的分泌物、腐殖酸和重金属结合生成多种螯合物或者沉淀，进而降低重金属的生物有效性和可移动性[226]。但是植物钝化仅仅只是暂时降低了重金属在环境中的迁移能力，一旦水环境发生改变，重金属很有可能发生释放现象。

3) 植物提取

利用植物吸收环境中的重金属，使环境中的重金属得到去除的过程称为植物提取。不同种类水生植物对同种重金属的富集效果不同，同种植物对不同重金属的富集作用也不同[227]。植物各个部位对重金属的富集作用强度依次为根尖＞根茎＞叶＞茎。

研究证明，诱导植物提取法，即通过向环境中投加人工合成螯合剂，从而形成有较强生物有效性的金属螯合物，可以促进植物吸收重金属[228]。例如，向环境中投加柠檬酸后，植物对 Cd、Pb 的富集和迁移能力显著加强[229]。

4) 植物挥发

通过植物将水体中吸收的重金属挥发至空气中，从而降低污染水体中重金属浓度的过程称为植物挥发[230]。目前的研究主要集中在金属元素汞和非金属元素硒上，而且其植物挥发过程只对挥发性重金属有效，并易对空气环境产生二次污染。

此外，在人工湿地系统中含有很多自养微生物和异养微生物，在系统运行过程中它们的生命活动均很旺盛，所以具有很高的净化效率[42]。这些微生物在重金属的处理过程中也拥有十分重要的地位，可通过多种机制对废水进行修复[231]。土壤微生物可以吸收重金属，也可以通过胞外络合作用、胞外沉淀作用固定重金属，还可以把重金属转化为低毒状态，但也有的转化为毒性更强的物质[232]。

正如许多金属元素是生物体生长的重要微量元素，微生物的生长和代谢也需要吸收一些具有特殊生物学功能的微量重金属元素。例如，Cu 是多酚氧化酶的组分并可维持羧化酶的功能；Fe 是细胞中过氧化氢酶和细胞色素氧化酶的组分；Mo 是反硝化细菌中硝酸盐还原酶的辅助因子等[42,233]。同时，微生物本身及其代谢产物都能吸附和转化重金属。微生物的细胞壁和黏液层能直接吸收或吸附重金属，它的表面结构对重金属的吸附起着重要的作用。微生物细胞对重金属的吸收包括主动吸收和被动吸收。主动吸收是指活体细胞的主动吸收，用该方式吸收金属离子需要活体细胞的代谢活动提供能量支撑，其速度较慢，且一般只对一些特定的元素起作用。另外，死的微生物对重金属也有被动吸收的作用。因为死的微生物是通过离子交换的作用，使细胞表面的胞外多糖和细胞壁上的磷酸根、羧基、硫基、氨基等基团与金属件结合，实现了重金属的被动吸收，这种吸收过程是通过电荷的相互作用实现的，属于物化现象，与生物活性无关。被动吸收过程的速度较快，从几分钟到几小时不等。金属在微生物表面一般累积较多，这样更能迅速有效地被吸收[42]。

在许多微生物的生长代谢过程中，其能够产生一些有利于重金属沉淀的产物。例如，沼泽湿地系统中，存在较多的硫酸根离子，其能作为电子受体被厌氧硫酸盐还原菌及其他微生物还原为 H_2S，产生的 H_2S 可与许多重金属进行化学反应，形成溶解度极小的金属硫化物。例如，一种抗 Cd 的柠檬酸菌，能分泌酸性磷酸酯酶，降解磷酸酯类物质产生 PO_4^{3-}，继而 PO_4^{3-} 又可以与重金属形成磷酸盐沉淀[42,222]。

2.5.2　人工湿地系统中重金属去除的影响因素

1. pH

pH 对重金属在水相和沉积物表层的迁移转化有显著的影响。酸度对重金属的影响比较复杂：首先，酸度能通过改变金属的水解平衡来改变游离金属离子的浓度；其次，H^+ 与金属离子的竞争作用可改变水体和沉积物中元素的络合平衡；最后，酸度还能影响颗粒物的吸附过程(金属氧化物的共沉淀、生物表面吸附等)[234]。研究表明，在酸性区，沉积物中的重金属释放率随 pH 的升高而迅速降低(解吸作用和沉淀的溶解作用)，转折点的 pH 为 4～5；在碱性区，其释放率随 pH 的升高而略有升高(有机质的分解将与之结合的重金属重新释放出来)；在中性区，其释放率一般很低[235]。

2. 氧化还原电位

重金属污水对氧化还原电位(ORP)极为敏感。当重金属污水处于氧化态时，铁、锰、铝的水合氧化物对水体中的溶解态重金属有很强的吸附作用；当其处于还原态时，铁、锰、铝的水合氧化物吸附的重金属离子就会释放进入水体，甚至会迁移至上层水体，且迁移释放强度随水流紊动程度的提高而增强。当沉积物从氧化态转向还原态时，铁、锰氧化物会发生部分或完全溶解，甚至部分重金属从铁、锰氧化物的颗粒表面释放出来。在氧化还原电位一定的条件下，重金属的释放量取决于它们的化学结合形态，特别是铁、锰氧化物结合态的含量；而当重金属的化学结合态相对稳定时，氧化还原电位越低，重金属的释放量越大[235,236]。

3. 有机碳含量

污水中重金属的含量与人工湿地系统中总有机碳(total organic carbon，TOC)的含量呈显著的正相关，且人工湿地沉积物的剖面上层重金属含量较高，剖面下层重金属含量较低。研究认为，沉积物中有机质的存在可降低重金属的生物毒性，因为与有机质结合降低了游离形态重金属的浓度[237]。试验表明，水体沉积物氧化还原条件发生变化时，沉积物有机质发生矿化分解，释放出游离形态的 Cd、Cu、Pb 等元素，使其活性增强[238]。

2.5.3　人工湿地重金属去除的强化措施

1. 湿地植物的选择

1)人工湿地重金属常规累积植物

常规累积植物对重金属具有一定的解毒与累积能力，但超出其解毒范围后，植物会迅速衰败死亡。植物累积化学元素的情况有两种：一种是由于某区域环境中某种化学元素含量高，该区域所有植物体内该化学元素含量均较高；另一种是某种植物能特别聚集某种化学元素，即在同一土壤中，有的植物能选择性吸收富集这些元素，而有的植物能选择性吸收另外一些元素。因此，为实现更多的重金属富集，需要对植物的重金属耐受性与吸收量进行比较，筛选出耐受性强、吸收量大的湿地植物进行种植[239]。

2)人工湿地重金属超积累植物

超积累植物是指对重金属具有很强解毒和积累能力的植物，对于重金属污染处理具有非常重要的作用。Baker 等把植物叶片或地上部(干重)中含镉达到 100mg/kg，含钴、铜、镍、铅达到 1000mg/kg，含锰、锌达到 10000mg/kg 以上的植物称为超积累植物[240,241]。

一般来说，能在某种重金属含量较高的环境中生存的植物极有可能是重金属超积累植物。目前全球已发现超积累植物 500 余种，绝大多数为镍超积累植物[242]。相较于国际上较为丰富的超积累植物资源，我国发现的超积累植物为数不多：锌超积累植物有东南景天[243]；砷超积累植物有凤尾蕨[244]；铬超积累植物有多年生禾本科李氏禾；铜超积累植物有高山甘薯、金鱼藻、海州香薷、鸭跖草；锰超积累植物有粗脉叶澳洲坚果、商陆等；镍超积累植物有九节木属等；铅超积累植物有圆叶遏蓝菜、苎麻、蜈蚣草、鬼针草、木贼、香附子等；铝超积累植物有茶树、多花野牡丹等；轻稀土元素超积累植物有天然蕨类铁芒萁、柔毛山核桃、山核桃、乌毛蕨等[245]。

目前，许多研究表明，超积累植物在重金属离子处理中有发展应用潜力，但由于其处于研究初始阶段，仍存在一些不足：①种类较少且较为单一。以镍超积累植物为主，缺乏适应多种重金属污染土壤的植物。②修复周期长。大部分超积累植物都属于草本植物，生长缓慢，生物量小，不可避免地存在效率较低的问题。③适应性差。超积累植物从原生长地区迁移出后对新环境的土壤、气候等条件较难适应[241,246]。

2. 湿地基质的选择

与湿地生态系统中水和植物所含的重金属相比，基质中积累的重金属含量更高，因此，湿地基质的组成及其特性对重金属的积累具有重要作用。

一方面，常用的湿地基质填料为天然矿物，价格较低，来源较广，吸附能力较强[247]。通过比较填料对重金属的吸附容量，选择吸附性能强的材料作为填料，可以加强人工湿地系统对重金属的去除。

另一方面，由于湿地植物对重金属的耐受浓度有限，浓度稍大可能导致植物生长受到抑制甚至死亡，而填料可以起到一个缓冲作用，以免植物受到重金属毒害，从而更好地吸收重金属[248]。

2.6　硫的转化机理和影响因素

人工湿地系统中硫存在的价态主要有：–2 价的 H_2S，0 价的 S^0，+2 价的 $S_2O_3^{2-}$，以及 +6 价的 SO_4^{2-}。不同种类的硫可作为各种微生物异化反应中的电子供体或电子受体[249]。人工湿地的进水如厌氧废水中的硫通常以硫酸盐或硫化物的形式存在，其他中间价态的硫化合物如硫代硫酸盐、多硫酸盐、亚硫酸盐、硫单质和有机硫，也存在于人工湿地中，但含量一般不高。硫酸盐虽无毒，但过高浓度的硫酸盐会打破硫循环平衡，导致硫污染[250,251]。

同时，由于硫酸盐是众多废水中一种常见的成分，硫的转化(如微生物硫酸盐还原和还原态硫化合物再氧化)对人工湿地的处理效率有较大影响[252,253]。此外，人工湿地输入性的硫化合物还可能会影响人工湿地系统碳、氮和磷的转化[113]。

2.6.1　人工湿地系统中硫的转化机理

人工湿地系统中生物和非生物的硫转化过程主要包括物理化学过程(如矿物的沉淀和溶解)、生物催化氧化还原反应(如同化和异化硫酸盐还原、氧化/还原，以及还原态硫化合物的歧化反应)(图 2.11)。

人工湿地系统中影响硫循环的最重要的生物反应之一是异化硫酸盐还原菌(sulfate-reducing bacteria，SRB)的催化反应，它能在厌氧区域内利用传输有机基质电子得到的能量将硫酸盐转化成硫化物[249]。人工湿地中的硫化物可与重金属形成难溶的金属硫化物(如 FeS)，进而被固定在土壤基质中。同时，在缺氧区产生的硫化物可以被输送到好氧区，通过非生物过程或者通过硫氧化细菌催化反应，被重新氧化成单质硫和硫酸盐。

人工湿地中的单质硫(S^0)经常作为硫化物再氧化的中间产物[249]。它首先储存于湿地的土壤基质中，其次根据环境的氧化还原条件和各种细菌催化反应之间的相互作用，或者被氧化为硫酸盐，或者发生歧化反应生成硫酸盐和硫化物[251]。

此外，在氧化还原反应易发生的区域(如有通风作用和潮汐运行的人工湿地中)，或是可利用有机碳较少的环境(如处理酸性矿山排水和地下水中)，硫酸盐的异化还原作用较为有限。在这些情况下，硫酸盐浓度主要通过非生物矿物沉淀(如 $CaSO_4$)或植物和微生物同化成为有机硫而降低。

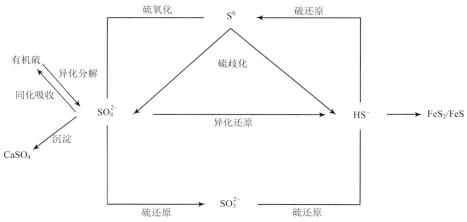

图 2.11　人工湿地系统中硫的氧化还原过程示意图

2.6.2　人工湿地系统中硫循环的影响因素

1. 温度

硫酸盐异化还原中重要的 SRB 是严格厌氧菌，虽对低温较敏感，但具有一定的耐受能力[254]。大量研究证明，较高的温度可促进环境在理想条件下获得较多的 SRB 种群，从而提高硫酸盐的去除率[253]，即硫酸盐去除率在冬季较低，夏季较高，春秋季较为一般。

此外，有植物的湿地相比于没有植物的湿地，其季节性变化更为明显。冬季有植物的湿地硫酸盐去除率较低，主要原因在于低温和植物的介入使氧气转移，湿地环境内氧化还原电位升高，抑制了 SRB 的活性[251]。

2. pH

硫元素在湿地中的存在形态与 pH 息息相关。低 pH 环境内，硫酸盐不易发生异化还原，硫主要以硫酸盐、硫化氢的形式存在；高 pH 环境内，硫则以 S^{2-} 占主导地位。

3. 溶解氧

湿地水体中溶解氧含量将影响硫元素的存在形态。溶解氧含量高的区域，硫化物被氧化成硫酸盐和单质硫，因此以硫酸盐为主；溶解氧含量低的区域，主要发生硫酸盐异化还原过程，形成硫化物的同时可以与湿地中重金属形成难溶的金属硫化物，去除湿地中的重金属[255]。

4. 有机碳含量

研究显示，在模拟处理废水的潜流型人工湿地试验中，有机碳含量匮乏导致湿地孔隙水中单质硫在沿流动路径向外流的方向上持续减少，硫酸盐相应增加。据此推测，充足或过量的有机碳可促进硫酸盐还原，并提高溶解态还原性硫化合物的稳定性[256]。研究结果同时表明，人工湿地系统内硫的氧化还原过程是动态的，硫的转化和碳的循环紧密相关，可能导致对污染物去除存在潜在干扰，如硫化物的毒性、对氧气的竞争等[251]。

第3章　仿自然表流型人工湿地工程设计要点

3.1　功能定位分析论证

3.1.1　主体生态功能需求

人工湿地通过"土壤-生物-水体"这个生态系统物理、化学、生物的协同作用来实现污废水的资源化与无害化，同时又具有重要的生态功能与景观功能。与传统水处理方式相比，人工湿地具有投资少、运行费用低、低能耗等优点。作为流域水环境整治、区域生态修复系统方案的重要组成内容，人工湿地在设计初期，应结合园林城市、森林城市、生态城市、低碳城市、海绵城市等生态环保理念，从城市发展、生态安全格局的角度出发，明确主体生态功能需求，统筹人工湿地的实施布局，合理设定人工湿地的建设目标，确定人工湿地的功能定位。

3.1.2　功能定位其他影响因素分析

湿地是人类最重要的环境资本之一，也是自然界富有生物多样性和较高生产力的生态系统。人工湿地除了具备水质净化功能外，同样具备水源涵养、生境提供、景观休闲等功能。影响表流型人工湿地功能定位的其他因素主要包括区域建设规划、用地基础条件、社会经济条件、敏感节点等。

1. 区域建设规划

仿自然表流型人工湿地的功能定位应符合国土空间规划、详细规划、城市设计、城市有机更新、其他上位规划，以及环保、污水处理等专项规划对项目范围的功能定位和服务需求。

2. 用地基础条件

仿自然表流型人工湿地工程设计前应调研当地土地利用性质、空间结构、地形、气象、水文等基础条件，在充分了解项目区地形地貌、生物多样性、水文水资源特征等基础上，从栖息地供给、生物多样性提升、水源涵养、水质净化以及洪水调蓄等方面确定表流型人工湿地的功能定位。

3. 社会经济条件

仿自然表流型人工湿地的设计应满足人民群众日益增长的对美好生活的需求，统筹考虑项目区的客源条件、交通条件、文化遗产以及社会经济指标等，最大限度地发挥人工湿地在改善项目区生态环境、美化城市、休闲娱乐、科普宣教以及科学研究等方面的社会经济效益。

4. 敏感节点

仿自然表流型人工湿地工程应当顺应周边场地原有的自然肌理与结构，结合周边历史遗迹、自然保护地(国家公园、自然保护区及自然公园)等敏感节点的需求，丰富表流型人工湿地的观赏休憩、栖息地供给等功能。

3.1.3　功能定位决策

仿自然表流型人工湿地的主要功能定位为：一是提升湿地的水质净化能力，通过选取特殊填料作为基质、种植水质净化效果好的植被，极大地发挥湿地的生物净化功能，实现污水生态化处理；二是构建异质生境与保育生物多样性，通过对地形、土壤、水位等因子进行设计，为动植物提供丰富的生境，维持生物多样性；三是提供景观游憩场所，通过栈道等人文景观的布设以及景观植物的配置，营造良好的景观效果。在人工湿地设计前，应结合主体生态功能定位以及相关影响因素，分析确定表流型人工湿地主要的功能定位。

3.2　人工湿地系统工艺比选

3.2.1　现有规范推荐工艺

为了规范我国人工湿地的设计、提高人工湿地的工程质量、保证湿地处理效果[257]，我国住房和城乡建设部、生态环境部(原环境保护部)等国家和地方有关职能部门针对人工湿地的设计、施工、验收和运行维护方面相继发布了有关技术规范和规程。在国家层面，如环境保护部 2010 年发布的《人工湿地污水处理工程技术规范》(HJ 2005—2010)、住房和城乡建设部 2017 年发布的《污水自然处理工程技术规程》(CJJ/T 54—2017)、生态环境部 2021 年发布的《人工湿地水质净化技术指南》；在地方层面，比较典型的有 2010年云南省实施的《高原湖泊区域人工湿地技术规范》(DB53/T 306—2010)、2015 年青海省实施的《河湟谷地人工湿地污水处理技术规范》(DB63/T 1350—2015)、2017 年北京市实施的《农村生活污水人工湿地处理工程技术规范》(DB11/T 1376—2016)、2020 年河南省实施的《污水处理厂尾水人工湿地工程技术规范》(DB41/T 1947—2020)等。

首先，就适用范围而言，国家层面的人工湿地规范、导则、规程主要包括生活污水、污水处理厂二级出水、农村生活污水以及受到有机污染的地表水[74,258]，云南省和山东省的人工湿地规范主要针对微污染水及低浓度污水，河北省、安徽省、河南省和青海省等的人工湿地标准主要针对处理生活污水及污水处理厂尾水，北京市、宁夏回族自治区、江苏省、广东省和浙江省的人工湿地标准主要针对农村生活污水。其次，就工艺选择而言，人工湿地是接近自然的处理方式，在具体选择时应根据当地的自然环境条件、景观要求、污水水质情况、处理标准以及建设投资等来进行选择。国家层面以及天津市、河南省等的标准、规范、导则、规程等明确了人工湿地工艺选择基本要求，详见表 3.1。

表 3.1　现有规范推荐工艺

发布年份	发布机构	标准名称	适用范围	工艺选择基本要求
2009	国家层面　住房和城乡建设部	《人工湿地污水处理技术导则》(RISN-TG006—2009)	适用于人工湿地污水系统的设计、施工和运行管理。污水系统包括生活污水、污水处理厂二级出水或有类似性质的污水	3.1.1 应在分析污水特征、区域环境、出水水质要求的基础上，选择人工湿地的类型，并应进行人工湿地的设计。 3.2.1 当占地面积不受限制，生活污水或有类似性质的污水经过一级处理后，可直接采用水平潜流型人工湿地进行处理；当占地面积有限，生活污水或有类似性质的污水经过一级处理后，需再经过强化预处理，才可采用水平潜流型人工湿地。当采用水平潜流型人工湿地对污水进行深度处理时，不需要对污水进行预处理，污水可直接进入人工湿地。 3.2.2 当可利用土地比较富裕，占地面积不受限制，生活污水（或具有类似性质的污水）经过一级处理后，可直接采用垂直流型人工湿地进行处理；当占地面积较少、占地面积受限制，生活污水（或具有类似性质的污水）经过强化预处理，才能采用垂直流型人工湿地进行处理；如果采用垂直流型人工湿地对污水的二级出水（或者是具有类似性质的污水）进行预处理，不需要对污水进行预处理，污水可以直接进入人工湿地
2010	国家层面　环境保护部	《人工湿地污水处理工程技术规范》(HJ 2005—2010)	适用于城镇生活污水及水质类似水质的污水处理工程，是目前最常用的参考规范	6.1.1 工艺设计应综合考虑处理水量、原水水质、出水水质、占地面积、建设投资、运行成本、排放标准、稳定性，以及不同地区的气候条件、植被类型和地理条件等因素，并应通过技术经济比较确定适宜的方案。 6.1.2 预处理、后处理、污泥处理、恶臭处理等系统设计应符合《室外排水设计规范》(GB 50014)及相关行业规范中的有关规定。 6.1.3 人工湿地系统由多个同类型或不同类型的人工湿地单元构成时，可分为并列式、串联式、混合式等组合方式

续表

发布年份	发布机构	标准名称	适用范围	工艺选择基本要求
2017	住房和城乡建设部	《污水自然处理工程技术规程》(CJJ/T 54—2017)	适用于规模≤10000m³/d 的城镇污水和农村污水处理工程，适用于规模≤10000m³/d 的城镇污水处理厂出水、受有机物污染的地表水，以及具有类似水质的其他污水处理工程。	5.1.1 人工湿地处理工艺应根据污水水质、处理水量、处理标准、自然环境、生态特点、景观要求、建设投资和运行成本等条件确定。 5.1.2 表面流人工湿地宜在有较大面积可利用，且宜采取控制蚊蝇孳生和漂浮物积存的措施。 5.1.3 潜流人工湿地适宜在建设场地面积有限，且对处理效率和效果有较高要求的情况下采用。应用时应控制进水中的悬浮物浓度。 5.1.4 复合型人工湿地宜在处理水中污染物浓度大、处理水质要求高的条件下采用。应用时可根据各类人工湿地处理单元的特性进行复合组成。 5.1.5 人工湿地处理系统可由一个处理单元构成，也可由多个同类处理单元并联、串联或不同类型人工湿地串联构成
2021	生态环境部	《人工湿地水质净化技术指南》	适用于达标排放的污水处理厂出水、微污染河水、农田退水及类似性质的低污染水的人工湿地水质净化过程	2.2.2.1 人工湿地类型可选用表面流人工湿地和潜流人工湿地。 2.2.2.2 基于因地制宜原则，人工湿地建设应主要考虑以下工艺： a) 在污水处理厂等重点排污单位排水口下游，宜选择潜流人工湿地或潜流表面流结合型人工湿地，用地紧张时选择潜流人工湿地； b) 在河流支流入干流处、河流入湖、河流入海、重点湖（库）滨带、河道两侧的河滩地等，宜选择表面流人工湿地，但用地紧张或湖库水质较差且水生态环境目标要求较高时，宜选择潜流人工湿地。 c) 在大中型灌区农田退水口下游，可选择以表面流人工湿地为主建设人工湿地群； d) 在蓄滞洪区，采煤塌陷地及闲置洼地，可因地制宜建设潜流表面流人工湿地； e) 在城镇绿化带，可考虑建设潜流人工湿地。在城镇边角地等受限处，可建设与地形相适应的表面流人工湿地。 2.2.2.3 人工湿地系统由多个湿地单元构成时，可采取并联、串联、混合等组合方式

续表

发布年份	发布机构	标准名称	适用范围	工艺选择基本要求
2016	华北　北京市质量技术监督局	《农村生活污水人工湿地处理工程技术规范》(DB11/T 1376—2016)	适用于农村生活污水或具有类似水质特征的污水，包括餐饮业生活污水、日常生活污水以及小型污水处理厂尾水处理工程	表流面人工湿地由于占地面积较大及存在一定的环境卫生问题，且存在冬季低温冰冻问题，不适于北京市农村生活污水处理
2019	华北　天津市住房和城乡建设委员会	《天津市人工湿地污水处理技术规程》(DB/T 29—259—2019)	适用于天津市城镇和农村污水处理(规模≤1000m³/d)、污水厂出水深度净化、景观水体处理、雨水径流污染处理等人工湿地工程或其他类似水质处理工程	5.1.1 人工湿地处理工艺应根据处理水种类、进出水水质要求、处理水量、气候条件、场地条件、建设投资和运行成本等多种因素确定人工湿地类型。 5.1.2 应根据进水水质特征、出水水质要求、景观要求，选择适宜的人工湿地工艺： 1. 主要去除污水中的 BOD_5 时，可选择表面流人工湿地、水平潜流人工湿地或垂直潜流人工湿地。 2. 同时去除污水中的 BOD_5 和氨氮时，可选择下向流垂直潜流人工湿地。 3. 对去除总氮有较高要求时，可采用下向流-上向流复合垂直流人工湿地。 5.1.3 人工湿地处理系统可由一个处理单元或多个处理单元串联或并联构成，也可由多个处理单元串联、串联或不同类型人工湿地串联构成
2020	华北　河北省住房和城乡建设厅	《人工湿地污水处理技术标准》(J/T 8366—2020)	适用于城镇和农村污水处理(规模一般≤10000m³/d)、污水处理厂出水深度净化以及其他类似性质的污水处理	无
2020	华北　河北省市场监督管理局	《人工湿地水质净化工程技术规范》(DB 13/T 5184—2020)	适用于生活污水处理(规模≤10000 m³/d)、城镇污水处理厂出水深度处理、受污染水体净化及其他类似水质净化工程的污水净化处理人工湿地水质净化工程的设计、施工和调试、运行与管理	6.1.1 人工湿地处理工艺应根据处理水种类、进出水水质要求、处理水量、气候条件、场地条件、景观要求等多种因素确定人工湿地类型。 6.1.2 人工湿地处理系统可由一个处理单元构成，也可由多个处理单元串联或不同类型人工湿地串联的组合式人工湿地构成。 6.1.3 用于重点去除氨氮时，宜采用下行垂直潜流人工湿地；用于重点去除总氮时，宜采用复合垂直流(下行垂直潜流+上行垂直潜流人工湿地或水平潜流人工湿地)
2020	华北　河北省市场监督管理局	《河道人工湿地设计规范》(DB 13/T 5217—2020)	适用于各类河道、水系沟叉、人工水道的湿地新建、改扩建及生态湿地修复工程，湖泊注淀等其他湿地工程可参照使用	无

续表

发布年份		发布机构	标准名称	适用范围	工艺选择基本要求
2012	华东	上海市城乡建设和交通委员会	《人工湿地污水处理技术规程》(DG/TJ08-2100—2012)	适用于上海市规划实施服务人口在3万人以下的镇[259]及农村的新建、改建和扩建的生活污水处理工程中人工湿地的设计、施工验收及运行管理	3.2.1 人工湿地处理工艺流程应根据进水水质要求和出水水质条件以及环境条件等，通过技术经济比较后综合考虑各类型人工湿地的特点和工程用地等环境条件确定。 3.2.2 去除污水中含碳有机物时，宜根据进水水质特征、出水水质要求和实际用地条件，选择表面流人工湿地、水平潜流人工湿地或下行垂直流人工湿地工艺。 3.2.3 去除氨氮时，宜采用下行垂直流人工湿地、水平潜流—上行垂直流人工湿地。 3.2.4 去除总氮时，宜采用下行垂直流人工湿地、下行垂直流—水平潜流人工湿地、水平潜流—下行垂直流人工湿地
2010	华东	江苏省住房和城乡建设厅	《人工湿地污水处理技术规程》(DGJ 32/TJ 112—2010)	适用于生活污水处理规模≤2000m³/d 处理污水量、城市污水处理厂尾水处理时规模≤10000m³/d 处理水量。污水处理对象为生活污水、生活废水或具有类似性质的污废水	3.3.1 人工湿地类型应根据污水特征、区域环境、出水水质要求等因素进行确定
2012	华东	浙江省质量技术监督局	《农村生活污水处理技术规范》(DB33/T 868—2012)	适用于规模≤10000m³/d 的采用人工湿地处理生活污水工程	6.3.1 污水处理工艺应根据处理规模、水质特性、受纳水体的环境功能及当地的实际情况和要求，充分利用农村地形地势、可利用的水塘及闲置地，降低能耗、节约成本。 6.3.2 污水处理工艺应通过环境影响评价和经济全面技术比选后确定。优先选用工程造价低、运行费用少、运行维护简单方便，出水水质稳定达标，适合当地农村特点的生活污水处理技术，经济及相关条件具备的村庄应尽可能采用适地减排要求、综合效益较高的处理模式。 6.3.3 对现状水的现状水质特性、污染物组成应进行详细调查或测定，应通过试验确定污水处理工艺。在水质成分复杂或特殊时，污染物成分复杂或特殊时，应通过试验确定污水处理工艺。 6.3.4 采用自然生态处理，应采取有效措施，不得污染地下水，不污染人居环境的分声对人居环境的影响。应尽可能减少气和噪声对人居环境的影响

续表

发布年份		发布机构	标准名称	适用范围	工艺选择基本要求
2014	华东	江苏省住房和城乡建设厅	《有机填料型人工湿地生活污水处理技术规程》(DGJ 32/TJ 168—2014)	适用于农村、乡镇等小型、分散的有机填料型人工湿地生活污水处理工程的设计、施工、验收及运行管理	3.3.1 应根据有机填料型湿地特性,运用除磷脱氮机理,强化硝化反硝化脱氮和除磷措施的工艺流程,确保处理水达标
2015	华东	安徽省住房和城乡建设厅、安徽省城建设计研究院	《安徽省污水处理厂尾水湿地处理技术导则(试行)》	适用于安徽省排入封闭水体的污水厂尾水处理	3.1.1 工艺设计应综合考虑处理水量、尾水水质、占地面积、建设投资、运行成本、排放稳定性,以及不同地区的气候条件、植被类型和地被类型等因素,并应通过技术经济比较确定适宜的方案
2015	华东	浙江省环保产业协会	《浙江省生活污水人工湿地处理工程技术规程》	适用于采用污水人工湿地处理生活污水、适宜的处理规模为≤10000m³/d	5.1.1 人工湿地处理工艺应根据污水水质、处理水量、自然环境、生态特点、景观要求、处理标准、建设投资、运行成本等条件确定。 5.1.2 表面流人工湿地宜在有较大面积可利用、处理水中悬浮物较多的情况下采用,应用时要控制蚊蝇的孳生和漂浮物的积存。 5.1.3 潜流人工湿地宜在处理效率和效果要求较高的情况下应用,应用时要尽可能降低污水中悬浮物的积存,以控制填料的堵塞。 5.1.4 人工湿地处理系统可由一个处理单元构成,也可由多个同类处理单元串联或并联、串联或不同类型人工湿地串联构成
2018	华东	山东省质量技术监督局	《人工湿地水质净化工程技术指南》(DB 37/T 3394—2018)	适用于进水为微污染水体的人工湿地水质净化工程,可作为山东省内新建、改建和扩建人工湿地处理工程的设计、施工、运行管理的技术依据	a) 城镇污水处理厂(站)出水口宜合理利用周边闲置土地和坑塘,建设表面流人工湿地和潜流人工湿地相结合的人工湿地; b) 当进水污染物浓度较高且可利用土地面积受限时,宜建设潜流人工湿地; c) 工程建设满足 GB 50201 要求的前提下,宜利用河滩地、闲置坑塘、低洼地、塌陷地等建设表面流人工湿地; d) 在农流入主流处、河流入湖口附近,宜根据可利用土地类型、河流水质、水量建设表面流人工湿地;土地面积充裕时,宜建设表面流人工湿地

续表

发布年份	发布机构	标准名称	适用范围	工艺选择基本要求
2021	华东	浙江省市场监督管理局	《人工湿地处理分散点源污水工程技术规程》(DB33/T 2371—2021)	适用于处理规模≤10000m³/d 的人工湿地处理分散点源污水系统的设计和管理	7.1.1 人工湿地处理工艺应根据污水水质、处理水量、自然环境、生态特点、景观要求、处理标准、建设投资、运行成本等条件确定。 7.1.2 表面流人工湿地宜在土地面积充裕、污水中悬浮物较多的情况下采用；应用时应控制蚊蝇的孳生和漂浮物的积存。 7.1.3 潜流人工湿地处理效果优于表面流人工湿地，应用时尽可能降低污水中悬浮物量。 7.1.4 人工湿地处理系统可由单个表面流或潜流（水平、垂直）处理单元构成，也可由多个同类型处理单元并联、串联或不同类型人工湿地串联复合成人工湿地。
2020	华中	河南省市场监督管理局	《污水处理厂尾水人工湿地工程技术规范》(DB41/T 1947—2020)	适用于河南省污水处理厂尾水人工湿地工程设计、施工、验收和运行管理	5.2.1 人工湿地工艺选型应根据进、出水水质和处理水量，综合考虑各类型人工湿地的特点、工程用地和投资等因素，通过技术经济比选确定最佳方案。 5.2.2 根据进水水质情况和出水水质要求，可在人工湿地系统前端设置水质调节池、生物氧化池、生态滞留塘、消毒等预处理设施，挺水植物过滤设施，在人工湿地系统后端设置强化除磷、消毒等后端处理设施。 5.2.3 人工湿地主要去除有机物时，根据进水水质特点、出水水质要求和实际用地条件，合理选择组合表面流人工湿地、水平潜流人工湿地或垂直潜流人工湿地。 5.2.4 人工湿地主要去除氨氮(NH_3-N)时，宜采用垂直下行流人工湿地。 5.2.5 人工湿地主要去除总磷(TP)时，可选择垂直上行流人工湿地，也可在人工湿地后端设置 TP 强化处理设施。 5.2.6 人工湿地出水消毒方式根据出水排放去向或回用用途确定

续表

发布年份	发布机构		标准名称	适用范围	工艺选择基本要求
2017	华南	广东省质量技术监督局	《水解酸化—人工湿地无动力污水处理工程技术规范》(DB44/T 1995—2017)	适用于农村生活污水的处理	
2010	西南	云南省质量技术监督局	《高原湖泊区域人工湿地技术规范》(DB53/T 306—2010)	适用于农田面源污水、径流水和城镇污水处理厂出水等低浓度污水处理工程	无
2011	西北	宁夏回族自治区环境保护厅、宁夏回族自治区质量技术监督局	《农村生活污水处理技术规范》(DB64/T 699—2011)	适用于规模≤50m³/d 的农村生活污水分散处理工程	无
2015	西北	青海省质量技术监督局和青海省环境保护厅	《河湟谷地人工湿地污水处理技术规范》(DB 63/T 1350—2015)	适用于城镇污水处理厂经过适当预处理的分散型或集中式生活污水，或其他性质类似浓度的低浓度废水	6.1.1 工艺流程类型及组合型式的选择，应符合污染源控制，污水处理及污水资源化利用等目标。6.1.2 工艺流程类型及组合型式的选择，应综合考虑自然条件和可利用土地面积，处理水量和水质特征，出水水质要求和排放标准，技术可靠性和稳定性，投资成本利用和经济承受能力等因素。6.1.3 工艺流程类型及组合型式应在经过环境影响评价，风险评估和技术经济比较后确定，并按照基本规范要求进行统筹设计。6.1.4 为适应青海河湟谷地的地域特征和气候特点，宜采用以复合流潜流人工湿地为主的工艺类型

工艺选择基本要求（2017）流程图：

农户卫生间污水（粪便污水）→ 三级化粪池 → 格栅 → 水解酸化池 → 水平潜流人工湿地

农户厨房污水、浴室污水等生活污水 → 格栅

水平潜流人工湿地 → 表面流人工湿地 → 达标排放/绿化用水

3.2.2　工艺比选决策因子

功能定位：不同的功能定位决定了不同的工艺流程，功能定位是决定工艺的关键因素之一，尤其是其生态功能定位。

限制因素：表流型人工湿地是接近自然的处理方式，工艺选择时应综合考虑当地的自然条件(气温、地形等)、生态特征(水生生物等)、可利用土地面积、处理水量和污水特征、出水水质要求和排水特点、投资成本和用户经济承受能力等因素。

处理效率：人工湿地工艺方案应尽可能确保高效稳定的处理效果，人工湿地出水应达到国家或地方规定的污染排放控制的要求。这是人工湿地产品的基本质量要求。工艺选择时应统筹考虑各工艺单位面积的处理规模，表面水力负荷，对 COD、NH_3-N、总磷等不同类型污染物的去除效率等。

协同效应：人工湿地水质净化技术是利用填料、植物、微生物的物理、化学、生物协同作用对污染水进行净化的生态技术。不同工艺的溶解氧情况、集水与布水方式、植物及填料选择等方面均有不同，导致不同工艺的污染物去除机制与效率不尽相同，因此，工艺选择应充分考虑不同工艺组合的协同效应。

3.2.3　系统工艺综合决策

在满足水质处理目标、生物栖息地恢复、水源涵养等基本功能需求的前提下，如何实现人工湿地生态综合效益和全生命周期效益的最大化是仿自然表流型人工湿地系统工艺决策的关键。

生态综合效益最大化：生态效益指生态环境中诸物质要素在满足人类社会生产和生活过程中所发挥的作用[260]。人工湿地具有水质净化、水源涵养、生物多样性保育、栖息地供给以及科普宣教等生态系统服务功能。人工湿地生态综合效益最大化，即人工湿地生态系统服务功能效益最优化。因此，人工湿地系统工艺的选择应统筹生态系统功能的发挥。

全生命周期效益最大化：随着新型投融资建设模式在水环境治理项目中的采用，人工湿地工艺决策时应统筹考虑全生命周期效益最大化的实现。人工湿地项目的全生命周期包括可行性研究、初设、建设、竣工验收、运营管理、后评价及可再生利用的整个生命周期。全生命周期效益涉及水质提升直接效益、环境社会效益和全生命周期成本。全生命周期效益的最大化，即经济效益的最终比选结果。

3.3　人工湿地主体工艺设计

3.3.1　主要工艺参数

1. 表流型人工湿地主要工艺参数

表流型人工湿地应用于以水质净化改善为主的需求场景，按照其主体构造类型，可分为典型表流型人工湿地、稳定塘类表流型人工湿地、强化净化型表流型人工湿地等。

但需要注意的是，不同主体构造类型的表流型人工湿地设计参数的计算过程是基本一致的。本章以表流型人工湿地工艺设计为例，其主要参数包括有效水深、水力停留时间、表面水力负荷、污染物面积负荷、污染物容积负荷等。

1）有效水深

有效水深指湿地底部至设计水位（不含超高）的高度。

2）水力停留时间

水力停留时间指污水在人工湿地内的平均驻留时间。表流型人工湿地的水力停留时间按式（3.1）进行计算：

$$t = \frac{V}{Q} \tag{3.1}$$

式中，t 为水力停留时间，d；V 为人工湿地有效容积，m^3；Q 为人工湿地设计水量，m^3/d。

3）表面水力负荷

表面水力负荷指湿地单位表面积在单位时间内将污染物降解到预定程度时通过的污水体积。其按式（3.2）进行计算：

$$q = \frac{Q}{A} \tag{3.2}$$

式中，q 为表面水力负荷，$m^3/(m^2 \cdot d)$；Q 为人工湿地设计水量，m^3/d；A 为人工湿地表面积，m^2。

4）污染物表面负荷

污染物表面负荷指湿地单位表面积在单位时间内接受并将其降解到预定程度的污染物量。其按式（3.3）进行计算：

$$N_A = \frac{Q \times (S_0 - S_1) \times 10^{-3}}{A} \tag{3.3}$$

式中，N_A 为污染物表面负荷，$kg/(m^2 \cdot d)$，以 BOD_5、$NH_3\text{-}N$、TN、TP 计；Q 为人工湿地设计水量，m^3/d；S_0 为进水污染物浓度，mg/L；S_1 为出水污染物浓度，mg/L；A 为人工湿地表面积，m^2。

5）污染物容积负荷

污染物容积负荷指人工湿地或稳定塘单位体积在单位时间内接收并将其降解到预定程度的污染物量。其按式（3.4）进行计算：

$$N_A = \frac{Q \times (S_0 - S_1) \times 10^{-3}}{V} \tag{3.4}$$

式中，N_A 为污染物容积负荷，$kg/(m^3 \cdot d)$，以 BOD_5 计；Q 为人工湿地设计水量，m^3/d；S_0 为进水污染物浓度，mg/L；S_1 为出水污染物浓度，mg/L；V 为稳定塘的有效容积，m^3。

人工湿地表面积设计可按 BOD_5、$NH_3\text{-}N$、TN 和 TP 等主要污染物的面积负荷和表面水力负荷进行计算，并应取其计算结果的最大值，同时应满足水力停留时间的要求。稳定塘有效表面积与有效容积可采用污染物负荷法计算确定。兼性塘、好氧塘、曝气塘、

表 3.2 国家级规范中表流型人工湿地设计参数

项目		A规范 常规处理	B规范 I区 常规处理	I区 深度处理	II区 常规处理	II区 深度处理	III区 常规处理	III区 深度处理	C规范 I 严寒地区	II 寒冷地区	III 夏热冬冷地区	IV 夏热冬暖地区	V 温和地区
COD_{Cr}	表面负荷 /[g/(m²·d)]								0.1~5.0	0.5~5.0	0.8~6.0	1.2~6.0	1.2~5.0
	去除率/%	50~60											
BOD_5	表面负荷 /[g/(m²·d)]	15~50	1.5~3.5	1.0~2.0	2.5~4.5	1.5~3.0	3.5~5.5	2.0~4.0					
	去除率/%	40~70	40~70	30~50	40~70	30~50	40~70	30~50					
NH_3-N	表面负荷 /[g/(m²·d)]		1.0~2.0	0.5~1.0	1.5~2.5	0.8~1.5	2.0~3.5	1.2~2.5	0.01~0.20	0.02~0.3	0.04~0.5	0.08~0.5	0.1~0.5
	去除率/%	20~50	20~50	15~40	20~50	15~40	20~50	15~40					
TN	表面负荷 /[g/(m²·d)]		1.0~2.5	0.5~1.5	1.5~3.0	1.0~2.0	2.0~3.5	1.2~2.5	0.02~2.0	0.05~0.5	0.08~1.0	0.1~1.5	0.15~1.5
	去除率/%	20~45	20~45	15~35	20~45	15~35	20~45	15~35					
TP	表面负荷 /[g/(m²·d)]		0.08~0.20	0.05~0.10	0.10~0.25	0.08~0.15	0.15~0.30	0.10~0.20	0.005~0.05	0.008~0.05	0.01~0.1	0.012~0.1	0.015~0.1
	去除率/%	35~70	35~60	20~50	35~60	20~50	35~60	20~50					
水力负荷/[m³/(m²·d)]		<0.1	≤0.05	≤0.10	≤0.08	≤0.15	≤0.10	≤0.20	0.01~0.1	0.02~0.2	0.03~0.2	0.1~0.5	0.1~0.4
水力停留时间/d		4~8	≥8.0	≥5.0	≥6.0	≥4.0	≥4.0	≥3.0	3.0~20.0	2.0~12.0	2.0~10.0	1.2~5.0	1.2~6.0
有效水深/m		0.3~0.5	0.3~0.6										

注: B 规范——I 区: 年平均气温低于 8℃; II 区: 年平均气温为 8~16℃; III 区: 年平均气温高于 16℃。

C 规范——I 区: 1 月平均气温≤10℃, 7 月平均气温≤25℃; II 区: 1 月平均气温-10~0℃, 7 月平均气温 18~28℃; III 区: 1 月平均气温 0~10℃, 7 月平均气温 25~30℃; IV 区: 1 月平均气温>10℃, 7 月平均气温 25~29℃; V 区: 1 月平均气温 0~13℃, 7 月平均气温 18~25℃。

水生植物塘宜按 BOD_5 面积负荷进行计算，厌氧塘宜按 BOD_5 容积负荷设计，稳定塘设计结果应满足水力停留时间的要求。污染物面积负荷、表面水力负荷和水力停留时间按该节公式计算。而人工湿地主要设计参数应通过试验或按相似条件下人工湿地的运行经验确定，当无上述资料时，可采用该节推荐的工艺参数。

2. 不同规范表流型人工湿地工艺参数分析

国内对表流型人工湿地工艺参数的统计分析工作一直备加关注，目前也已发布相关规范。在国家层面，住房和城乡建设部、环境保护部分别于 2009 年、2010 年出台了《人工湿地污水处理技术导则》《人工湿地污水处理工程技术规范》两部规范，但涉及范围及内容较广，参数也未进行地域的划分。2017 年，住房和城乡建设部出台了《污水自然处理工程技术规程》（CJJ/T 54—2017），其中包括湿地与稳定塘设计的内容[258]，并且按照温度分区和处理阶段的不同推荐了相应的设计参数取值范围。2021 年，生态环境部出台了《人工湿地水质净化技术指南》，适用于针对达标排水的污水处理厂出水、微污染河水、农田退水及类似的低污染水净化改善的人工湿地工程。现列出《人工湿地污水处理工程技术规范》（表 3.2 中简称 A 规范）、《污水自然处理工程技术规程》（表 3.2 中简称 B 规范）和《人工湿地水质净化技术指南》（表 3.2 中简称 C 规范）中表流型人工湿地（表 3.2）和稳定塘（表 3.3）参考设计参数。

表 3.3　《污水自然处理工程技术规程》中稳定塘设计参数

项目		BOD_5 面积负荷/[g/(m²·d)]{厌氧塘为 BOD_5 容积负荷/[g/(m³·d)]}			有效水深 /m	水力停留时间/d			去除率 /%
		Ⅰ区	Ⅱ区	Ⅲ区		Ⅰ区	Ⅱ区	Ⅲ区	
厌氧塘		4.0~8.0	7.0~11.0	10.0~15.0	3.0~6.0	≥8	≥6	≥4	30~60
兼性塘		2.5~5.0	4.5~6.5	6.0~8.0	1.5~3.0	≥30	≥20	≥10	50~75
好氧塘	常规处理	1.0~2.0	1.5~2.5	2.0~3.0	0.5~1.5	≥30	≥20	≥10	60~85
	深度处理	0.3~0.6	0.5~0.8	0.7~1.0	0.5~1.5	≥30	≥20	≥10	30~50
曝气塘	兼性曝气	5.0~10.0	8.0~16.0	14.0~25.0	3.0~5.0	≥14		≥8	60~80
	好氧曝气	10~25	20~35	30~45	3.0~5.0	≥10	≥7	≥4	70~90
水生植物塘	常规处理	1.5~3.5	3.0~5.0	4.0~6.0	0.3~2.0（视 植物而定）	≥30	≥20	≥15	40~75
	深度处理	1.0~2.5	1.5~3.5	2.5~4.5		≥20	≥15	≥10	30~60

在省级层面，浙江、江苏、上海、云南、安徽等也出台了各省级人工湿地设计规范，各标准由于所处地区、适用范围不同（表 3.4），在工艺参数选取上存在差异，除江苏省和北京市发布的规范未明确表流型湿地设计工艺参数，其他各省级对表流型人工湿地工艺参数推荐值的统计见表 3.5。

表 3.4　地方各省级相关人工湿地技术规范、导则

项目		规范名称	气候
华东	江苏	《人工湿地污水处理技术规程》（GDJ 32/TJ 112—2010）《有机填料型人工湿地生活污水处理技术规程》（DGJ 32/TJ 168—2014）	冬季 1 月气温为–1～7℃，全年平均气温为 13～16℃
	上海	《人工湿地污水处理技术规程》（DG/TJ08-2100—2012）	冬季 1 月气温为 1～8℃，全年平均气温为 17℃
	安徽	《安徽省污水处理厂尾水湿地处理技术导则(试行)》	冬季 1 月气温为–1～4℃，全年平均气温为 14～17℃
	浙江	《浙江省生活污水人工湿地处理工程技术规程》	冬季 1 月气温为 3～9℃，全年平均气温为 15～18℃
	山东	《人工湿地水质净化工程技术指南》（DB 37/T 3394—2018）	冬季 1 月气温为–7～3℃，全年平均气温为 11～14℃
华北	北京	《农村生活污水人工湿地处理工程技术规范》（DB11/T 1376—2016）	冬季 1 月气温为–8～2℃，全年平均气温为 12℃左右
	天津	《天津市人工湿地污水处理技术规程》（DB/T 29-259—2019）	冬季 1 月气温为–8～2℃，全年平均气温为 14℃
	河北	《人工湿地水质净化工程技术规程》（DB13/T 5184—2020）	1 月平均气温在 3℃以下，7 月平均气温为 18～27℃
华中	河南	《污水处理厂尾水人工湿地工程技术规范》（DB41/T 1947—2020）	冬季 1 月气温为–3～3℃，全年平均气温为 12～16℃
西南	云南	《高原湖泊区域人工湿地技术规范》（DB53/T 306—2010）	冬季 1 月气温为 2～15℃，全年平均气温为 15℃
西北	青海	《河湟谷地人工湿地污水处理技术规范》（DB 63/T 1350—2015）	冬季 1 月气温低于–5℃，全年平均气温为 6～9℃

3. 推荐工艺参数

结合上述现有人工湿地相关参数类比分析，以及实际工程案例应用运行数据比较，表流型人工湿地水质净化改善功能更多地应用于河道微污染水体、水源地水体提升保障等场景，表流型人工湿地推荐工艺参数见表 3.6。

3.3.2　表流型人工湿地主体工艺设计

1. 典型表流型人工湿地布置及构造设计

典型表流型人工湿地的平面形状布置推荐结合实际用地条件，利用现状低洼区域进行整体布置。针对现状低洼区域可能出现局部死水区的不利状况，可以通过优化局部平面布局或者设置生态导流堰来改善水流动情况。典型表流型人工湿地岸坡构造以自然放坡形式为主，结合场地土质特性、场地空间、周边区域衔接选取确定放坡比例，一般坡比控制在 1 : 5～1 : 3。

表 3.5　省级规范中表流型人工湿地设计参数推荐值的统计

项目		青海 常规处理	山东 常规处理	浙江 常规处理	上海 常规处理	安徽 常规处理	河南 常规处理	河北 常规处理	河北 深度处理	天津 常规处理	天津 深度处理	云南 景观水体旁路处理	云南 表面流人工湿地	云南 植物氧化塘 沉淀为主	云南 植物氧化塘 景观塘	云南 塘表仿自然湿地
COD_{Cr}	表面负荷 /[g/(m²·d)]	2~6	0.2~5	2.5~4.0	≤20	≤20						8~15	2~8	5~10	2~6	2~4
	去除率/%			45~65								30~50			30~50	
BOD_5	表面负荷 /[g/(m²·d)]	1~4					≤4	2.5~4.5	1.5~3.0	2.5~4.5	1.5~3.0		1.8~5	3~5	1~3	1~2
	去除率/%							40~70		30~50						
$NH_3\text{-}N$	表面负荷 /[g/(m²·d)]	0.5~3	0.02~0.8	1.5~2.5						1.5~2.5	0.8~1.5		0.5~1.0			
	去除率/%			25~45						20~50	15~40					
TN	表面负荷 /[g/(m²·d)]	0.5~1.5	0.5~1.5					1.5~3.0		1.5~3.0	1.0~2.0		0.5~1.0	1.0~2.0	0.5~1.0	0.5~1
	去除率/%			25~45						20~45	15~35					
TP	表面负荷 /[g/(m²·d)]	0.05~0.1	0.05~0.1	0.25~0.35				0.10~0.25		0.10~0.25	0.08~0.15		0.05~0.08	0.1~0.3	0.05~0.1	0.05~0.08
	去除率/%			40~60						35~60	20~50					
水力负荷/[m³/(m²·d)]		0.05~0.15	0.01~0.1	≤0.08	≤0.1	≤0.1	≤0.07	≤0.08	≤0.15	≤0.08	≤0.15	≤0.15	0.02~0.1	1~3	0.1~0.3	0.02~0.05
水力停留时间/d		4~10	4~20	≥5.0	3~6	4~8	5~8	≥6.0	≥4.0	≥6.0	≥4.0	≥2.0	2~6	0.2~1	>2.0	4~10
有效水深/m		0.5~2.0	0.3-1	0.3~0.6	0.3~0.6	0.3~0.5	0.3~0.5	0.3~0.6		0.3~0.6			0.1~0.6	2~4	1~2.5	

表 3.6　表流型人工湿地推荐工艺参数

工艺参数	典型表流型人工湿地	稳定塘类表流型人工湿地	强化净化型表流型人工湿地
有效水深/m	0.6～1.2	0.8～2.0	0.6～1.5
水力负荷/[m³/(m²·d)]	0.05～0.2	0.2～0.6	0.5～1.0
停留时间/d	1～7	2～5	1.5～5
水面率/%	60～80	70～90	70～90
BOD_5/[g/(m²·d)]	0.5～3.0	1.5～5.0	5.0～10.0
NH_3-N/[g/(m²·d)]	0.05～0.3	0.2～0.5	0.5～2.0
TN/[g/(m²·d)]	0.1～0.5	0.2～1.0	0.5～2.5
TP/[g/(m²·d)]	0.05～0.1	0.05～0.1	0.1～0.5

2. 稳定塘类表流型人工湿地布置及构造设计

稳定塘类表流型人工湿地的平面布置推荐结合现有池塘、水塘等水体生态改造进行合理布置,一方面实现对存量人工湖塘的水体提升和价值挖掘,另一方面最大限度地减少场地土方开挖工程量以及降低因此引发的场地滑塌的风险。当项目场地没有存量水塘或无法利用时,人工新增开挖稳定塘应当注意其岸坡构造及其稳定性,放坡坡度一般不得大于1:1,推荐采用格宾石笼、松木桩、块石等生态措施对稳定塘岸坡进行加固处理。

3. 强化净化型表流型人工湿地布置及构造设计

强化净化型表流型人工湿地主要在上述两种类型表流型人工湿地的构造基础上增加功能型渗滤填料或者生物载体填料。典型表流型人工湿地通常将增加设置生态渗滤床作为其强化净化措施,渗滤床顶标高一般按照高于表流型人工湿地常水位0.2～0.3cm进行设置,滤床顶部种植挺水植物或其他湿生植物。稳定塘类表流型人工湿地通常将增加塘底生物载体填料作为其强化净化措施,工程应用多采用人工合成材料聚酯类、纤维类载体,此外多结合底部人工强制曝气,促进生物载体挂膜及生物膜更新。生物载体填料种类、材质及规格要求可以参考《环境保护产品技术要求　悬挂式填料》(HJ/T 245—2006)、《环境保护产品技术要求　悬浮填料》(HJ/T 246—2006)、《聚丙烯鲍尔环填料》(HG/T 21556.3—95)、《生物接触氧化法处理工程技术规范》(HJ 2009—2011)等标准规范。

强化净化型表流型人工湿地与前面两种类型表流型人工湿地相比主要增加了生物载体填充率和气水比两个关键参数。生物载体填充率主要指表流型人工湿地内生态载体填料体积与表流型人工湿地有效容积的比值,气水比指单位时间通入气体量与单位时间进水量的体积比值,两个参数通常结合工程实践经验总结应用。本书结合《生物接触氧化法设计规程》(CECS 128:2001)、《生物接触氧化法处理工程技术规范》(HJ 2009—2011)等规范中有关生物接触氧化处理工艺的推荐值和已有的强化净化湿地工程案例,确定生态载体填充率和气水比两个参数的推荐范围分别为10%～30%和2:1～5:1。

4. 人工湿地防渗系统设计

为了防止表流型人工湿地系统对场地周边地下水产生影响，同时最大限度地发挥表流型人工湿地系统对目标水体的净化作用，通常对表流型人工湿地底部的防渗特性有基本要求。结合相关规范及实际工程应用经验，底质渗透系数要求不得大于 10^{-8} m/s。湿地底部 $2\sim3$m 若存在厚度不小于 0.5m 的封闭淤泥层，可以不单独设置防渗措施。当场地渗透系数无法满足上述要求时，需要人工增加表流型人工湿地底部防渗系统，考虑尽量减小对场地原有水文地质和土壤特性的影响，推荐采用以黏土、三合土、膨润土防水毯为主的生态防渗做法。

黏土：黏土厚度应不小于 50cm，并进行分层压实，黏土中需要筛选清除混杂的石子、树根、树枝等大颗粒固体物，黏土含水量必须进行严格控制，最佳含水量范围为 25%～28%。

三合土：三合土的配合比宜采用石灰与土砂总重之比为 1：9～1：4，其中土重宜为土砂总重的 30%～60%，高液限黏土，土重不宜超过土砂总重的 50%。此外，三合土宜首先拌石灰和土，其次加入砂、石干拌，最后洒水拌和均匀，并闷料 1～3d。三合土防渗设计其他具体要求可参考《渠道防渗工程技术规范》(SL 18—2004)和《渠道防渗工程技术规范》(GB/T 50600—2010)等规范内容。

膨润土防水毯：钠基膨润土防水毯材料规格主要包括单位面积质量、渗透系数、抗拉强度、抗剥强度等，材料特性具体要求可以参考《钠基膨润土防水毯》(JG/T 193—2006)、《生活垃圾卫生填埋场防渗系统工程技术规范》(CJJ 113—2007)和《渠道衬砌与防渗材料》(GB/T 32748—2016)等规范要求，其中膨润土防水毯渗透系数不得大于 5×10^{-11} m/s。此外，膨润土防水毯的搭接和湿地边坡锚固在实际工程设计和建设中需要重点关注，必须严格按照规范做法实施，才能有效保障湿地膨润土防水毯整体系统持续稳定的防渗效果。

5. 水生植物系统设计

表流型人工湿地的净化功能以挺水植物、沉水植物为主，浮叶植物更多以生态景观风貌营造需求进行设计配置。

挺水植物设计：挺水植物种类选择及配置设计主要综合考虑其适宜水深、去污特性、湿地工程所在区域和场地特征的适应性，结合实际工程设计工作中遇到的主要情况，本章重点从挺水植物的场地气候(耐寒、耐旱、耐盐、耐阴)、适宜水深、株高、去污特性、种植密度几个维度对常用的挺水植物进行系统总结(表 3.7)，便于设计人员快速完成挺水植物配置选择。

表 3.7　表流湿地挺水植物应用特性表

种类	耐寒	耐旱	耐盐	耐阴	适宜水深/m	株高/m	种植密度/(株/m²)
荷花	1	0	0		0.1～1	0.5～1	6～12
黄花鸢尾	3	1	3	2	0.6～1	0.6～1	9～16
菖蒲	1	0	3	2	0.1～0.2	0.6～0.8	9～16
香蒲	1		1		0.1～1.0	1.2～2.5	9～16

续表

种类	耐寒	耐旱	耐盐	耐阴	适宜水深/m	株高/m	种植密度/(株/m²)
美人蕉	0	3	0		0.1～0.5	1～1.8	6～12
再力花	0		0	1	0.2～0.5	1.5～2.5	6～12
千屈菜	2	1	0		0.1～0.5	1～1.5	9～16
风车草	0	1	0	1	0.1～0.5	1～1.5	9～16
纸莎草	0	0	0		0.1～0.2	1.5～2.5	9～16
梭鱼草	0	0	0		0.1～0.2	0.8～1.2	9～16
水葱	1	0	1		0.1～0.5	1.5～2.5	12～25
灯心草	3	0	0		0.1～0.5	0.6～1	9～16
水芹	1	0	0		0.1～0.5	0.3～0.6	12～25
慈姑	1	0	0		0.1～0.5	0.6～1	9～16
皇冠泽薹草	1	1	0		0.1～0.5	0.5～0.8	9～16
紫芋	0	1	0		0.1～0.5	0.8～1.5	9～16
芦竹	1	1	2		0.1～0.5	3～4	9～16
芦苇	1	1	3		0.1～0.5	2～3	9～16

注：在耐寒、耐旱、耐盐、耐阴这几列中，0～3 分别代表耐受适应性高低，0 代表无法适应，3 代表十分适应。

沉水植物设计：沉水植物种植适宜水深范围为 1.0～2.0m，工程实践实施经验证明，当水深超过 3m 后，沉水植物种植实施、运维养护工作难度显著增加，成活率明显下降。另外，不同沉水植物对水深适宜范围也有一定差异，其中，矮生苦草、菹草等适宜种植在 1.0～1.5m 水深区域，轮叶黑藻、马来眼子菜、穗状狐尾藻等适宜种植在 1.5～2.5m 水深区域。此外，沉水植物种植成活的适宜水深需要控制在水体透明度的 1.2～1.5 倍，以保证沉水植物存活后正常稳定生长，见表 3.8。

表 3.8　沉水植物工程设计应用特性表

种类	光敏	耐寒	种群定位	适宜水深/m	株高/m	种植密度/(丛/m²)
苦草	1	2	优势	0.5～3.0	0.3～0.8	16～25
矮生苦草	1	2	优势	0.5～2.5	0.2～0.5	16～36
密刺苦草	1	2	偶见	0.5～2.5	0.3～0.8	16～25
轮叶黑藻	2	2	偶见	0.5～1.5	0.5～1.0	16～25
金鱼藻	2	3	伴生	1.0～2.5	0.3～1.5	9～16
穗状狐尾藻	3	1	伴生	0.5～2.0	0.3～1.5	9～16
菹草	1	3	伴生	0.5～2.5	0.5～1.5	9～16
马来眼子菜	1	1	伴生	1.0～3.0	0.3～1.0	9～16

注：光敏，0～3 分别代表光敏感度高低，0 代表敏感度最低，3 代表敏感度最高。耐寒，0～3 分别代表耐寒适应性高低，0 代表无法适应，3 代表十分适应。

TN 去除能力：轮叶黑藻＞菹草＞密刺苦草＞金鱼藻；TP 去除能力：密刺苦草＞轮叶黑藻＞菹草＞金鱼藻。

稳定的沉水植物系统，沉水植物以群丛的方式占领某一个独立的区域，一个稳定的群丛应有 1～2 个优势种、3～4 个伴生种和若干个偶见种。按优势种(大于 60%)、伴生种(约 30%)、偶见种(小于 10%)的比例进行沉水植物布置。

优势种：矮生苦草，光补偿点低，为 9.04μmol/(m²·s)，光饱和点也是最低的，为 200μmol/(m²·s)，四季常绿，分蘖繁殖，水温大于 4℃均可繁殖，不长出水面，维护量低；伴生种：篦齿眼子菜、黄丝草、马来眼子菜、穗状狐尾藻；偶见种：小叶眼子菜、密刺苦草、轮叶黑藻。

3.3.3　工艺系统衔接设计

1. 取水进水衔接

取水进水衔接的一般要求为：保证湿地取水量满足设计要求，同时避免取水量的波动造成湿地进水区域被扰动破坏。根据取水进水设施的布设位置，可以分为原位取水和旁侧取水。原位取水方式多应用于湖库水体净化、入库支流水体净化，利用生态堰坝、生态导流堰、河道内取水井等水工构筑物在湖库或入库支流末端取水，采用水位高程将水体引入湖库、河道滨岸区域构建的近自然湿地中进行净化处理。旁侧取水方式多应用于山溪性大坡降、河道断面受限等类型的河道，可以在河道旁侧空间设置取水构筑物，防止河道水力冲刷对取水设施的破坏，同时降低其对河道过洪能力的影响，见图 3.1～图 3.3。

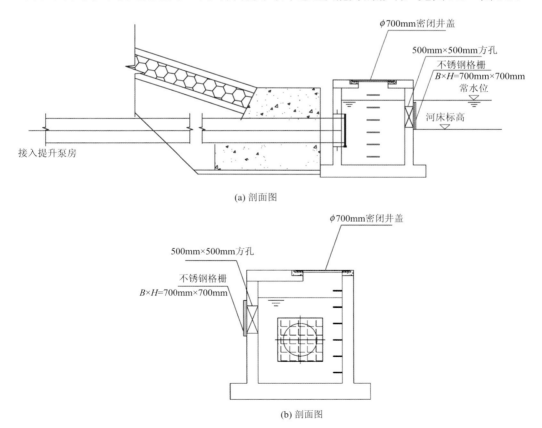

(a) 剖面图

(b) 剖面图

图 3.1　河道内防淤堵取水井做法(专利)

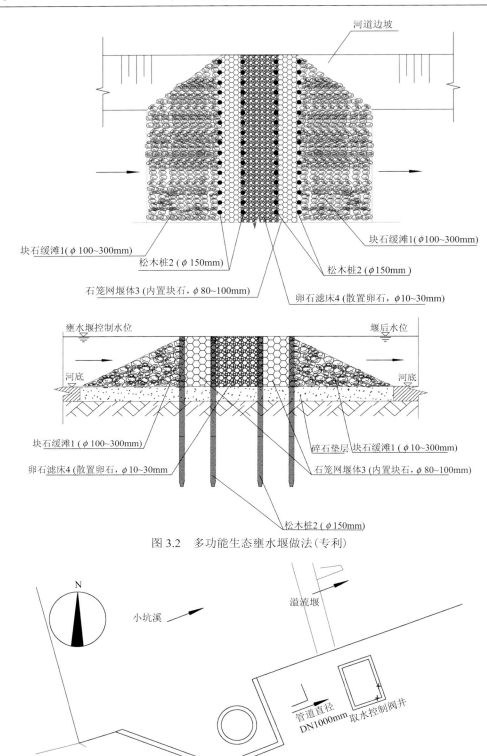

图 3.2　多功能生态壅水堰做法(专利)

(a) 取水头部剖面图

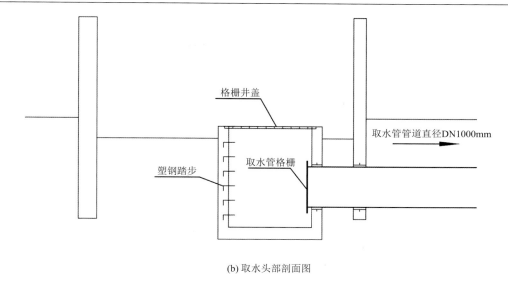

(b) 取水头部剖面图

图 3.3　河道旁侧取水设施做法(专利)

2. 进水配水衔接

进水配水衔接的一般要求为：保证湿地进水均匀分配流经湿地各个单元及区域，能够便于不同湿地单元间配水调整及运行控制。根据进水配水方式，可以分为管道配水、渠道配水。

管道配水设计：主要适用于湿地用地受限、湿地来水为压力流以及项目对湿地处理水量有明确考核的情况。湿地内部配水管道使用量与市政给排水类型项目相比，管道部分工程量及工程投资占比要小很多，考虑管道使用耐久性以及降低后期运维管理工作量，通常采用给水 PE 管材，管道材质及规格设计参考《给水用聚乙烯(PE)管道系统》(GB/T 1366.3—2018)和《埋地聚乙烯给水管道工程技术规程》(CJJ 101—2004)规范文件。不同表流湿地单元的进出水则通过手动或电动蝶阀进行控制，推荐采用电动蝶阀控制湿地进水，同时采用可编程逻辑控制器(programmable logic controller, PLC)实现湿地整体进水配水的自动控制。

渠道配水设计：主要适用于项目存在进水重力流、湿地用地充足以及对景观水系构建有要求等情形。配水渠道推荐采用海绵城市建设中的低影响措施，如生态植草沟、生态砾石沟(图 3.4)、生态石笼渠道(图 3.5)等生态做法，结合渠道两侧的场地绿化、表流湿地形成整体湿地水系。渠道配水湿地进水的控制通常采用小型节制闸、叠梁闸、堰板等水工构筑物来实现(图 3.6)。

3. 工艺串并联衔接

湿地工艺单元的串并联衔接主要受上述采用的进水配水方式的影响，采用管道配水的表流湿地单元通过管道系统配置、阀门开闭控制，能够较容易实现湿地单元的串并联调整，湿地进水量增大时可以通过增加并联湿地单元比例缓解水量负荷对湿地单元稳定

图 3.4　生态砾石沟型渠道

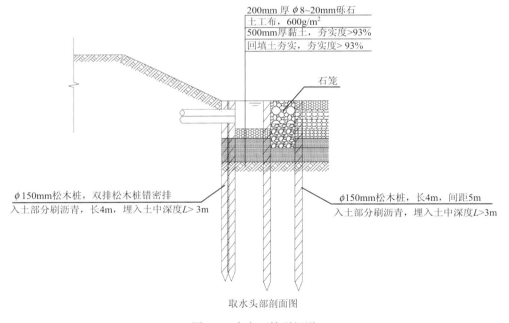

图 3.5　生态石笼型渠道

运行的冲击，湿地进水量减小时可以通过增加串联湿地单元比例，充分发挥湿地系统的净化能力，进一步提高湿地出水水质。渠道配水的湿地系统则主要通过湿地进水节制闸的开闭调整，改变湿地单元原有的串并联关系，见图 3.7。

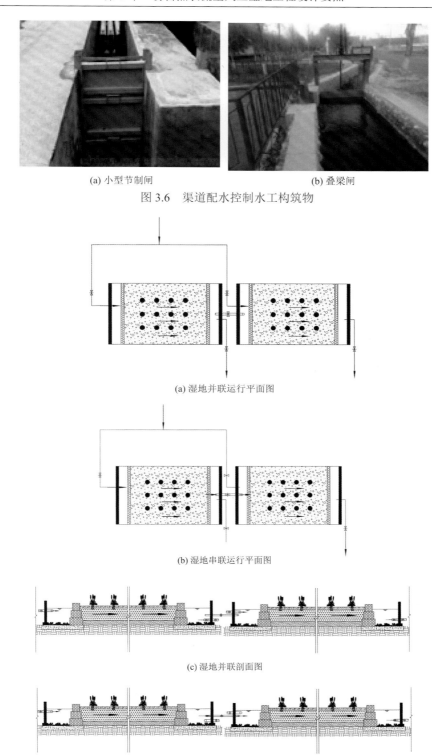

(a) 小型节制闸　　　　　　　　　　　　　(b) 叠梁闸

图 3.6　渠道配水控制水工构筑物

(a) 湿地并联运行平面图

(b) 湿地串联运行平面图

(c) 湿地并联剖面图

(d) 湿地串联剖面图

图 3.7　湿地进水串并联调控系统

4. 水位控制衔接

近自然表流型人工湿地单元的常水位主要由湿地末端的出水控制设施来进行控制调节，此外，表流湿地串联单元前后的常水位通常考虑自身水头损失，一般前后两个串联湿地单元水位高差按照 0.3～0.5m 进行控制，以保证表流湿地单元水流水动力条件，防止出现前后单元壅水而形成局部死水区。

5. 集水出水衔接

表流湿地出水方式按照各湿地单元出水是否汇流后排出分为分散式出水和汇流式出水。

利用湖库、河道滨岸滩地空间设计建设的表流湿地多采用分散式出水，表流湿地各单元净化出水回到外侧浅滩直接汇入受纳水体中，分散式出水不需要单独设计出水汇集的相关内容，但需要注意湿地系列最后出水单元的水位标高与受纳水体特征水位标高，保证在设计洪水标准工况下，湿地最后出水单位的水位标高高于设计洪水位 0.3～0.5m。

河道旁路型表流湿地或者远离受纳水体的表流湿地则多采用汇流式出水方式。表流湿地汇流式出水通常利用管道将各单元进行收集，汇总到出水干管，然后统一输送到受纳水体或再生回用场地。表流湿地出水一般为重力流，出水管道推荐采用高密度聚乙烯（HDPE）双壁波纹管，管道材质规格要求可以参照《埋地用聚乙烯（PE）结构壁管道系统第 1 部分：聚乙烯双壁波纹管材》规范要求，管道环刚度需要结合具体敷设场地和深度由市政结构专业会签确定，一般要求环刚度 SN≥8.0。

3.4 表流湿地生境营造及生态修复

3.4.1 湿地水文及需水保障

湿地发育于水、陆环境过渡地带，具有独特的水文过程。湿地水文是构成湿地的三大要素之一，湿地水文过程被认为是决定各种湿地类型形成与维持的最重要的因素。近年来，因过度取水或开采地下水，湿地水文条件已发生很大变化，而由此引起的湿地退化问题突出。因此，湿地设计应确定稳定可靠的水源，并创造和维持适宜的水文条件。

湿地生态需水量的计算是湿地生态保护与修复中亟须解决的首要问题，也是流域（区域）水资源合理配置过程中需要重点、优先考虑的对象。湿地生态需水量的阈值性、时空变异性以及目标性等特征，决定了湿地生态需水量的计算具有一定的目标性，需与湿地保护目标和管理措施相结合，从而实现水资源最优化配置。湿地生态需水量的计算应建立河流-湿地水文情势关系，同时建立湿地水文变化-生物响应关系模型，并根据保护目标确定湿地生态需水量，也可采用湿地水量平衡计算公式简单计算。此外，还需要确定湿地项目的补水保证率，以确保湿地生态系统得到充分的水资源供应。

1. 水量平衡法

$$P + R + G_i = D + E + G_o + dV/dt \tag{3.5}$$

以湖泊型湿地为例，式中，P 为计算时段内的湖面降水量；R 为计算时段内进入湿地的地表径流量；G_i 为计算时段内进入湿地的地下径流量；D 为计算时段内流出湿地的地表径流量；E 为计算时段内水面蒸散量；G_o 为计算时段内流出湿地的地下径流量；dV/dt 为湖泊蓄水量变化值。

2. 换水周期法

$$T = W/Q_t \quad 或 \quad T = W/W_q \tag{3.6}$$

式中，T 为换水周期，a；W 为多年平均蓄水量，$10^8 m^3$；Q_t 为多年平均出湖流量，m^3/s；W_q 为多年平均出湖水量，$10^8 m^3$。

以湖泊为例，根据式(3.6)，计算出湖泊的换水周期。湖泊湿地生态需水量的公式如下：

$$生态需水量 = W/T \tag{3.7}$$

3. 最小水位法

$$W_{min} = H_{min} \times S_{min} \tag{3.8}$$

式中，W_{min} 为湿地最小生态需水量；H_{min} 为维持湿地生态系统结构和满足湿地生态环境功能所需的最小水位；S_{min} 为 H_{min} 对应的水面面积。

为提高补水保证率而增加的各项抽水、蓄水、引调水工程应进行经济合理性论证。

3.4.2　湿地微地形改造基质修复

湿地微地形构建应根据原有场地基底进行改造,地形地貌改造可参考自然湿地形态。应拆除鱼塘、房屋等场地侵占物,平整不合理的沟谷、凸脊、坑塘,清理植被重建区的地表植物;应合理利用自然地形坡度形成的水力梯度,降低泵站运行费用。对于有坡面的场地,应使湿地长边与地面等高线平行,最小化整坡工程;应利用或营造起伏多变的微地形,构建敞水区、湖心岛、水生植物区、灌木湿地、林木区、持久暴露湿地、沼泽湿地多种地貌单元。恢复、重建或扩大湿地,应充分利用当地水生土。新建湿地应尽量选择在水生土上构筑,原有湿地规模扩大时,宜用挖方的水生土构筑堤岸。连接湿地地貌单元之间的河道,应具蜿蜒性特征,形成深潭-浅滩序列,并采用自然型护岸技术。湿地内游禽栖息地构建,应营造一定深度的深水区域,堤岸为缓坡,栽植芦苇和灌木丛,并保留一部分裸露滩涂。水面中心可设安全岛,并保留滩涂和种植水生植物。湿地内涉禽栖息地构建,需营造浅水区,栽植荷花、菱角和芡实等水生植物。湿地内候鸟栖息地构建,需营造水面宽阔的滩涂和湖库,在湿地公园水域一侧尽量不种植高大乔木,以满足飞翔空间和起降距离的要求。

基质是湿地生态系统发育和存在的载体,稳定的基质是保证湿地生态系统正常演替与发展的基础,以土壤为主的基质在湿地恢复过程中具有尤为重要的作用[261]。基质的生态作用既包括能固定植物、为动物和微生物提供生存场所，又包括为湿地植物繁殖和生长、动物和微生物的栖息及繁殖创造良好的水气条件和适宜的理化性质[261-263]。此外，基质含有湿地植物所需的各种营养元素，如氮、磷、钾等大量元素，以及硒、锌、铜、铁等一些植物必需的微量元素，从而维持湿地生物生产力的可持续性，促进湿地生态系统的稳定性[263]。

健康的基质有较稳定的物理化学特征，一旦基质的稳定性遭到破坏，就需要进行自然或者人为的修复。湿地基质修复技术分为湿地基质改良、湿地污染基质清除以及湿地基质再造三大类，在仿自然表流型人工湿地生态修复中，以湿地基质再造技术为主。湿地基质再造是在地形改造的基础上，通过人为工程措施重新构建基质的形态以改良基质，达到恢复湿地结构和功能的目的[263]。其具体分为基质选择与基质覆盖两个关键步骤。

（1）基质选择。由于水成土中已经建立了水生植物的种子库，因此，首先应充分利用当地的水成土；其次，根据湿地植物、底栖动物、浮游生物等不同恢复对象，选择加入含钙、镁、铁较为丰富的固磷基质或贫营养的砂砾等；基质均要保证良好的透水性，基质补填后湿地孔隙率宜为 30%～40%。此外，基质宜选用具有一定吸附能力的生态材料进行配置，以增加对污染物的吸附和分解能力。

（2）基质覆盖。根据湿地恢复区不同的恢复对象来确定覆盖流程以及覆盖厚度。例如，基质需在植物萌芽前覆盖完毕，用于水面、浅滩时，要保证覆盖层以下有黏土层等，以防止水渗透[263]。

3.4.3 湿地异质生境构建

生境又称栖息地，它是指一个生物体或由生物体组成的群落所栖居的地方，包括周围环境中的一切生态因子[264]。湿地生境指的是湿地生物所生活栖居的生态环境，包括水分、土壤、地形等生态因子。湿地生境具有类型多样、分布广泛的特点，同时也拥有丰富的生物多样性。由于地势低洼积水，湿地生境相对脆弱且不稳定，同时也具有典型的生态交错带特征[265,266]。

生境异质性现象普遍存在于自然生态系统中[267,268]，会造成资源可利用性的差异，导致物种的生态位分化，进而形成生物特定的空间分布格局，影响甚至决定着生物的多样性[269]。因此，构建湿地异质生境，尽可能实现湿地生态系统生态结构的多样性和稳定性，进而提高生物多样性，实现生态系统的稳定。

生境构建是指根据人为实体空间设计，并结合水文条件的恢复，改变动植物生长的水、光、热、养分等生态因子，创造植物及群落生长演替的环境条件，营造展示自然内在秩序的空间组织，为鱼类、底栖生物等提供适宜的生长演替空间，即生境异质性创造生物多样性[265]。

水生生境是指水的自然生境结构，复杂和多样化的水生生境能使鱼类、底栖生物群落很好地生长，为水生植物提供良好的生长条件[270]。水生生境根据具体水文或地质地形条件进行分类。深水水生生境的深度在 600mm、800mm、1000mm 变化，浅水水生生境的深度在 200mm、300mm、450mm 变化。平地地被生境是指找平后的非水生平地生境，台地生境是指利用水下生境开挖土方堆成的高台从而形成的生境(图3.8)[271]。

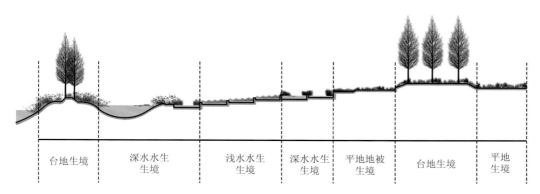

| 台地生境 | 深水水生生境 | 浅水水生生境 | 深水水生生境 | 平地地被生境 | 台地生境 | 平地生境 |

图 3.8　水生生境分类[271]

鸟类生境构建：通过构建缓坡形成不同水深生境，以满足不同鸟类种群对水深的需求(图3.9)。

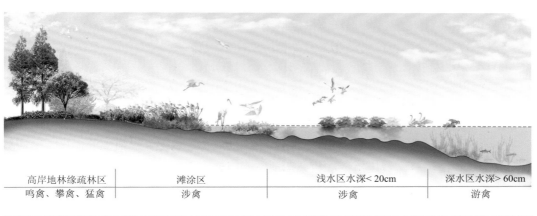

| 高岸地林缘疏林区 | 滩涂区 | 浅水区水深< 20cm | 深水区水深> 60cm |
| 鸣禽、攀禽、猛禽 | 涉禽 | 涉禽 | 游禽 |

| 陆生鸟类栖息地 | 湿地鸟类栖息地 |

图3.9　鸟类栖息地分类

游禽生境构建：营造 0.8～1.2m 深水区域，其中湿地内游禽栖息地构建，应营造深 0.8～1.2m 深水区域；近水游禽栖息地构建，不低于 20cm，不高于 1m；潜水游禽栖息地构建，水深不低于 1m。其堤岸为缓坡，栽植芦苇和灌木丛，并保留一部分裸露滩涂。水面中心可设安全岛，并保留滩涂和种植水生植物。

涉禽生境构建：需营造浅水区，栽植荷花、菱角和芡实等水生植物，其中小型涉禽要求不高于 20cm，中型涉禽要求不高于 50～70cm。

鱼类生境构建：重点从水位、横断面形态与平面形态 3 个方面考虑鱼类生境构建。鱼类生境构建应保证一定的水深，位于 1.5～2.5m，保障鱼类充分的活动空间和适当的鱼卵孵化环境，鲢鱼、鳙鱼主要活动在水体上层，草鱼活动在水体中下层，青鱼生活在水底；构建"V"形、"W"形断面，营造深潭浅滩，寒冷地区需保证冬季冰面下水深至少 1.5m，并在宽深比较大的开阔区，通过不同粒径的砾、卵石构建河漫滩，种植芦苇等挺水植物，满足不同鱼类的产卵需求。

底栖类生境构建：在河岸带的延伸方向构筑多个多孔隙堆石堰坝，并在相邻的两个多孔隙堆石堰坝之间靠近第一河岸带水域处移植多个斑块式香蒲和/或菖蒲，构建水生植物群落；在多个多孔隙堆石堰坝之后缓流水域的水面上间隔设置多个薹草木方，在河床上铺设多个卵石斑块；在底栖动物生境构建河段的下游河面上，间隔铺设多个高度可调控的河流底栖动物躲避装置。

3.4.4　生态驳岸构建

生态驳岸是指恢复后的自然河岸或具有自然河岸"可渗透性"的人工护岸，将护岸由过去的混凝土结构改造为能使水体和土体、水和生物相互涵养，适合生命栖息和繁殖的仿自然状态的护岸。它拥有渗透性的自然河床与河岸基底，丰富的河流地貌，可以充分保证河岸与河流水体之间的水分交换和调节功能，同时具有一定的抗洪强度[272]。

生态驳岸的设计思路如下：

(1)因地制宜地选择岸坡形式，根据城镇规划及防洪要求分段确定。

(2)兼顾安全与生态，尽量减少人工硬质护岸、护底。

(3)与城市发展规划相结合，形成亮点及辐射效应。

(4)应根据不同位置、水文条件，按需求采用不同生态驳岸形式(图 3.10)。

(5)植物选择上应满足鸟类、两栖爬行类动物的栖息需求，同时具有一定的水质净化能力，且能适应岸带的水位变化。

生态驳岸形式既要保证堤岸防冲稳定安全，又要采用形式多样的生态护岸，护坡断面形式的选择应结合区域用地情况和地形地势，因地制宜选取，护岸断面形式主要分为直立式、斜坡式、复合式三种。生态驳岸构建过程中应尽量避免"三化"(形态直线化、断面规则化、护岸材料硬质化)现象，以及河道的环境条件模式化和生物种类单一化。岸

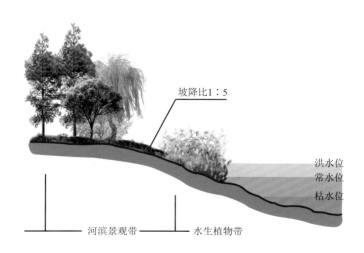

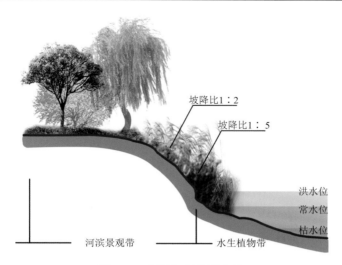

图 3.10　典型生态驳岸形式

线的生态驳岸设计，应设置植被缓冲带，以有利于保护水体生态系统健康，这样既能将水体与其他土地利用类型分离，阻止水体波浪和洪水对岸线的侵蚀，过滤有害物质，又形成绿色生态的亲水空间，提高城市滨水带的景观质量[273]。

3.4.5　湿地植物群落构建

在水生生态系统中，水生植物是其重要组成。水生植物能够帮助维持生态系统的稳定性，在净化水质的同时显著改善生态环境[274]，其部分优势如下[275]。

(1)水生植物能够吸收氮和磷，减轻水体污染，改善水质。

(2)水生植物在生长过程中，能够进行光合作用，释放氧气，这样能够增加水体中的溶解氧含量，有利于水体中水生生物以及微生物生长、繁殖[276]。

(3)由于芦苇等水生植物的存在，一些影响水质及生态环境的植物(如藻类)能够得到控制。

(4)丰富的水生植物能够形成一个小的生态圈，具有一系列简单的环境功能，有利于维持整个生态系统的稳定性。

因此，栽培一些生长旺盛、生命力强、净化能力显著的水生植物来改善水质和周围环境状况，可以充分发挥其应有的作用，实现最大化利用。最后，实现污水的深度处理、达标排放以及生态系统的稳定。

湿地植物群落修复设计要结合湿地功能定位合理确定植物群落修复范围。湿地植物群落修复包括湿地陆域湿生植物修复和湿地水域水生植物修复，其中以湿地水域水生植物修复为重点关注内容。湿地植物群落修复的设计目标是提高湿地水生植物群落多样性，进一步丰富湿地异质生境，提高多功能湿地水质净化功能。湿地植物选择应综合考虑湿地不同组成区域和不同功能需求，优先选择适宜的乡土植物品种。

湿地陆域湿生植物主要包括池杉、落羽杉、水蒲桃、水翁、水松、红千层、水柳、栀子、银合欢、铺地黍等。湿地陆域湿地植物能够显著提高湿地系统生物多样性，营造更丰富的湿地景观，同时削减湿地周边降雨径流面源污染负荷。

湿地水域水生植物主要由沉水植物、挺水植物、浮叶植物、漂浮植物等组成。其中，沉水植物适宜水深为 1.0~1.5m，挺水植物适宜水深为 0~0.5m，浮叶植物适宜水深为 0.5~1.0m，漂浮植物对水深没有特殊要求。

湿地水质净化功能要求植物应具有较强的污染吸收特性、适应性强、生产迅速且不易腐烂的特征，包括芦苇、芦竹、再力花、水葱、旱伞草、矮生苦草、马来眼子菜、黑藻等。

湿地生境营造功能要求植物应具有满足湿地动物繁育、休憩、觅食等活动需要的特征，包括芦苇、旱伞草、水葱、矮生苦草、垂柳等。

湿地景观功能要求植物应具有观赏效果且与周边环境融合的特征，优先选择观赏特征突出、株形美观、花期相对较长、景观效果明显的植物，包括鸢尾系列、美人蕉系列、荷花、睡莲系列等。

植物种植区域应根据不同湿地植物适宜水深以及对应功能需求进行确定。植物种植方式应充分考虑湿地植物自然生长方式，其中，挺水植物和湿生植物宜采用成丛方式种植，不宜按行间距均匀种植，沉水植物、浮叶植物和漂浮植物可采用随机方式种植，如种子播撒种植或者植株扦插种植。植物种植密度应结合不同功能需求、植物分蘖和分枝特性、植物株形特征合理选定植物种植密度，适当考虑植物养护期自然生长潜力优化种植施工密度。湿地种植搭配应考虑不同群落、种类综合搭配，形成相对稳定和协同作用的湿地植物群落，提高湿地植被系统的稳定性，发挥湿地植物对不同污染物的综合去污能力(图 3.11)。

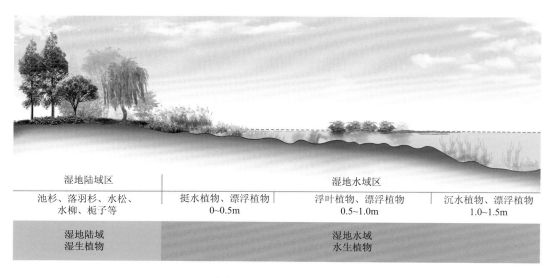

湿地陆域区	湿地水域区		
池杉、落羽杉、水松、水柳、栀子等	挺水植物、漂浮植物 0~0.5m	浮叶植物、漂浮植物 0.5~1.0m	沉水植物、漂浮植物 1.0~1.5m
湿地陆域 湿生植物	湿地水域 水生植物		

图 3.11　湿地植物分类

3.4.6　湿地生物操控

湿地动物群落修复设计以水生动物群落为主，旨在丰富湿地食物链组成，促进生物多样性"提升"或"保护"，构建健康稳定的水生动物系统。湿地动物种类选择应结合湿地调查结果，针对不同生境区域和食物链层级进行相适宜的配置[277]。湿地动物生境区域主要包括底栖类、浮游类等，湿地动物食物链层级主要包括原生动物、滤食鱼类、捕食鱼类和鸟类。湿地动物投放应选用本地原生品种，切忌引入外来入侵种，投放动物宜选用中等大小或生命力强的幼苗。湿地动物投放点位的确定应根据湿地生境特征进行合理确定。湿地动物的投放方式推荐采用组合配置、按一定比例、分批次投放。湿地动物投放过程中应加强对湿地动物群落组成的监测和评价，及时对下一批次投放的动物品种配置和比例进行调整，逐步构建稳定的水生动物系统(图 3.12)。

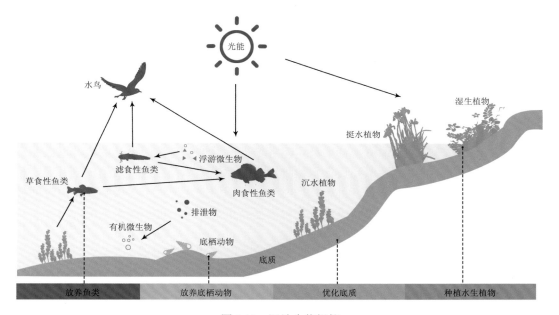

图 3.12　湿地生物操控

3.4.7　滨水湿地净化设计景观设计

湿地景观应满足湿地环境功能和审美要求，应以地方风格为前提[271]，在对场地格局分析的基础上，选择符合自身分布特点和整体景观效果的植被，并符合自然性、生态性、多样性、地域性的基本原则。

湿地景观应展现乔木、灌木、藤本、草本及水生植物本身色彩等自然特征，考虑不同季节植物的花期果期、叶色叶形，并综合考虑植物形体的四季变化。

湿地景观应满足游客游憩、观赏、娱乐的需求，通过植物组合搭配，开辟透景线，实现植物造景能力最大化[271]。

3.5　人工湿地运行方式设计

仿自然表流型人工湿地运行方式设计主要考虑适应湿地来水量的变化特征，保证各表流湿地单元水位基本稳定和水体水动力条件的维持，保障表流湿地单元能够持续稳定发挥水质净化作用，同时促进湿地系统生物多样性的逐步恢复，避免造成对湿地生态系统的冲击破坏。

3.5.1　湿地生境营造需水保障

仿自然表流型人工湿地在发挥水质净化功能的同时，能够有效恢复湿地生态系统，营造湿地异质生境。水体作为湿地生态系统的三大组成要素之一，其分布特征对湿地生境营造起到决定性作用，因此，在人工湿地运行方式设计时，需要根据湿地生境营造的要求重点关注表流湿地特殊区域的水位、水量以及水位水量的变化规律特征。必要时可以在生境营造区域外围设置缓冲区，并在该缓冲区单独设置以保障湿地生境需水为主要功能定位的表流湿地，即使湿地进水出现故障，也可以利用缓冲区表流湿地调蓄储存的水量，维持核心区的湿地生境营造需水。

3.5.2　常规设计工况运行方式

常规设计工况下，湿地进水持续稳定，各个表流湿地单元按照设计的串并联关系进行进出水控制，保持湿地各单元设计水位稳定。局部湿地单元在进行水生植物补充、枯萎植株清理等运维管护工作时，可以通过 3.3.3 节介绍的进水配水衔接控制设施短时间控制湿地单元进水，待管护工作完成后再及时恢复到正常的湿地进水配水工况。

3.5.3　水量水质波动运行工况

湿地系统进水量水质波动变化的工况，主要通过整体湿地系统各湿地单元的串并联组成比例来调整优化湿地水力负荷和污染负荷。当进水量增加时，相应增大湿地系统内并联单元比例，减小串联单元比例，以缓解水力负荷增大对湿地单元的冲击影响，并将水动力条件控制在适宜范围内；当进水量减少时，相应增大湿地系统内串联单元比例，减小并联单元比例，以保证湿地各单元水动力条件和换水周期在适宜范围内，同时能够更充分地发挥各湿地单元的净化潜力。水质波动变化工况主要应对方式与水量变动类似，当进水水质与设计边界相比出现恶化趋势时，适当增大湿地系统内串联单元比例，同时降低进水量，以保障湿地系统运行稳定和出水水质达标；当进水水质与设计边界相比有明显改善时，适当增大湿地系统内并联单元比例，同时增大进水量，以最大程度发挥湿地水质净化功能。

3.5.4　寒冷地区冬季运行工况

北方寒冷地区表流湿地冬季运行工况主要通过表流湿地水位调整，将上部的冰冻层作为湿地保温措施，冰盖层底部保持表流湿地正常的水动力运行条件。进入冰封期前，通过抬高表流湿地正常出水位,在表流湿地正常的运行水位上下逐步形成稳定厚度的冰盖层,然后适当降低表流湿地底部流动水体水位,使其与冰冻层之间形成空气隔离层,最终利用冰盖层、空气层对表流湿地底部水体形成保温作用,保证表流湿地进出水通畅。此外,表流湿地在进入冬季前需要重点关注菹草、伊乐藻、轮叶黑藻等耐寒沉水植物的分布比例,以保证沉水植物系统能够在冬季期间维持一定的净化能力。

3.6　表流型人工湿地模型模拟应用

3.6.1　表流型人工湿地模型简介

前文详细介绍了表流型人工湿地的选址和工艺、工程设计要点,而近年来,随着人工湿地应用日益广泛,对其工程设计也提出了越来越高的要求。为了满足预测人工湿地处理效果、优化人工湿地设计和运行条件的需求,从 20 世纪 70 年代中期开始,一些研究者开展建立人工湿地数学模型的工作。数学模型模拟方法是研究水动力和水污染物扩散运输的主要方法之一,也是准确模拟实际问题的必要手段,同时具有重要的理论意义和实用价值。

人工湿地数学模型的研究经历了由浅入深的过程,通常可将人工湿地数学建模分为五个阶段:①概念模型,描述人工湿地内部相关的物理、化学和微生物作用机理;②模糊数学模型,判断被模拟指标的确定性和随机性,也包括相关平衡方程式的建立;③数值模型,实现上述模糊数学模型的精确数值算法;④模拟程序(软件),实现上述数值模型的自动化过程;⑤模型验证,大量的数学计算与实验结果论证。目前,表流型人工湿地的数值模拟研究已经进入第四、第五阶段。人工湿地模型模拟主要关注两个方面——水动力过程和水质变化过程。

3.6.2　水动力模拟方法介绍

表流型人工湿地的水体流动状态以及水力学特性是保障湿地能正常运行、水质能被充分净化的基础和重要因素。与天然水体相比,湿地系统的流动模式更为多样化,存在停滞以及短流的现象,局部地区没有得到充分使用。因此,湿地的模型模拟研究和应用的关键是对湿地有效利用面积的评价,确定湿地所在区域水流量的趋势、水域面积、死水漩涡面积等[278]。

湖泊水动力学数值模拟始于 20 世纪 70 年代,主要依靠数学方程进行模拟,后来随着计算机技术的不断创新和应用技术的发展,开始借助计算机进行建模,经过对日本及北美洲的湖泊进行模拟研究,发现其有很高的精确度,由此依靠计算机的水动力学模拟更加完善,并且功能也变得更加强大[279]。

水动力学模型主要有零维模型、二维模型、准三维模型和三维模型四种。其中,零维模型属于水动力学模型中的基础模型,其假设湖体为完全混合的均匀状态,并不存在明显分层等条件,因而适用范围较窄,具有较大的局限性。而准三维和三维模型考虑了水体垂向的分层,适用于水体较深的大型湖泊、水库。表流型人工湿地与海岸、浅水湖泊、河口水体类似，其水深较浅，水平空间尺度远超垂向空间尺度，因而多用二维水动力学模型来进行模拟。

二维水动力学模型在对现实的湖体进行模拟时，为了方便和简化计算，将实际湖体假设为垂直方向上水质均匀分布的水体，所以在模拟和计算中仅仅需要考虑平面上的水动力过程。二维水动力学模型最早应用在天然水体中。1950 年，Hansen 在对近岸浅水海洋的计算中最早提出了二维模型的想法及其概念模型，后来 Leedertes 建立了近岸海域的二维模型，之后 Galagher 等建立了湖泊环流二维模型。我国关于二维模型的研究开始较晚，1986 年吴坚对太湖进行研究，并利用二维模型进行模拟[279]；1987 年王谦谦将太湖不同风速进行概化，并加入对太湖流场的模拟中，有效地模拟了太湖在风场影响下的流场分布[279]；吴炳方等[280]在之前的基础上对洞庭湖做了进一步研究，主要模拟了洞庭湖流场和风场对其的影响；李锦秀等[281]对云南滇池进行了二维流场模拟。目前在湖泊的实际研究中，二维模型已得到广泛应用。

随着计算机技术的发展，二维水动力学模型开始进入软件实现阶段，这也为该模型在人工湿地工程中的应用提供了便利。目前，最常用于表流型人工湿地水动力模拟的模型软件是由丹麦水力研究所(DHI)开发的 MIKE21 模型。以下从控制方程和模型构建两方面介绍 MIKE21 模型的构建原理和模拟过程。

1)控制方程

能够比较准确、完整地描述某一物理现象或规律的数学方程称为该物理现象或规律的控制方程。控制方程是人工湿地模型的核心部分，常用初始条件和边界条件来界定方程的适用范围。

MIKE21 水动力模块是在二维数值求解浅水方程的基础上建立的。二维水动力数值模拟分析以四项基本假定为前提展开计算：不可压缩性、静水压力假定、布西内斯克(Boussinesq)假设(忽视通过密度的变化引起的压力变化，只考虑温度变化引起的密度变化)、雷诺(Reynolds)值均布[在用纳维–斯托克斯方程(描述黏性牛顿流体的方程)计算水流时，渐变流动的水曲面可近似为水平的，常在非恒定摩擦损失的计算中假定用一个恒定流公式近似替代][278]。

对水平动量方程和连续方程联立求解，沿水深 $h = \eta + d$ 进行积分，得到二维的浅水流运动方程。

连续方程：

$$\frac{\partial h}{\partial t} + \frac{\partial h\overline{u}}{\partial x} + \frac{\partial h\overline{v}}{\partial y} = hS \qquad (3.9)$$

动量方程：

$$\frac{\partial h\overline{u}S}{\partial t} + \frac{\partial h\overline{u}^2}{\partial x} + \frac{\partial h\overline{u}v}{\partial y}$$

$$= f\overline{v}h - gh\frac{\partial \eta}{\partial x} - \frac{h}{\rho_0}\frac{\partial p_a}{\partial x} - \frac{gh^2}{2\rho_0}\frac{\partial \rho}{\partial x} + \frac{\tau_{sx}}{\rho_0} - \frac{\tau_{bx}}{\rho_0} - \frac{1}{\rho_0}\left(\frac{\partial s_{xx}}{\partial x} + \frac{\partial s_{yy}}{\partial y}\right) \qquad (3.10)$$

$$+ \frac{\partial}{\partial x}\left(hT_{xx}\right) + \frac{\partial}{\partial y}\left(hT_{xy}\right) + hu_s S$$

$$\frac{\partial h\overline{v}}{\partial t} + \frac{\partial h\overline{v}^2}{\partial y} + \frac{\partial h\overline{u}\overline{v}}{\partial x}$$

$$= f\overline{u}h - gh\frac{\partial \eta}{\partial y} - \frac{h}{\rho_0}\frac{\partial p_a}{\partial y} - \frac{gh^2}{2\rho_0}\frac{\partial \rho}{\partial y} + \frac{\tau_{sy}}{\rho_0} - \frac{\tau_{by}}{\rho_0} - \frac{1}{\rho_0}\left(\frac{\partial s_{yx}}{\partial x} + \frac{\partial s_{xy}}{\partial y}\right) \quad (3.11)$$

$$+ \frac{\partial}{\partial x}\left(hT_{xy}\right) + \frac{\partial}{\partial y}\left(hT_{yy}\right) + hv_s S$$

式中，t 为时间；x、y 为笛卡儿坐标系坐标；η 为水位；$h = \eta + d$ 为总水深，d 为静止水位；u、v 分别为速度在 x、y 方向上的分量；ρ 为水的密度；ρ_0 为水的参考密度；g 为重力加速度；p_a 为当地大气压应力；s_{xx}，s_{xy}，s_{yx}，s_{yy} 为辐射应力张量的各个分量；S 为点源的流量的大小；u_s 为点源速度的各个分量；τ_{sx} 为水面处风形成的切应力沿 x 方向的分量；τ_{bx} 为 x 方向底床的切应力分量；τ_{sy} 为水面处风形成的切应力沿 y 方向的分量；τ_{by} 为 y 方向底床的切应力分量。

f 为科氏力系数：

$$f = 2\Omega\sin\phi \quad (3.12)$$

式中，Ω 为地球自转的角速度；ϕ 为计算点的纬度。

横线代表深度的平均值。例如，$\overline{u}$ 和 $\overline{v}$ 为沿水深平均的流速，分别定义为

$$h\overline{u} = \int_{-d}^{\eta} u\,\mathrm{d}z \quad (3.13)$$

$$h\overline{v} = \int_{-d}^{\eta} v\,\mathrm{d}z \quad (3.14)$$

横向上 T_{ij} 主要由三部分组成：①黏滞摩擦；②动荡摩擦；③差别平流。其具体公式如下：

$$T_{xx} = 2A\frac{\partial \overline{u}}{\partial x} \quad (3.15)$$

$$T_{xy} = A\left(\frac{\partial \overline{u}}{\partial y} + \frac{\partial \overline{v}}{\partial x}\right) \quad (3.16)$$

$$T_{yy} = 2A\frac{\partial \overline{v}}{\partial y} \quad (3.17)$$

2) 模型构建

MIKE21 水动力模块可以根据人工湿地的实际条件自动求解上述控制方程，进行人工湿地的水文、水动力模拟。其构建过程主要包括水动力学模型的建立，前期地形、水文资料的收集与分析，河网的概化，断面的提取，模型边界条件的处理及初始条件的设置，模型参数的设置与率定等过程。其具体过程如下[278]。

网格划分：在二维水流数值模拟中，首先需要根据高程点进行插值运算，模拟区域地形，对模拟计算区域划分网格，并对网格赋值进行计算，网格划分的好坏决定了计算区域与实际区域地形是否一致，同时也决定计算结果的精确性。网格按类型可以分为结构网格和非结构网格。结构网格一般指的是在矩形区域内的网格是均匀的，其基本原理

为：节点在各层的网格线上，且各层的节点数都必须相等。结构复杂的形状，要想生成适合的网格将特别困难。因此，一般采用非结构网格进行网格划分。MIKE21 模型一般采用表面网络建模系统(surface grater modeling system，SMS)进行网格划分，有限单元法是 SMS 中大多数模块使用的方法，所需的网格单元可以是非结构网格。可以通过自动生成的网格进行调整，以得到三角形、四边形或两者混合的网格。生成网格后，可以利用特定的测量高度数据对网格节点进行插值，从而得到地形网格。SMS 模块还能检查网格质量，并进行相应的调整。自动生成的网格的尺度也可以根据实际的工程需要人为进行调整计算。

定义初始条件和边界条件：在 MIKE21 模型中对初始条件的设定较为简单，初始条件包含初始水位 h_0 和初始流速 (u, v)。边界条件一般分为陆地边界以及开边界两种边界。因为有边界区分，所以要分开设置，创建网格文件时必须进行分开设置与编辑。网格文件设置为陆地边界，根据研究区和周围的水况，明确进出水口的位置、数量；网格文件设置为开边界，则一般上边界(进口)采用进口断面流量，而下边界(出口)则采用出口断面的水位过程作为运算模型模拟的边界条件。开边界的选定可设置常量，也可随时间以及空间改变，直接依据具体工程的边界情况来确定。如果各进口的水量随着时间变化，那么边界也应选定为随时间变化而变化的边界。

基本参数设定：包括网络与地形设置、模型范围边界、模拟的时间段、运用的模块等。在水动力模块中，还需要设定模型的求解格式、地形/水深修正方式、干湿边界、涡黏系数、糙率。

得到模拟结果：得到的模拟结果一般包括水面线和水深的分布、各区域的流场(回流、滞留等区域的分布)和各区域的流速。

3.6.3　水质模拟方法介绍

为加强对人工湿地机理的认识、预测湿地处理效果或用于人工湿地的设计，近些年来，国内外不少学者在人工湿地数学模型研究方面做了有益的探索。人工湿地数学模型的研究经历了由浅入深的发展过程，污染物反应动力学是其不断发展完善的内在主线。表流型人工湿地水质模拟的数学、数值模型包括黑箱模型和过程机理模型两种，黑箱模型主要通过进水、出水水质以及一些环境因素，运用回归分析模拟水质的变化过程，主要包括衰减模型、一级动力学模型、莫诺(Monod)动力学模型、串联槽(tanks-in-series，TIS)模型等。针对表流型人工湿地的过程机理模型还处于发展阶段，其主要针对每个降解去除途径和反应过程进行深入细致的研究，分析它们互相之间的协调拮抗作用和控制影响因素，并获得各种概念模型中定义的相关生态动力学参数[282]。目前，表流型人工湿地最常用的水质模型软件是成熟应用于天然开放水体水质模拟的水质分析模拟程序(water quality analysis simulation program，WASP)模型。

1. 水质模拟的数学、数值模型

1)衰减模型

目前一般认为，人工湿地属于生物膜附着生长的反应器[283]，对人工湿地系统的监测主要集中在进水、出水污染物浓度数据上。衰减方程在解释和运用这类数据上具有优势，其将人工湿地系统视为"黑箱"（black box），仅仅依据污染物进水浓度和出水浓度，通过人为定义的简单线性方程或幂次方程对运行数据进行拟合，还可以在方程中加入流量、温度、停留时间等因素的影响，从而建立一种"输出"对"输入"的统计响应关系[284]。

表 3.9 列出了北美洲表流型人工湿地对不同污染物去除效果的衰减方程。这类公式虽然简单明了、容易获得、方便易用，但是运行数据仅采用进水浓度、出水浓度，数据类别单一，方程构造形式简单化，使之不可能准确描述复杂多变的人工湿地条件、水质条件和气候条件等因素给处理效果带来的各种影响，造成设计目标和预测结果与实际观测数据之间误差较大[284]。

表 3.9　北美洲表流型人工湿地对不同污染物去除效果的衰减方程[284]

污染物种类	衰减方程	边界条件	单位
总悬浮物 （TSS）	$C_o = 5.1 + 0.16C_i$	$0.02 < q < 28.6$	cm/d
	$R^2 = 0.23, N = 1582$	$0.1 < C_i < 807$	mg/L
	标准误差 $C_o = 15$	$0.0 < C_o < 290$	mg/L
生化需氧量 （BOD$_5$）	$C_o = 4.7 + 0.15C_i$	$0.27 < q < 25.4$	cm/d
	$R^2 = 0.62, N = 440$	$10 < C_i < 680$	mg/L
	标准误差 $C_o = 13.6$	$0.5 < C_o < 227$	mg/L
总磷 （TP）	$C_o = 0.34C_i^{0.96}$	$0.11 < q < 33.3$	cm/d
	$R^2 = 0.73, N = 369$	$0.02 < C_i < 20$	mg/L
	标准误差 $C_o = 1.09$	$0.009 < C_o < 20$	mg/L
总氮 （TN）	$C_o = 0.75C_i^{0.75}q^{0.09}$	$0.02 < q < 28.6$	cm/d
	$R^2 = 0.66, N = 353$	$0.25 < C_i < 40$	mg/L
	标准误差 $C_o = 0.60$	$0.01 < C_o < 29$	mg/L
大肠菌群指数 （FC）	$C_o = 6.66C_i^{0.34}q^{0.51}$	$0.02 < q < 28.6$	cm/d
	$R^2 = 0.36, N = 107$	$0.25 < C_i < 40$	mg/L
	标准误差 $C_o = 2.16$	$0.01 < C_o < 29$	mg/L

注：C_o 为出水浓度，mg/L；C_i 为进水浓度，mg/L；q 为水力负荷，cm/d。

2）一级动力学模型

一级动力学模型是在衰减模型的基础上提出的，是目前研究最多、应用最广泛的一种人工湿地数学模型[284,285]。

如图 3.13 所示，污染物在表流型人工湿地空间上的浓度变化普遍呈现出一种指数衰减的趋势，因此可将污染物在人工湿地中的降解去除过程视作一个一级反应[284]：

$$\frac{dC}{dt} = -k \cdot C \tag{3.18}$$

式中，C 为污染物在人工湿地中的浓度，g/m^3；k 为污染物去除时间速率常数，a^{-1}。因

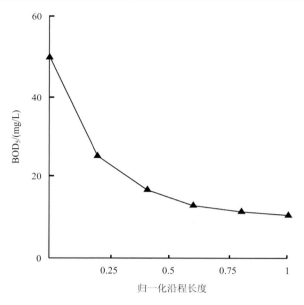

图 3.13 加拿大利斯托尔(Listowel)人工湿地中 BOD_5 的变化

停留时间 $T = \dfrac{A_w \cdot L}{Q}$ ，则有 $dt = \dfrac{A_w}{Q} dl$ ，将 dl 归一化为 $dl = L dy$ ，则式(3.18)可转化为

$$Q\frac{dC}{dx} = -k^* \cdot C \qquad (3.19)$$

式中，A_w 为人工湿地的面积，m^2；L 为人工湿地的长度，m；Q 为污水的流量，m^3/a；y 为归一化的人工湿地长度；k^* 为污染物去除面积速率常数，m^2/a。

当考虑污染物质量平衡时：

$$Q\frac{dC}{dx} = -k^* \cdot C + r \qquad (3.20)$$

式中，r 为通过生物生长释放、生物残体分解或土壤间隙水扩散交换而返回水中的污染物的量，g/a。因此，可将人工湿地中污染物浓度的背景值 C^* 定义为

$$C^* = \frac{r}{k^*} \qquad (3.21)$$

将式(3.21)代入式(3.20)中即得

$$Q\frac{dC}{dx} = -k^* \cdot \left(C - C^*\right) \qquad (3-22)$$

当 $y=0$ 时，$C=C_i$；当 $y=1$ 时，$C=C_o$ 为边界条件，对式(3.22)进行积分，可以得到

$$\ln\left(\frac{C_o - C^*}{C_i - C^*}\right) = -\frac{k^*}{Q} = Da \qquad (3.23)$$

式中，C_i、C_o 分别为进水口、出水口处污染物的浓度，g/m^3；Da 为达姆科勒(Damkohler)数。当人工湿地中的流态接近完全混合时，则有

$$\frac{C_o - C^*}{C_i - C^*} = \frac{1}{1 + \dfrac{k^*}{Q}} = \frac{1}{1 + Da} \tag{3.24}$$

C^* 这一参数的使用是十分重要的,特别是当设计人工湿地出水浓度要达到相当低的浓度时更应引起注意[286],人工湿地中各污染物的背景值如表 3.10 所示。对污染物去除面积速率常数 k^* 的温度校正可由表 3.10 中数据和下列公式计算:

$$k^* = k_{20}^* \cdot \theta^{T-20} \tag{3.25}$$

式中,θ 为温度校正常数(表 3.10)。

表 3.10　20℃时人工湿地一级动力学模型参数[287]

参数	BOD$_5$	TSS	NH$_3$-N	NO$_x$-N	TN	TP	FC
k	34	3000	18	35	22	12	75
C^*	$3.5+0.05C_i$	$5.0+0.16C_i$	0	0	1.5	0.02	300
θ	1.00	1.00	1.04	1.09	1.05	1.00	1.00

一级动力学模型通常被认为是表流型人工湿地设计中最合适的模型,模型的推导以污染物降解服从一级反应动力学为基础,常假设模型中的参数为常量,湿地中水流流态呈理想的推流,因此该模型被广泛应用于 BOD$_5$、TSS、细菌以及金属离子去除的预测。但实际工程中也发现,这类一级动力学模型的污染物去除面积速率常数 k、污染物背景值参数 C^* 等与人工湿地的水力负荷、进水浓度有很高的相关性,如此一来导致这些模型的普适性受到很大的限制。虽然可以通过加入一些其他参数(D、Da、Pe 等)[①]来模拟水流流态的影响,但仍不能摆脱各种模型常数对水力负荷、进水浓度等因素的依赖。同时,实际工况下水流的扩散、短流和滞留等都有可能使人工湿地运行状态与模型理想状态相差甚远,速率常数和背景浓度也并非恒定[284,286]。因此,对人工湿地系统各种降解去除途径进行更深入细致的定量化研究和模拟,能更好地模拟和预测人工湿地的运行状况。

3) Monod 动力学模型

人工湿地 Monod 动力学模型是以湿地中水流为理想推流为前提,假设湿地中的生物过程与其他生物系统一样符合 Monod 动力学而提出的[288]。针对表流型人工湿地的具体模型为

$$q\frac{dC}{dy} = -k_{0,A}\frac{C}{K+C} \tag{3.26}$$

式中,C 为污染物浓度;K 为半饱和常数;$k_{0,A}$ 为零级面积速率常数;A 为湿地床体面积。

Monod 动力学模型中的 K 完全取决于污染物的抗微生物降解程度,容易被微生物降解的污染物 K 值低,微生物降解较慢的污染物 K 值高[288]。Monod 动力学模型可对"背景浓度"C^* 做出新的解释:当污染物浓度下降至接近 0 时,其降解速率将下降得非常低,

---

① D 代表扩散系数(diffusion coefficient),Da 代表达姆科勒数(Damkohler number),Pe 代表佩克莱数(Peclet number)。

因此在给定的水力停留时间内，污染物将无法完全分解。

从 Monod 动力学模型可快速获知污染物的最大去除率，避免出现使用一级模型时湿地尺寸过大的问题。Monod 动力学模型的不足之处在于：①作为一个经验模型，它的适用范围有限，当废水中存在抑制性基质时模型不再适用；②动力学分析复杂，K 值随污染物和微生物的不同而变化，具体数值需要通过试验确定。

4）TIS 模型

针对一级动力学模型和 Monod 动力学模型均假设湿地中水流为理想推流而可能不符合实际工程情况的问题，Kadlec 在 2003 年提出了 TIS 模型。TIS 模型是将湿地假想为 4 个串联的完全混合反应器，研究得出 TIS 模型进出水浓度关系为

$$\frac{C_o}{C_i} = \frac{1}{\left(1 + \dfrac{k_{0,A}}{N}\right)^N} \tag{3.27}$$

式中，N 为反应器的个数；C_i、C_o 分别为进、出水污染物浓度，其他符号意义同式（3.26）。

一级动力学模型和 Monod 动力学模型都假设水流状态为理想推流，然而实际上湿地内往往存在死区、短流等现象，并不是全部水流都具有相同的停留时间。TIS 模型则可以描述湿地的反应停留时间分布。TIS 模型中反应器的个数 N 可以代表混合程度。较高的 N 值代表较低的混合程度，当串联反应器个数越多时，水流流动形态越接近推流，也越有利于污染物去除率的提高。若 $N=\infty$，则水流状态为理想推流；若 $N=1$，则湿地是一个完全混合反应器。在实际应用中，Uddameri 以 TIS 模型模拟了表流型人工湿地中污染物的运移，并取得了不错的效果。

2. WASP 水质评估模型原理及应用[278]

WASP 模型包括 DYNHYD5 和 WASP 两个程序。DYNHYD5 是水动力模块，WASP 是水质模块。WASP 水质评估模拟包括对富营养化水体水质（EUTRO）指标模拟和有毒污染物水体水质（TOXI）指标模拟：①常规物质，如生化需氧量（BOD）、化学需氧量（COD）、溶解氧（DO）、碳质生化需氧量、叶绿素 a、碳、硝酸盐、氨、磷酸盐、有机氮等在河流或者湖泊中的变化；②有毒物质，如有机化学品、金属、沉积物等。近年来，WASP 模型发展速度加快，其所发展的各种新模型也能应用于多个领域的研究，WASP6 版本及之后的版本开发的都是 Windows 下的程序。它可以模拟河流、湖泊、河口、水库等水体的稳态和非稳态，模拟常规污染物，包括溶解氧、生化需氧量、营养物和藻类污染，也能模拟有毒污染物的扩散和消减，类似金属、有机化学品、沉积物等，被称为万能水质模型，也因此被广泛应用在表流型人工湿地的水质模拟中。以下主要从其控制方程和模型构建两个方面描述 WASP 水质评估模型的构建原理和模拟过程。

1）控制方程

WASP 模型的控制方程同样遵循不可压缩性、静水压力假定、Boussinesq 假设等几个基本假定，来对一般质量平衡方程进行求解。

一般质量平衡方程的建立对象是水域中的溶解态物质，包括点源负荷和非点源负荷方式。不仅要考虑对流和扩散方程，还要综合考虑物质在水体中发生的物化生反应等过

程。所以平移扩散方程又称三维运输方程，其公式如下：

$$\frac{\partial C}{\partial t} = -\frac{\partial U_x C}{\partial x} + \frac{\partial}{\partial x}\left(E_x \cdot \frac{\partial C}{\partial x}\right) - \frac{\partial U_y C}{\partial y} + \frac{\partial}{\partial y}\left(E_y \cdot \frac{\partial C}{\partial y}\right) - \frac{\partial U_z C}{\partial z} + \frac{\partial}{\partial z}\left(E_z \cdot \frac{\partial C}{\partial z}\right) \quad (3.28)$$
$$\pm \text{ sources and sinks}$$

式中，C 为水质成分的浓度，mg/L（或 g/m^3）；t 为时间，d；U_x、U_y、U_z 分别为纵向、侧向、垂向的对流速度，m/d；E_x、E_y、E_z 分别为纵向、侧向、垂向的弥散系数，m^2/d；sources and sinks=$S_L+S_B+S_K$=点源和非点源负荷率，$g/(m^3 \cdot d)$，S_L 为扩散浓度比，$g/(m^3 \cdot d)$，S_B 为边界浓度比（上下游、水底及大气），$g/(m^3 \cdot d)$，S_K 为总动力转化系数：正的代表输入，负的代表输出。

为了计算简洁方便，需要把质量平衡方程式（3.28）化简，默认水体在横向与垂向上各向同性且均匀，消元 y 和 z，得到一维形式水质组分的质量平衡方程：

$$\frac{\partial(AC)}{\partial t} = \frac{\partial}{\partial x}\left(-U_x AC + E_x A \frac{\partial C}{\partial x}\right) + A(S_L + S_B) + AS_K \quad (3.29)$$

式中，A 为湿地面积。

在三维和一维的质量平衡方程中，污染物浓度既可以代表一种污染成分，又能代表多种能产生相互作用的污染成分。常用的水质模型在应用时，要想准确地模拟水体的生态系统和污染物之间彼此的相互作用关系，需建立综合水质模型才可对水体水质消减规律进行评价和预测。

2）模型构建

在 WASP 软件中，水质模拟模块非常齐全。在具体工程中，我们一般选用 EUTRO 模块来模拟 BOD_5、NH_3-N 和 TP 水质指标。其具体步骤如下。

(1) 设定模型系统信息：首先需要根据模拟区域的不同条件将其划分为若干个单元控制体。然后设置湿地底床性质、模拟时间、模拟时间步长等系统参数。

(2) 单元控制体初始数据：包括糙率、水温、水温时变函数、污染物初始浓度等。

(3) 模型参数与常数：主要包括硝化反应系数、反硝化反应系数、有机氮矿化常数、有机磷矿化常数、浮游生物生长率、曝氧系数等。

(4) 湿地参数与边界条件：主要包括流量、流速、进水口各污染物的实测浓度等。

模型的时间函数主要考虑水温时间函数、日照比例时间函数、太阳辐射强度时间函数等。

3.6.4　模型模拟应用实例

1．东八路人工湿地水动力模拟实例[278]

1）东八路人工湿地工程概况

东八路人工湿地位于山东省东营市，东八路以东的 500m 范围内，南北长度为 3500m，南起广利河北堤，北到黄河路水系。其中，地表径流湿地面积占 296hm²，潜流湿地面积占 27hm²，是山东最大的人工湿地。东八路人工湿地采用三级串联人工表流湿地方案，总占地面积为 1742 亩[①]，设计水深为 0.5m，东八路人工湿地工程的处理规模相关参数设计如表 3.11 所示。

表 3.11　东八路人工湿地工程的处理规模相关参数设计表

设计参数	3～11 月	12 月至次年 2 月
湿地进水量/(m³/d)	7×10^4	2.5×10^4
设计流量 Q/(m³/h)	2916.7	1041.7
水力负荷 q/(cm/d)	11.76	4.2
水力停留时间/d	13.5	37.8

东八路人工湿地的建造结合了广利河实际来流水位设计。经过工程土方开挖，将部分滩区整修成 2m 水深的水陆交接面，为表流湿地系统构建创造了良好的条件，但同时也容易造成部分区域水体的封闭，产生死水区，影响整个水体流态。因此，必须通过水动力模拟，模拟东八路人工湿地的流场、流速、死水区及污水传输情形，针对水动力效率较差的单元提出改善方案，为东八路人工湿地维护管理提供参考。

2)东八路人工湿地模型构建

利用 MIKE21 模型对人工湿地水力特性进行模拟，模拟东八路人工湿地的流场、流速、死水区及污水传输情形，针对水力效率较差的单元提出改善方案，为东八路人工湿地维护管理提供参考。在建立二维水动力学模型时，通过相似工程类比和经验相结合的方法，来获取水动力模块所需要的参数，将二维浅水方程作为控制方程，采用非结构性的三角形/四边形混合网格下的有限体积法离散。

A. 计算网格划分

采用 SMS 进行网格划分。模拟过程中选用非结构性的三角形／四边形混合网格下的有限体积法离散，最后生成.mesh 文件网格图。

B. 初始条件和边界条件

初始条件：在东八路人工湿地的模拟中，初始水位设为 0.5m，初始流速为 0。而由于本次模拟的研究面积不是足够大，故没有考虑科氏力的影响。

边界条件：

a. 陆地边界

东八路人工湿地及湿地岛相连接的边界面的边界法向流速为 0，即

$$\left. \frac{\partial V}{\partial n} \right\|_{湿地边界} = 0$$

b. 开边界

不同季节设计输水能力不同，因此在水动力模拟时，需就两种不同工况来进行模拟。因此，设定进口断面为 0.81m³/s 和 0.29m³/s，东八路人工湿地目前并没有完全建设完成，缺少出口断面水位数据资料，本次模拟假设出口断面水位为 0.5m。

---

① 1 亩≈666.7m²。

C. 水动力模块设置

建立 MIKE21 FM 模型，完成模型范围和时间设置后，选择水动力模块开始各参数的设置。该模型取库朗数(Courant-Friedrichs-Lewy, CFL)为 0.8；本例水深修正定义为不随时间变化，那么地形修正数据文件的第一时间步长为模拟的初始条件；设置干水深 h_{dry} 为 0.005，淹没水深 h_{flood} 为 0.05，湿水深 h_{wet} 为 0.1；涡黏系数采用 Smagorinsky 公式取值为 0.28；糙率是根据水深数据来设置的。

3) 模拟结果与分析

通过 MIKE21 FM 模型，可以得到湿地水面线情况、流场分布和流速分布。

A. 水面线模拟

湿地分为 3 个区，分别在区域中心及区域之间的连接处确定水面线监测点。模型在运行 144h(6 天)时，水面线、流速等指标趋于稳定，即模型趋于稳定。从模拟结果来看，进口流量为 70000m³/d 和 25000m³/d 时，湿地内的水位分别介于 0.43～0.48m 和 0.41～0.46m，湿地内最高水深分别为 2.5m 和 2.45m，最低水深分别为 0.38m 和 0.36m。从湿地水面线达到稳定所需时间来看，$Q = 70000$m³/d 较 $Q = 25000$m³/d 约提前 1 天。

B. 流场模拟

从模拟结果来看，水体的整体流动性良好，未出现大面积的死水区域。在进口流量 Q=70000m³/d 时，有 4 处区域出现回水现象。

回水区域一般出现在靠近湿地边界处，出现回水现象的原因可能是该处地形变化较大，或该处断面变化剧烈。从模拟结果来看，回水区域面积不大，可以通过局部区域的地形微调来减弱其对湿地运行的影响。

C. 流速模拟

对东八路湿地选取 10 个过水断面，每个断面分别选取 3 个不同的监测点，监测流速的沿程变化情况。每个断面的 3 个监测点分别选在靠近左岸 20m 处、断面中心位置及靠近右岸 20m 处。

由模拟结果可知，进口流量 Q=25000m³/d 时，各监测断面的流速介于 0.1～0.3 m/s；进口流量 Q=70000m³/d 时，各监测断面的流速介于 0.4～1.0 m/s。图 3.14 为不同流量下

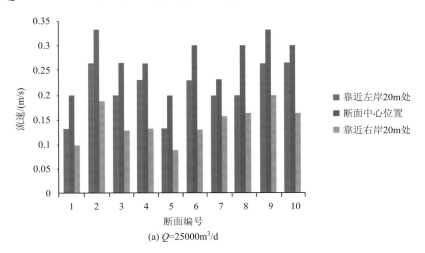

(a) Q=25000m³/d

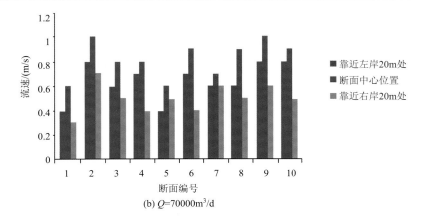

图 3.14　不同流量下各监测断面流速对比柱状图

各监测断面流速对比柱状图。两种不同进口流量下，同一断面靠近岸边的水的流速均小于湿地中心处的流速，且靠近左岸的水的流速略高于靠近右岸的水的流速，这与左右岸的地形有关。

从结果来看，$Q=70000\mathrm{m}^3/\mathrm{d}$ 时湿地内的整体流动性要优于 $Q=25000\mathrm{m}^3/\mathrm{d}$。湖区内的岛均能够起到很好的导流作用，通过减小过水断面面积，来加速水体的流动。过水断面较大的区域流速、流向均比较缓慢，两个区域连通之处过水断面较窄，流速较快，水能够顺利通过渠道流向下游。

4）总结

以上以山东省东营市东八路人工湿地为例，介绍了水动力模拟在表流型人工湿地设计中的应用。水动力情况是影响表流型人工湿地净化效果的最主要因素，大量的死水区和回水区会对湿地的运行产生不利影响。从实例来看，MIKE21 FM 模型通过地形的概化、运行参数的输入，可以较好地模拟湿地实际工况的水面线、流场、流速，为湿地设计方案的调整以及后期的运维提供良好的参考。

2. 东八路人工湿地水质模拟实例[278]

1）东八路人工湿地的水质模型构建

在进行水质模拟时，第一步需要对人工湿地的地形、污染和特征污染物等进行概化处理。

东八路人工湿地的进水流量随季节而定，相关水力参数见表 3.11。湿地整个区域的污染源是进水污染源，无点源污染，直接设定模型中除初始边界外各分段的边界浓度为 0；COD 降解假设为一级反应；不考虑地下水、底泥沉降、泥沙吸附以及降水蒸发等的影响。

根据湿地实际地形以及设计目的情况，划分出 5 个模拟计算单元。湿地内平均水深均不超过 3m，故在垂直方向不分层。

A. BOD_5-NH_3-TP 模型建立

污染物模块时，选用 EUTRO 模块来模拟 BOD_5-NH_3-TP 水质指标，湿地底床设置为静态，模拟时间设定为 2015 年 1 月 1 日～12 月 1 日，模拟时间步长为 1，其余保持模型模块的默认值；网格概化得到的关于模型单元体的数据资料可以用于 segment 选项的计算，故直接输入单元体的初始时刻数据即可，糙率取 0.03；模型参数和常数依照 USEPA常用模型参数常数取值；3～11 月和 12 月至次年 2 月的流量分别为 0.81m³/s 和 0.28m³/s，分区 1、分区 2、分区 3 的流速分别为 0.002m/s、0.003m/s、0.009m/s；边界条件值选用监测得到的进水水质数据；模型时间函数主要考虑水温时间函数、日照比例时间函数以及太阳辐射强度时间函数。

B. COD 模型建立

模型系统信息、控制体数据、流量、流速、时间函数等都不变，只需改变模型参数和常数，转变边界条件改为污染物负荷输入时间函数。因为 COD 模型采用的是 TOXI模型，则需要输入初始边界条件和污染物负荷，然后将长期稳定边界条件转化为污染物负荷时间函数，保证单位月负荷时间函数的积分值等于月入污染物总量。

2）模拟结果与分析

A. 净化效果延迟分析

由于湿地 3～11 月水力停留时间为 13.5 天，12 月至次年 2 月水力停留时间为 37.8天，其所模拟的长期净化效果和沿程效果有延后性，净化效果延迟时间见表 3.12。

表 3.12　净化效果延迟时间

分区/时间	1 月	2 月 X 日	3～11 月	中间截面距进水口距离/m
分区 1	5.9	$0.156T$	2.1	500
分区 2	19.9	$0.5T$	6.8	1600
分区 3	31.9	$0.844T$	11.4	2700
出水口	37.8	$T=30-X+(7.8+X)\times13.5/37.8$	13.5	3200

由计算结果得出，在 2 月初始，出水口水质净化效果一般推迟 30 天；2 月中旬，出水口水质净化效果一般推迟 22 天；2 月末，出水口水质净化效果一般推迟 16 天。

B. 出水水质模拟结果

BOD_5、NH_3-N、TP 和 COD 沿程净化效果如图 3.15 所示。

通过 WASP 模型模拟后得到每天的出水浓度，对得到的数据进行分析整理，得出东八路人工湿地的水质模拟结果，见表 3.13。

基于 2015 年监测的广利河水质资料，通过数值模拟结果，计算出 COD、BOD_5、NH_3-N及 TP 的去除率及年平均去除率，见表 3.14。COD、BOD_5、NH_3-N 的年平均去除率分别为 42.8%、60.4%、44.1%，去除效果效果良好。而 TP 的年平均去除率为 14.1%。分析模拟结果图可发现，TP 在进水浓度高时去除率较高，而在进水浓度低时，人工湿地对TP 的去除效果不明显。

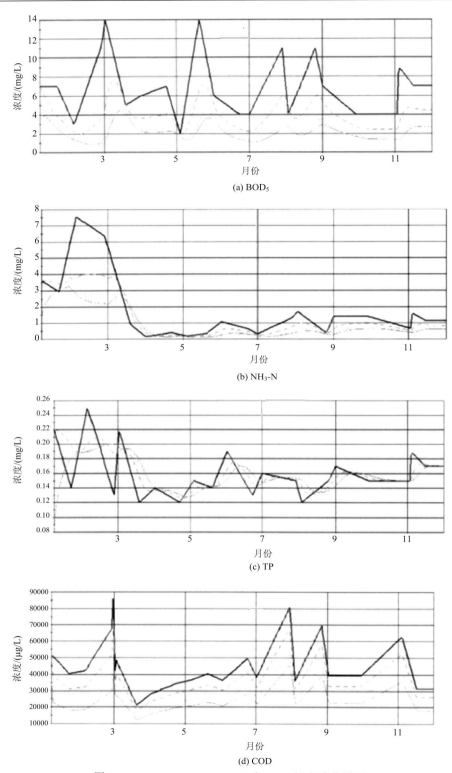

图 3.15　BOD$_5$、 NH$_3$-N、TP 和 COD 沿程净化效果

表 3.13　东八路人工湿地的水质模拟结果

进水/检测时间		进水浓度/(mg/L)				出水时间	出水浓度/(mg/L)			
		COD	BOD₅	NH₃-N	TP		COD	BOD₅	NH₃-N	TP
进水时间	2015/1/5	51	7	3.6	0.2	2015/2/12	35	0.9	2.4	0.2
	2015/1/20	40	7	2.9	0.1	2015/2/27	17.8	1	2.2	0.2
	2015/2/3	42	3	7.6	0.3	2015/3/6	18.4	3	2.7	0.2
	2015/2/26	67	11	6.4	0.1	2015/3/12	29.1	4.5	2.7	0.2
监测时间	2015/3/2	48	14	5.4	0.2	2015/3/16	25.7	4.6	2.4	0.2
	2015/3/19	21	5	0.9	0.1	2015/4/1	12.4	2.3	0.6	0.1
	2015/4/1	28	6	0.2	0.1	2015/4/15	15.8	2.1	0.2	0.1
	2015/4/22	34	7	0.4	0.1	2015/5/5	19.3	1.6	0.1	0.1
	2015/5/4	36	2	0.2	0.2	2015/5/18	20.5	2.2	0.1	0.1
	2015/5/20	40	14	0.3	0.1	2015/6/2	22.7	3.2	0.3	0.2
	2015/6/1	36	6	1.1	0.2	2015/6/15	20.6	1.8	0.4	0.2
	2015/6/23	49	4	0.6	0.1	2015/7/6	27.8	1.1	0.2	0.2
	2015/7/1	38	4	0.3	0.2	2015/7/15	20.1	1.4	0.2	0.2
	2015/7/29	80	11	1.3	0.2	2015/8/11	45.2	3.3	0.5	0.1
	2015/8/3	36	4	1.7	0.1	2015/8/17	31.7	1.9	0.5	0.1
	2015/8/26	69	11	0.4	0.2	2015/9/8	39.1	2.5	0.5	0.1
	2015/9/1	39	7	1.4	0.2	2015/9/15	23.8	2.2	0.6	0.1
	2015/9/29	39	4	1.4	0.1	2015/10/12	22.4	1.4	0.6	0.1
	2015/11/3	62	4	0.7	0.2	2015/10/17	35.3	2.8	0.6	0.1
	2015/11/4	61	9.1	1.6	0.2	2015/11/18	35.2	2.7	0.6	0.1
	2015/11/16	31	7.2	1.1	0.2	2015/11/29	18.5	2.6	0.6	0.1

表 3.14　东八路人工湿地的污染物去除率　　　　　　　　（单位：%）

监测时间	COD	BOD₅	NH₃-N	TP
12 月至次年 2 月去除率	49.9	57.8	45.7	9.5
3～11 月去除率	41.2	61.1	43.8	15.0
年平均去除率	42.8	60.4	44.1	14.1

　　根据 2015 年监测水质资料，比较 2015 年进出水水质（模拟）与设计进出水水质，见表 3.15。由表 3.15 可以看出，进水口的监测水质基本达到原设计进水水质效果，即地表 V 类水，TP 远小于设计进水水质。在东八路人工湿地水质模拟结果中，出水水质远好于地表 V 类水标准，净化效果良好。

表 3.15　2015 年设计进出水水质与预测进出水水质比较　　　　　（单位：mg/L）

污染物	COD	BOD₅	NH₃-N	TP
设计进水水质	60	20	8	1
设计出水水质	40	10	2	0.4

续表

污染物	COD	BOD₅	NH₃-N	TP
监测进水水质	45.1	7	1.88	0.16
预测出水水质	25.54	2.33	0.89	0.13

总体上，根据 WASP 模型的水质模拟结果，湿地出水口 NH_3-N 浓度在 1～3 月仍然略高于地表水 V 类水（2mg/L）的标准，4～11 月则完全达到地表水Ⅲ类水（1mg/L）的标准；湿地出水口 BOD_5 浓度在地表水Ⅲ类水（4mg/L）上下波动；湿地出水口 TP 浓度完全达到地表水 V 类水（0.2mg/L）的标准；湿地出水口 COD 浓度基本达到地表水 V 类水（40mg/L）的标准。

3）总结

由于表流型人工湿地水质净化原理较为简单，其模型模拟也较为直接简便。模型模拟可以提供不同气候条件和污染物浓度条件下的出水水质和污染物沿程削减过程，为确定实际工况下表流型人工湿地能否达到预期的净化效果提供了参考。

第4章 生态强化净化潜流型人工湿地设计要点

4.1 净化能力需求分析论证

4.1.1 湿地处理水源分析

1. 水源类别

生态强化净化潜流型人工湿地处理水源种类多样，鉴于人工湿地本身处理能力和工艺适宜性，其更多地应用在微污染水体净化处理，包括污水处理厂尾水、农村污水、河道微污染水体、湖库汇流水体、海绵城市滞蓄水体、小微水体等。

2. 水量水质

生态环境部 2021 年发布的《人工湿地水质净化技术指南》中，微污染河水指受到污染，主要水质指标差于《地表水环境质量标准》(GB 3838—2002)中Ⅳ类水质标准，但不差于水污染物排放标准的河水；低污染水指达标排放的污水处理厂出水、微污染河水、农田退水等类似性质的水。山东省人工湿地地方标准《人工湿地水质净化工程技术指南》(DB 37/T 3394—2018)将微污染水体定义为受到有机物污染，主要污染物浓度超过《地表水环境质量标准》(GB 3838—2002)中Ⅳ类水质标准限值，但不高于《城镇污水处理厂污染物排放标准》(GB 18918)中二级标准限值的水体。

城镇污水指城镇居民生活污水，机关、学校、医院、商业服务机构与各种公共设施排水，以及允许排入城镇污水收集系统的工业废水和初期雨水等[289]。其中，城市雨水径流污染中污染物的种类和形态非常复杂，它们主要来源于大气干湿沉降、地表垃圾和尘埃物质以及下水道系统。目前所关注的污染物有悬浮沉积物、营养物质、耗氧物质、细菌和有毒污染物等[290]，污染物具有随机性、污染负荷时空变化大、面源和点源的双重性等特征，水量变化具有季节性和随机性。

城镇污水处理厂出水劣Ⅴ类水一般分为一级 A、一级 B、二级、三级等标准。城镇污水处理厂出水的水质、水量较稳定。

小微水体指分布在城市和乡村的沟、渠、溪、塘等，其特点是规模小、数量多、流动性差、自净化能力弱[291]。其存在早期污染难净化、汛期瞬时水力负荷冲击大等问题。

农村生活污水指农村居民生活产生的污水，主要包括厕所污水和生活杂排水。其中，厕所污水指人排泄及冲洗粪便产生的高浓度生活污水，也称为黑水。生活杂排水指农村居民家庭厨房、洗衣、清洁和洗浴产生的污水，也称为灰水。农村生活污水排放量应根据实地调查数据确定。当缺乏实地调查数据时，污水排放量应根据当地人口规模、用水现状、生活习惯、经济条件、地区规划等确定，或根据其他类似地区的排水量确定，也可根据《农村生活污水处理工程技术标准》(GB/T 51347)确定。

3. 限制指标

根据受纳水体的水质要求,确定现状湿地处理水源存在不达标情况的主要水体指标,并关注一些经常超标且有重要意义的指标, 如粪大肠菌群等。

4.1.2　湿地出水分析

1. 受纳水体水功能要求

根据受纳水体水功能、水环境功能区划要求, 确定满足水生态环境保护目标要求的湿地出水标准以及对应的各项主要指标。

2. 系统达标污染削减要求

在河道综合整治等流域水环境治理中,应根据水环境综合整治系统方案的削减要求,统筹考虑各环节污染物削减水平, 确定人工湿地净化在系统方案中的作用, 合理确定污染物削减要求。

3. 水资源利用水质要求

在有再生水回用需求时, 应依据回用用途及回用水相关标准确定湿地出水水质, 如《城市污水再生利用 农田灌溉用水水质》(GB 20922)、《城市污水再生利用 工业用水水质》(GB/T 19923)、《城市污水再生利用 城市杂用水水质》(GB/T 18920)、《城市污水再生利用 景观环境用水水质》(GB/T 18921)、《城市污水再生利用 地下水回灌水质》(GB/T 19772)、《城市污水再生利用 绿地灌溉水质》(GB/T 25499)以及《地表水环境质量标准》(GB 3838)相应水质类别等。

当再生水同时用于多种用途时, 水质可按照最高水质标准确定或分质供水; 也可按用水量最大用户的水质标准确定。个别水质要求更高的用户, 可自行补充处理达到其水质要求。

4.1.3　净化能力综合分析

1. 处理水量能力需求

人工湿地的净化能力应根据进水水量来确定,同时还需要综合考虑可利用土地面积、湿地耐受冲击负荷以及工艺等因素, 以确保人工湿地能够有效净化水质并达到预期的环境治理效果。

2. 污染物削减率需求

人工湿地出水水质原则上应达到受纳水体水生态环境保护目标要求以及再生水回用需求,因此,应根据受纳水体水质改善需求、回用水相关标准等, 综合来水水质等因素,确定人工湿地的污染物削减率等参数。

3. 污染物削减量需求

水污染总量控制是区域水环境治理过程中的重要环节。污染物削减量是指排污源经过若干污染防治措施后，某种污染物被控制降低的数量，是总量控制中对排污源进行规划分配的控制指标之一，对区域水环境的提升具有重要意义。因此，在人工湿地净化能力分析中，应充分考虑片区污染物削减量需求，明确净化目标。

4.2　人工湿地系统工艺比选

4.2.1　影响工艺的主要因素

1. 净化能力需求

水质净化的需求及要求是选择核心工艺的基础。净化能力需求指根据处理水量、污染物削减率、污染物削减量的要求，结合进水指标的特征，确定出水指标的需求。由于净化能力需求不同，因此，在选择人工湿地处理工艺的类型时会有所不同。例如，对于污染物浓度较高的待净化水，处理时常采用以潜流型人工湿地为主的复合或组合工艺；而对于污染物浓度较低的待净化水，处理时可采用以表流型人工湿地为主的工艺。

2. 场地基础条件

人工湿地是通过模拟自然湿地的结构和功能，通过物理、化学和生物等协同作用使水质得以改善的工程。人工湿地在具体设计时，应根据当地气候、地形与地势等自然环境条件，水生动植物、微生物等生态特点，以及用地面积等场地基础条件来选择组合工艺。在避免出现死水区的前提下，应因地制宜设计处理单元面积及形状；应充分利用地形，减少或不用提升设备而达到排水通畅、降低能耗的要求；应尽可能利用场地地形落差进行污水自然充氧，减少或不用曝气设备。

3. 其他条件

人工湿地工艺选择还受水文、气候以及交通运输等条件的影响。

(1)水文条件。人工湿地工艺选择应综合考虑场地所在区域的水位、流量、降水等水文因素，工艺选择与设计方面应符合《防洪标准》(GB 50201—2014)及相关防洪排涝的规定。

(2)气候条件。年均温度 0℃ 以下时长为 5 个月及以上的区域，如黑龙江大兴安岭地区、西藏的那曲市、辽宁的铁岭市等地，原则上不宜建设人工湿地工程，确有需求时，应充分考虑冻土深度、水面结冰深度等冬季低温气候条件，选择潜流型人工湿地，并应设置必要的保温措施。

(3)交通运输、水电、土壤类型、填料能否就地取材、用户的经济承受力等，对工艺选择也具有一定影响。

4.2.2 系统工艺组成

1. 系统工艺基本组成

生态强化净化潜流型人工湿地作为人工湿地系统的主体工艺组成，要结合进出水水质特征和要求，合理选择满足基本需求、协同提升湿地主体工艺处理效果和运行稳定性的预处理工艺与后处理工艺。其中，预处理工艺的选取尤其重要，将显著影响湿地主体工艺的运行效果及运行寿命。

2. 系统工艺要求

(1)预处理工艺的基本要求：人工湿地的进水水质如不满足潜流型人工湿地的运行条件或者超出湿地处理污染物负荷的能力，就需要选择合适的预处理工艺来降低相应的污染物浓度。预处理工艺指为满足工程总体要求、人工湿地进水水质要求及减轻湿地污染负荷要求，在人工湿地前设置预处理单元，如格栅、沉砂、初沉、均质、水解酸化、稳定塘、厌氧、好氧等[292]。预处理工艺的程度和方式应综合考虑污水水质、人工湿地类型及出水水质要求等因素，预处理系统出水的主要水质指标应根据后续处理工艺的类型进行确定[293]。人工湿地工程的特点是机电设备少、设施简单、运行稳定和管理简便等，因此，所选取的预处理方式要与之相适应。

(2)潜流主体工艺的基本要求：对于不同性质的废水，人工湿地设计时应核算不同的设计参数，不应只根据水力负荷或仅采用污染负荷确定设计参数。同时，需要考虑气候、湿地填料、深度、植物等其他因素对人工湿地处理效果的影响[294]。

(3)后处理工艺的基本要求：后处理工艺指为满足出水达标排放或回用要求，在人工湿地后设置的处置单元，如活性炭吸附、混凝沉淀、过滤、消毒、稳定塘等。

4.2.3 预处理工艺比选

1. 常用预处理工艺介绍

预处理工艺可用于去除污水中的悬浮物(SS)、油类、有机污染物和专项污染物，也可用于改善污水的可生化性，并具有一定的水量调节功能和污泥暂存能力。农村生活污水、城镇生活污水、工矿企业尾水等污水源中的 SS 含量较大，容易造成湿地淤积堵塞，影响湿地系统的正常运行。此外，当有机物、氮、磷等污染物含量较高时，则需要较大的湿地面积。生态环境部、住房和城乡建设部、浙江省、天津市、青海省、云南省等颁布的规范标准对人工湿地系统进水水质进行要求，大多数标准要求进水的 $BOD_5 \leqslant 80mg/L$，$COD \leqslant 200mg/L$，悬浮物 $\leqslant 100mg/L$，$NH_3\text{-}N \leqslant 25mg/L$，$TN \leqslant 40mg/L$，$TP \leqslant 5.0mg/L$。因此，当进水浓度大于规范标准限定值时，应通过格栅、沉砂池、水解酸化池等工艺对进水进行预处理。

格栅拦截污水中的悬浮物和大块固体污染物，以免其对后续处理单元的机泵或工艺管线造成损坏。栅渣是格栅的拦截物，包括 10 种杂物，常见的有腐木、树杈、木塞、塑料袋、破布条、石块、瓶盖、尼龙绳等。按格栅栅条的净间距，格栅分为粗格栅(50～100mm)、中格栅(10～40mm)、细格栅(1.5～10mm)、超细格栅(0.2～2mm)。一般污水处理工艺设置两道格栅，污水先经粗格栅，再过细格栅。膜处理工艺和曝气生物滤池工艺前一般需要设置超细格栅(不宜大于 1mm)作为预处理工艺。污水过栅流速宜采用0.6～1.0m/s，格栅倾角采用 45°～75°。格栅的设置与使用易受空间大小、来水中悬浮物杂质等的影响。

沉砂池是以重力分离为基础，通过控制进水流速，使得比重大的无机颗粒下沉，而有机悬浮颗粒能够被水流带走，一般设在污水厂的泵站和沉淀池的前端，用于保护水泵和管道不受磨损。沉砂池主要用于去除污水中粒径大于 0.2mm，密度大于 2.65t/m^3 的砂粒[295]，对 SS 的去除率可达 25%。沉砂池主要为平流式沉砂池、曝气沉砂池和旋流式沉砂池。其中，平流式沉砂池的最大流速应为 0.3m/s，最小流速应为 0.15m/s。曝气沉砂池的停留时间宜大于 5min。此外，沉砂池的设置与使用易受有效水深、宽深比、布水的均匀度等的影响。

初沉池是污水处理中主要用于处理污水中悬浮物的构筑物，去除率为 40%～50%，同时可去除 25%左右的 BOD$_5$，可改善生物处理构筑物的运行条件并降低其污染物负荷。初沉池按池内水流方向的不同，可分为平流式、辐流式和竖流式。初沉池的设计与使用易受占地面积、表面负荷、固体物颗粒大小以及前道工序(如格栅)运行效果等的影响。

均质调节池常用于工业废水的预处理环节，可以改善污水排放的不均匀性，均衡调节污水的水质、水量、水温的变化，储存盈余、补充短缺，使生物处理设施的进水量均匀，从而降低污水的不一致性对后续二级生物处理设施的冲击性影响，此外，酸性污水和碱性污水亦可以在调节池内相互进行中和处理。污水水质特征、停留时间以及有效水深等因素都会影响均质调节池的设置与使用。

水解酸化池是利用水解菌、产酸菌释放的酶促使水中难以生物降解的大分子物质发生生物催化反应，具体表现为断链和水溶，微生物则利用水溶性底物完成胞内生化反应，同时排出各种有机酸。水解酸化过程能将废水中的非溶解态有机物截留并逐步转变为溶解态有机物，一些难以生物降解的大分子物质被转化为易降解的小分子物质(如有机酸等)，从而使废水的可生化性和降解速度大幅度提高，以利于后续好氧生物处理[296,297]，其常用于工业废水处理的预处理环节。其水力停留时间一般为 2.5～4.5h，池内上升流速一般控制在 0.8～1.8m/h。

生态砾石床是将污水导入由砾石材料制成的生态滤床进行处理的方法。该处理工艺具有造价低、运行费用低、水力负荷高等优点，特别适合于低污染水体的预处理。该处理工艺具有物理化学净化和生物净化双重作用。砾石间的孔隙对于水中的悬浮性颗粒有过滤效果；砾石底层处于缺氧状态，能够进行脱硝作用；砾石表面与空气接触，能促进水中 BOD$_5$ 的分解，也能使氨转化为硝酸盐；砾石孔隙间所滞留的细颗粒具有吸附能力，可间接去除水中部分磷酸盐；砾石表面逐渐附着微生物，形成生物膜，能促进水中有机质的分解[298]。曝气方式、填料的选型与配置等因素对生态砾石床的污水处理效果有影响。

化粪池是利用沉淀和厌氧发酵原理去除生活污水中悬浮物的处理设备，通过沉淀杂质，并使大分子有机物水解为酸、醇等小分子有机物，来改善后续的污水处理。污水进入化粪池经过 12~24h 的沉淀，可去除 50%~60%的悬浮物。化粪池在实际应用中应根据不同季节的生活污水成分的变化，考虑清掏周期、停留时间等，此外，粪便污泥的无害化处理、堵塞等问题亟待进一步解决。

稳定塘旧称氧化塘或生物塘，是一种利用天然净化能力对污水进行处理的构筑物的总称。通常是将土地进行适当的人工修整，建成池塘，并设置围堤和防渗层，依靠塘内生长的微生物来处理污水。稳定塘主要利用菌藻的共同作用处理废水中的有机污染物。稳定塘污水处理系统具有基建投资和运转费用低、维护和维修简单、便于操作、能有效去除污水中的有机物和病原体、无须处理污泥等优点。同时，稳定塘也具有占地面积较大、受气候影响大等缺点。按照塘内微生物的类型和供氧方式来划分，稳定塘可以分为厌氧塘、好氧塘、兼性塘等。

厌氧塘是依靠厌氧菌的代谢功能，使有机物得到降解的一种稳定塘。其对高温、高浓度的有机废水有很好的去除效果，如食品、生物制药、石油化工、屠宰场、畜牧场、养殖场、制浆造纸、酿酒、农药等工业废水；对醇、醛、酚、酮等化学物质和重金属也有一定的去除作用。厌氧塘的水深度一般在 2m 以上，最深可达 4~5m。

好氧塘是一种菌藻共生的污水好氧生物处理塘。其内有机物的降解过程，实质上是溶解性有机污染物转化为无机物和固态有机物——细菌与藻类细胞的过程。其深度较浅，一般为 0.3~0.5m。阳光可以直接射透到塘底，塘内存在着细菌、原生动物和藻类，由藻类的光合作用和风力搅动提供溶解氧，好氧微生物利用溶解氧对有机物进行降解。

兼性塘是最常见的一种稳定塘。其有效深度介于 1.0~2.0m，上层为好氧区，中间层为兼性区，塘底为厌氧区，沉淀污泥在厌氧区进行厌氧发酵。好氧区对有机物的净化原理与好氧塘基本相同。藻类进行光合作用，产生氧气，溶解氧充足。有机物在好氧型异养菌的作用下进行氧化分解。兼性区溶解氧的供应比较紧张，含量较低，且时有时无。其中，厌氧塘中存在着异养型兼性细菌，它们既能利用水中的少量溶解氧对有机物进行氧化分解，同时，在无分子氧的条件下，还能以 NO_3^-、CO_3^{2-} 为电子受体进行无氧代谢。厌氧区内不存在溶解氧。进水中的悬浮物以及藻类、细菌、植物等死亡后所产生的有机固体下沉到塘底，形成 10~15cm 厚的污泥层，厌氧微生物在此进行厌氧发酵和产甲烷发酵过程，对其中的有机物进行分解。在厌氧区一般可以去除 30%的 BOD_5[299]。

2. 预处理工艺参数分析

一般而言，人工湿地的预处理工艺设计应符合《室外排水设计标准》（GB 50014）、《城镇污水再生利用工程设计规范》（GB 50335）中的有关规定或将其主要参数作为参考，见表 4.1~表 4.5。

3. 预处理工艺比选分析

污水预处理是污水进入生物处理等之前，根据后续处理流程对水质的要求和来水水质等而设置的预处理设施，是污水处理系统的"咽喉"，因此，应针对来水水质、污染控制指标，尤其是难去除的污染物等进行预处理工艺的比选，以效果稳定为目的，因地制宜地选择合适的预处理工艺，见表 4.6 和表 4.7。

表 4.1　稳定塘工艺设计参数

项目		BOD$_5$ 面积负荷/[g/(m^2·d)]			有效 水深/m	水力停留时间/d			去除率/%
		I 区	II 区	III 区		I 区	II 区	III 区	
厌氧塘		4.0～8.0	7.0～11.0	10.0～15.0	3.0～6.0	≥8	≥6	≥4	30～60
兼性塘		2.5～5.0	4.5～6.5	6.0～8.0	1.5～3.0	≥30	≥20	≥10	50～75
好氧塘	常规处理	1.0～2.0	1.5～2.5	2.0～3.0	0.5～1.5	≥30	≥20	≥10	60～85
	深度处理	0.3～0.6	0.5～0.8	0.7～1.0	0.5～1.5	≥30	≥20	≥10	30～50
曝气塘	兼性曝气	5.0～10.0	8.0～16.0	14.0～25.0	3.0～5.0	≥20	≥14	≥8	60～80
	好氧曝气	10～25	20～35	30～45	3.0～5.0	≥10	≥7	≥4	70～90

注：厌氧塘为 BOD$_5$ 容积负荷，单位为 g/(m^2·d)。

表 4.2　格栅工艺设计参数

项目	栅条间隙/mm						格栅倾角/(°)		栅条 流速 /(m/s)
	机械 清除	人工 清除	水泵口径/mm				机械 清除	人工 清除	
			<200	250～450	500～900	1000～ 3500			
粗格栅	16～25	25～40							
细格栅		1.5～10	15～20	30～40	40～80	80～100	30～60	60～90	0.6～1.0
超细格栅		≤1							

表 4.3　沉砂池工艺设计参数

项目	流速 /(m/s)	最高时流量 的停留时间 (参考《室外 给排水设计 规范》)/s	有效水深 /m	宽深比	曝气量 /[L/(m·s)]	进水 方向	出水 方向
曝气 沉砂池	0.100	>300.0	2.00～3.00	1.00～1.50	5.0～12.0	应与池中旋 流方向一致	应与进水方向垂 直，并宜设置 挡板
平流式 沉砂池	0.15～0.3	≥45	0.25～1.00	宽度≥0.6; 深度≤1.5	—	应垂直于入 口断面	应与进水方向垂 直，并宜设置出 水堰
旋流式 沉砂池	最大流量的 40%～80% 时，控制在 0.6～0.9；流 量最小时大于 0.15；流 量最大时不大于 1.2	20～30	—	—	—	由流入口切 线方向流入 沉砂区	出水渠道与进水 渠道夹角大于 270°

注：平流式沉砂池为宽度、深度(m)。

表 4.4 沉淀池工艺设计参数

项目	沉淀时间/h	表面水力负荷/[m³/(m²·d)]	超高/m	有效水深/m	长深比/直径
初次沉淀池	0.5~2.0	1.5~4.5			平流式初沉池：长深比不宜小于 8，池长不宜大于 60m； 辐流式初沉池：一般为较大的圆池，直径一般为 20~30m，最大直径可达 100m； 竖流式初沉池：为圆形或正方形，直径或边长一般 4~7m
二次沉淀池（生物膜法）	1.5~40	1.0~2.0	0.3~0.5	2.0~4.0	—
二次沉淀池（活性污泥法）	1.5~40	0.6~1.5			—

表 4.5 水解酸化池工艺设计参数

项目	表面水力负荷/(m³/m²)	有机负荷/[kg COD/(m³·d)]	水力停留时间/h	水温/℃	最大上升流速/(m/h)
水解酸化池	0.5~2.5	1.95~8.8	2~8	<13	2~8

表 4.6 预处理工艺比选分析

污染控制指标	常用工艺	处理对象	保护水体
COD（生化性）	生态塘 氧化塘 生态砾石床	农村污水 城镇污水厂尾水	
COD（难降解）	兼性塘 厌氧塘	工业废水厂尾水	
NH₃-N	氧化塘 生态砾石床 接触氧化	河道水体 农村污水 城镇污水厂尾水	
SS	生态塘 初沉池 高效沉淀池	河道水体 初期雨水	
TP	高效沉淀池 生态砾石床	农村污水 城镇污水厂尾水	重要湖泊
TN	反硝化生物滤池	农村污水 城镇污水厂尾水	重要湖泊、水源地

表 4.7　常用预处理工艺一览表

序号	预处理工艺名称	主要形式	适用条件	工艺特点
1	接触(生态)氧化	接触氧化池、生态氧化池	湿地占地面积小，需节省土地；进水有机污染物、氨氮浓度高，超过人工湿地污染物负荷	利用生物接触氧化原理，由填料、生物膜、曝气设备和池体组成，主要去除 COD、BOD_5、氨氮等
2	混凝沉淀	斜管沉淀池、高效沉淀池	湿地占地面积小，需节省土地，进水悬浮物、总磷浓度高，超过人工湿地污染物负荷	利用药剂形成絮凝体，主要去除总磷、悬浮物等污染物
3	生态治理	生态砾石床、氧化塘	湿地用地较充裕，或需要结合生态景观功能的要求，进水悬浮物、有机污染物、氨氮浓度较高	利用自然生态系统原理，通过微生物、植物、填料的净化能力，主要去除有机污染物、氨氮、悬浮物等污染物

4.2.4　主体工艺比选

1. 常用主体工艺介绍

人工湿地的处理工艺应根据处理水源特征、水质净化需求、自然环境条件(气温、地形与地势等)、生态特点(水生植物、水生动物与微生物等)、景观要求、建设投资和运行成本等条件选择，选用同类型或不同类型人工湿地并联或串联的组成方式。水平潜流型人工湿地、垂直潜流型人工湿地等的比较见表 4.8。

表 4.8　水平潜流型人工湿地、垂直潜流型人工湿地等的比较

工艺	特点	优点	缺点	适用范围
水平潜流型人工湿地	污水从一端水平流过填料床；基质类型较多；适合生长的植物类型单一	污染负荷与水力负荷较大；处理效果受季节影响小；对 BOD_5、COD_{Cr}、悬浮物和重金属等处理效果好；少有蚊蝇	脱氮效果一般；操作相对复杂；湿地运行堵塞风险较大，使用寿命受到一定影响	中低浓度污水；无动力条件区域
垂直潜流型人工湿地	污水由上至下或者由下至上垂直流动；基质类型较多；适合生长的植物类型单一	占地面积小，水力负荷大；氧气供应能力较强，硝化作用充分，对 NH_3-N 的去除率高；受气候影响小	污水的流程较短，反硝化作用较弱；运行相对复杂；工程技术要求较高	适合处理氨氮含量较高的中低浓度污水
复合垂直潜流		占地面积小，氧气供应能力强，硝化及反硝化作用充分，对 TN 的去除率高，受气候影响小	湿地布水均匀难度较大，运行相对复杂，工程技术要求较高	中低浓度污水；有 TN 去除要求
潜流-表流组合工艺		处理效果较好	景观效果较表流差；投资相对较大	中低浓度污水
塘-潜流组合工艺		处理效果较好；占地较省	不易打造景观效果；投资相对较大	中低浓度污水

2. 主体工艺参数分析

人工湿地的工艺设计常按悬浮物、COD、氨氮、TN、TP 等主要污染削减负荷和水力负荷来进行计算，此外，水力停留时间、水深等也是控制人工湿地运行效果的重要参数。本书主要依据国家层面的人工湿地规范、导则、规程和地方标准，以及编制单位长期的研究成果和工程实践确定，见表 4.9。

表 4.9　主体工艺参数表

特征	水平潜流型人工湿地	垂直潜流型人工湿地
单元面积/m²	≤2000	≤1500
长宽比	<3∶1	1∶1～3∶1
水深/m	0.6～1.6	0.8～2.0
水力坡度/%	0～0.5	—
水力停留时间/d	1～3	1～3
表面水力负荷/[m³/(m²·d)]	<0.5	<1.0
BOD_5 负荷/[kg/(hm²·d)]	80～120	80～120
悬浮物去除率/%	50～70	50～75
COD 去除率/%	50～60	50～80
BOD_5 去除率/%	50～70	50～80
氨氮去除率/%	40～70	60～85
TP 去除率/%	60～75	60～85

3. 主体工艺比选分析

主体工艺设计应综合考虑原水水质、占地面积、建设投资、运行成本、排放标注与稳定性，以及不同地区的气候条件、植被类型、地理条件和景观要求等因素[300]，以满足出水水质要求、实现人工湿地处理系统与自然景观有机结合、减少投资、降低运行费用等为目标，因地制宜地选择合适的主体工艺(表 4.10)。

表 4.10　主体工艺比选分析

湿地工艺类型	单级垂直潜流	单级水平潜流	水平潜流+垂直潜流	垂直潜流+水平潜流
工程可实施性及基本特点	(1)略复杂； (2)一般通过大阻力配水系统确保所有污水均匀浇洒至湿地面层，确保配水均匀性、底部出水；此类湿地一般通过控制间歇进水，确保湿地滤床内部形成非饱和区域，促进供氧，强化微生物的好氧功能	(1)易实施； (2)从湿地的一侧进水，另一侧出水，湿地滤料处于长期被水淹没的状态；湿地通过水生植物的根系输氧，实际运行中因其存在的限制，导致滤床普遍处于缺氧状态	(1)实施难度较大； (2)水平潜流湿地出水一般为均匀的自流出水；而垂直潜流湿地其配水要求较高，除非两种湿地之间有足够的高差能满足垂直潜流湿地大阻力配水的要求	(1)略复杂； (2)垂直潜流湿地通过大阻力配水系统确保所有污水均匀浇洒至湿地面层，确保配水均匀性、底部出水； (3)水平潜流湿地从湿地的一侧进水，另一侧出水，湿地滤料处于长期被水淹没的状态

续表

湿地工艺类型	单级垂直潜流	单级水平潜流	水平潜流+垂直潜流	垂直潜流+水平潜流
微生物净化属性	类"好氧滤池"	类"缺氧滤池"	类"缺氧+好氧滤池"	类"好氧+缺氧滤池"
温度的影响	小	小	小	小
BOD_5 去除	好	较差	好	好
氨氮去除(硝化)	好	差	好	好
总氮去除(反硝化)	较差	好	好	好
总磷的去除	一般	一般	较好	较好
景观效果	形式单一	形式单一	较好	较好
占地面积	小	中	较小	较小
适用范围	水质要求不高的村、镇污水处理站	地表水环境质量提升	地形高差较大,脱氮要求不高的湿地	脱氮除磷要求较高的污水处理厂尾水湿地

4.2.5 后处理工艺比选

1. 常用后处理工艺介绍

后处理工艺指根据受纳水体功能或用户需求,在人工湿地系统出水后设置消毒、增氧、膜处理等工艺。具体地,应根据污水排放标准的要求,选择是否设置消毒设施,当出水对病菌指标要求较高时,消毒应符合《室外排水设计标准》(GB 50014)中的有关规定,当人工湿地出水作为再生水利用时,应符合《城镇污水再生利用工程设计规范》(GB 50335)中的有关规定。常用的后处理工艺有人工增氧技术、生态浮床等,见表 4.11。

表 4.11 常用后处理工艺介绍

工艺类型	适用条件	投资能耗	工程案例
人工增氧技术	封闭水体或水动力较差的河道、景观水体等	投资一般;需持续电力能耗	
生态浮床	景观水体	一般	

续表

工艺类型	适用条件	投资能耗	工程案例
生物膜净化技术	污染程度较高的水体	一般	
水生植物修复技术	各类生态河湖	低	
气浮、磁絮凝等一体化设备	一般适用于封闭水体或应急工程	投资高，运行能耗高	
微生物菌剂	应急工程	一般	
石墨烯光催化技术	封闭水体	较高	
生态湿地	污水处理厂尾水、河湖净化等	投资较高，能耗较低	

2. 后处理工艺参数分析

高效沉淀池采用高上升流速的沉淀池形式，将混凝、絮凝、沉淀和污泥浓缩功能集合于一体，并在絮凝阶段进行污泥回流，提高絮凝沉淀和吸附效果[301]。高效沉淀池系统主要由以下几部分组成：前混合池、絮凝反应池、浓缩/斜管分离区、污泥排放及回流系统、加药系统。高效沉淀池对 TP 的去除率可达 50%，对悬浮物的去除率为 25%。

人工增氧技术指通过一定的增氧设备来增加水体溶解氧，提高水体中生物，特别是微生物的代谢活性，从而提高水体中有机污染物的降解速率，达到改善水质的目的。其中，推流式曝气机适用水深为 1～1.5m 及以上，水车式曝气机适用水深为 1m 以上，喷泉式曝气机适用水深为 1m 以上，微纳米曝气盘适用水深为 0.5～3.0m，太阳能曝气机适用水深为 1.5m 以上，纳米曝气机适用水深为 1.5～3.0m。

生物膜净化技术是利用附着生长于某些固体物表面的微生物(即生物膜)进行有机污水处理的方法。生物膜表面积大，能大量吸附水中的有机物，有机物降解是在生物膜表层 0.1～2mm 的好氧生物膜内进行的。生物膜法冲击负荷变化能力强，比活性污泥法的污泥产量降低 1/4，单位容积内微生物浓度是活性污泥法的 5～20 倍，能同时硝化、反硝化，且操作管理简单。但与普通活性污泥法相比，存在运行的灵活性较差、BOD_5 的去除率较低等缺点。

水生植物是水生生态系统中最重要的初级生产者，在水生生态系统物质和能量循环中处于十分重要的地位[302]。水生植物修复技术具有投资、维护和运行费用低，管理简便，处理效果好，可以改善和恢复生态环境，回收资源和能源以及收获经济植物等优点。目前，水生植物修复技术主要利用生态网箱技术、群落构建技术等促进水生生态系统恢复。

生态浮岛又称人工浮床、生态浮床等，针对富营养化的水质，利用生态工学原理，降解水中的 COD、氮和磷。它以水生植物为主体，运用无土栽培技术原理，以高分子材料等为载体和基质，应用物种间共生关系，充分利用水体空间生态位和营养生态位，从而建立高效的人工生态系统，以削减水体中的污染负荷。此外，生态浮床可为鱼类、浮游生物类、鸟类提供良好的栖息场所，具备改善水质和美化水体景观、创建水生动物栖息空间的综合效果。但其也存在使用寿命短、运维难度大、水质净化能力有限等缺点。

微生物菌剂是利用特殊微生物的新陈代谢作用转化或降解恶臭物质，从而达到净化水质、改善空气质量的目的，具有适用范围广、处理效率高、无二次污染、易操作和费用低廉等优点，已成为改善和提高城市环境质量的重要手段和有效途径[303]，但在工程使用前要进行完整的环境安全评估和生物安全评价。

石墨烯光催化技术的原理是将 TiO_2 与石墨烯相复合形成新的复合催化剂，凭借石墨烯较大的比表面积和优异的电子传输性能，使光吸收范围扩展到可见光区域，光催化性能显著提高[304]。该方法工艺简单、操作方便、无二次污染[305,306]，但存在景观效果差等缺点。

3. 后处理工艺比选分析

后处理工艺指为满足出水达标排放或回用要求，在人工湿地后设置的处置工艺。后处理工艺的选择应统筹考虑污染物去除效果、景观性、经济成本以及占地面积等因素。例如，城市水源人工湿地后处理单元宜与调蓄功能、景观功能相结合，水体容积设计宜考虑应急储备水量。常用后处理工艺比选分析见表4.12。

表 4.12　常用后处理工艺比选分析

工艺类型	优点	缺点
人工增氧技术	可提升景观效果	需要提供动力 微污染水体水质净化效果有限
生态浮床	景观效果较好	使用寿命短 运维难度大 水质净化能力有限
生物膜净化技术	原位处理，无占地问题	废弃形成二次污染 景观效果较差
水生植物修复技术	景观效果好 纯生态，无二次污染	—
气浮、磁絮凝等一体化设备	水质净化效果好 施工周期短，见效快	须解决用地问题 运维难度大，费用高，需专业化运维管理
微生物菌剂	见效快	有生物入侵风险 药剂依赖性强
石墨烯光催化技术	原位净化，无占地问题	景观效果差 人工痕迹严重 使用寿命短
生态湿地	生态景观效益好 纯生态，无二次污染	占地面积较大 有一定堵塞风险

4.2.6　系统达标分析

综合人工湿地系统工艺组成预处理、潜流主体、后处理，对系统出水水质进行预测分析。当进水水质为地表水 V 类水时，出水水质满足地表水 II 类水质的考核要求，见表 4.13。

表 4.13　人工湿地系统污染物去除效果分析

序号	处理单元	COD_{Cr}	BOD_5	NH_3-N	TP	悬浮物
1	预处理/%	40	40	60	50	50
2	潜流主体/%	50~80	50~80	40~85	60~85	50~75
3	后处理/%	10	10	5	40	25

续表

序号	处理单元	COD$_{Cr}$	BOD$_5$	NH$_3$-N	TP	悬浮物
	总去除率/%	73～89	73～89	82～94	77～93	77～88
	进水水质/(mg/L)	40	10	2	0.4	—
	出水水质/(mg/L)	4.4～10.8	1.1～2.7	0.12～0.36	0.03～0.09	—
	考核目标/(mg/L)	15	3	0.5	0.1	—

4.3　人工湿地主体工艺设计

4.3.1　总平布置与竖向布置

1. 总平布置基本要求及影响因素

1）基本要求

潜流型人工湿地总平布置需要综合考虑场地地形、水体流向因素，合理布置主体工艺单元、前序预处理单元和后处理单元位置，尽量实现各处理单元间水体重力流或整体一次提升，减少场地内部土方调运距离，达到节约工程建设投资和运行费用的经济性目标。结合受纳水体方位和再生利用要求，合理布置人工湿地末端出水位置，减少湿地出水管道输送距离。

潜流型人工湿地整体系统的外轮廓形状宜结合场地原有整体肌理，尽量保留和延续场地形态格局。整体布置内部单元划分需要重点考虑方便湿地单元均匀布水，降低湿地单元局部短流风险，长宽比参照相关规范及实际工程经验，宜控制在 1∶3～1∶2。垂直潜流型人工湿地采用大阻力管道布水时，可以根据实际需求适当调整湿地单元的长宽比。为了实现不同湿地单元配水均匀和轮歇控制，各单元面积宜平均分配，单个湿地单元面积宜控制在 2000m² 以内。

2）影响因素

总平布置的主要影响因素包括场地地形、场地肌理格局、湿地前后单元边界、湿地总体面积、湿地单元分割、湿地单元长宽比。

2. 竖向布置基本要求及影响因素

1）基本要求

潜流型人工湿地竖向布置需要统筹考虑场地现状高程与场地规划高程，一方面结合现状场地合理控制土方开挖工程规模，另一方面最大程度衔接规划高程，降低远期工程重建风险。

人工湿地竖向布置设计需要重点考虑的内容包括：湿地设计高程与防洪高程要求衔接，即潜流型人工湿地结构顶标高需要高于防洪设计标高 0.3～0.5m，场地内其他运行控制设备布置位置高程同样需要满足防洪设计标准高程要求；湿地单元高程与进出水高程要求衔接，即湿地单元布置标高需要结合湿地系统各单元水力高程关系进行布置。当各单元全部为重力流时，湿地单元高程需要同时考虑前端进水、末端出水的水力高程要求。当水泵提升单元位于湿地单元前序环节时，湿地单元高程布置主要考虑末端出水水力高程满足后续单元重力流要求。当水泵提升单元位于湿地单元后序环节时，湿地单元高程布置主要考虑前端进水水力高程满足湿地单元布水所需要的水头压力。

2) 影响因素

竖向布置的主要影响因素包括场地现状高程、场地规划高程、防洪标准高程、水泵提升单元设置位置。

3. 总平与竖向布置协同优化

湿地总平与竖向布置最终决定了整个湿地系统的布置格局和各工艺单元相互关联关系，影响人工湿地下一步具体细节设计和后续施工组织方案设计。场地整体土方平衡计算和土方挖填调运核算，可以帮助进一步识别现有布置格局下土方工程主要的贡献区域，统筹考虑工艺单元平面布置、竖向关系，通过优化调整局部平面布局或者个别工艺单元高程，有效降低现状高程对整体项目土方工程规模的不利影响。

4.3.2 工艺参数选择及计算

潜流型人工湿地工艺参数主要包括水力负荷、停留时间、污染物负荷（BOD_5 负荷），在处理水量规模一定的情况下，工艺参数的选择将直接决定人工湿地设计面积规模的计算结果，会对整个人工湿地工程布置和总体投资产生显著影响。本章结合前述章节相关规范标准推荐的工艺参数计算方法和实际工程项目设计经验，给出适用于工程设计的参数选择方式及计算方法。

综合考虑潜流型人工湿地主要应用于污水处理厂尾水、河道水体、水库湖塘水体等微污染水体的净化提升，本章重点针对上述应用场景提供水力负荷、停留时间和 BOD_5 负荷三个工艺参数的推荐经验值，具体如表 4.14 所示。

表 4.14　工艺参数的推荐经验值

人工湿地类型	水力负荷/[m^3/(m^2·d)]	水力停留时间/d	BOD_5 负荷/[kg/ (hm^2·d)]
水平潜流	北方 0.5~1.0 南方 0.6~1.2	0.5~2	80~120
垂直潜流	北方 0.6~1.2 南方 0.8~1.5	0.5~2	80~120

在实际工程项目设计中，潜流型人工湿地主要的控制设计参数为湿地水力负荷，具体计算公式如下：

$$q_{hs} = \frac{Q}{A} \tag{4.1}$$

式中，q_{hs} 为表面水力负荷，$m^3/(m^2 \cdot d)$；Q 为人工湿地设计水量，m^3/d；A 为人工湿地面积，m^2。

根据上述公式可以确定人工湿地的处理规模或者占地面积。考虑人工湿地主要应用于处理微污染水体，主要污染物负荷一般能够满足相关规范要求，因此只需要重点对人工湿地水力停留时间进行复核验证，保证处理效果，其具体计算公式如下：

$$T = \frac{V \times n}{Q} \tag{4.2}$$

式中，T 为水力停留时间，d；V 为人工湿地有效容积，m^3；n 为人工湿地填料空隙率；Q 为人工湿地设计水量，m^3/d。

人工湿地对不同污染物的去除能力存在一定差别，针对处理水体水质净化目标，需要考虑不同污染物实际的去除率要求。对处理水体中限制性或者特征性污染物的实际去除率，将决定人工湿地能否在进水水体水质边界下达到预期的出水水质目标。结合前述章节规范标准推荐参数和实际工程案例，本章提供人工湿地针对水体主要污染物去除率的推荐值，如表 4.15 所示。

表 4.15　水体主要污染物去除率推荐值　　　　　　（单位：%）

人工湿地类型	BOD_5	$NH_3\text{-}N$	TP	TN
水平潜流	50～70	30～50	20～40	15～30
垂直潜流	60～80	40～60	20～40	15～30

人工湿地净化出水水体污染物浓度除了根据去除率经验数据计算之外，还可以采用污染物降解模型公式进行复核，结合经验数据和降解模型公式两种方法进一步复核确认人工湿地对水体污染物的处理效果，保证湿地工程设计出水稳定，达到预期目标。工程应用中比较成熟和可靠的降解模型公式主要包括 BOD_5 降解模型公式、TN 降解模型公式，具体公式如下。

BOD_5 降解模型公式：

$$S = Q \cdot [\ln(C_0/C_e)]/(K_t \cdot H \cdot n) \tag{4.3}$$

式中，S 为人工湿地占地面积，m^2；Q 为人工湿地设计水量，m^3/d；C_0 为人工湿地进水 BOD_5 浓度，mg/L；C_e 为人工湿地出水 BOD_5 浓度，mg/L；K_t 为 $T℃$ 时 BOD_5 降解速率常数，d^{-1}，T 为湿地运行工况温度，℃；H 为湿地水深，m。

TN 降解模型公式：

$$S = 365 \cdot Q \cdot [\ln(TN_0 - TN^*/TN_e - TN^*)]/K_t \tag{4.4}$$

式中，S 为人工湿地占地面积，m^2；Q 为人工湿地设计水量，m^3/d；TN_0 为人工湿地进水 TN 浓度，mg/L；TN_e 为人工湿地出水 TN 浓度，mg/L；TN^* 为 TN 背景值，推荐为 1.5mg/L；K_t 为 $T℃$ 时 TN 降解速率常数，m/a，T 为湿地运行工况温度，℃。

4.3.3　湿地填料选择和级配

人工湿地基质的选择一般满足以下几个条件。

(1)有足够的机械强度，这是因为填料基质要长期经受污水的冲刷。

(2)比表面积大,孔隙率高,孔径大,能够很好地吸收、富集 N 和 P 以及有利于微生物的固定和挂膜。

(3)渗透性能好,水头损失小,不易产生堵塞问题。

(4)本身必须对固定微生物无害、无抑制作用,有利于微生物附着和植物生长,增强污水处理效果。

(5)在生物、化学、热力学稳定性方面,填料应具有惰性,能抵抗生物对填料的腐蚀,对生化反应表现出惰性,并具有对周围温度变化的惰性,不能产生二次污染。

(6)选取人工湿地填料基质时应尽量就地取材,同时满足货源充足、价廉易得等条件,降低湿地造价。

下面列举了几种常见的基质,并对它们的性质进行了比较。

1. 砂石

砂石是最常见的一种湿地滤料(图 4.1),主要成分为二氧化硅,是采用天然石英矿石,经破碎、水洗、筛选、烘干、二次筛选而成的一种水处理滤料;石英砂滤料具有硬度大、抗腐蚀性好、密度大、机械强度高、截污能力强、使用周期长的特点。砂石也是大自然净化水质的天然滤料,就像水经过砂石渗透到地下一样,将水中的悬浮物阻拦下来,同时还作为微生物的载体。因为其资源丰富、可就地取材而被广泛应用于人工湿地中。

图 4.1　砂石滤料

2. 陶粒

陶粒滤料采用优质陶土、黏土、黏溶剂等经团磨、筛分、煅烧加工而成,具有表面坚硬、内部多微孔、孔隙率高、吸水率低,以及抗冻性能、抗碱性能和耐久性能好等特点。

生物陶粒滤料(图 4.2)在环境治理和水处理领域具有广泛应用。它可以用作工业废水处理中高负荷生物滤池的生物挂膜载体，适用于自来水处理中对微污染水源的预处理。此外，生物陶粒滤料还能作为处理含油废水的粗粒化材料，用作离子交换树脂的垫层，以及用于微生物的干燥存储；适用于饮用水的深度处理，它可以吸附水体中的有害元素、细菌、矿化物，是活性生物降解有害物质效果最好的滤料。

图 4.2　陶粒滤料

3. 火山岩

火山岩滤料(图 4.3)是经过选矿、破碎、筛分、研磨等一系列工艺加工而成的粒状滤料，其主要成分为硅、铝、锰、铁等几十种矿物质和微量元素，外形接近圆颗粒，颜色为红黑褐色，多孔质轻。

火山岩滤料在化学微观结构方面表现为①微生物化学稳定性：火山岩滤料抗腐蚀，具有惰性，在环境中不参与生物膜的生物化学反应；②表面电性与亲水性：火山岩滤料表面带有正电荷，有利于微生物固着生长，亲水性强，附着的生物膜量多且挂膜速度快；③对生物膜活性的影响方面：作为生物膜载体，火山岩滤料对所固定的微生物无害、无抑制性作用，实践证明不影响微生物的活性[307]。

4. 沸石

沸石(图 4.4)是一种硅酸盐矿物质，经火山爆发而产生的结晶体沸石有很多种，已经发现的就有 36 种。它们的共同特点是具有架状结构，就是说在它们的晶体内，分子像搭架子似的连在一起，中间形成很多空腔。在这些空腔里还存在很多水分子，因此它们是含水矿物。这些水分在遇到高温时会排出来，如用火焰去烧时，大多数沸石便会膨胀发泡。

图 4.3　火山岩滤料

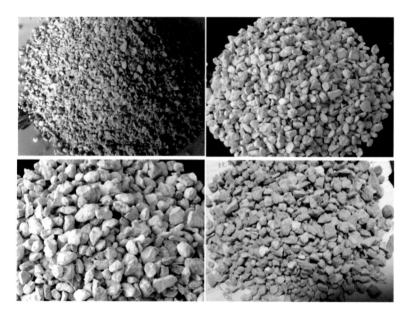

图 4.4　沸石滤料

沸石因为孔隙发达、吸附性强，是一种无机物离子交换剂，特别是改良的沸石对氮和磷具有良好的去除作用，在水中还可与 Ca^{2+}、Mg^{2+}、Cs^+、K^+、Na^+ 等金属阳离子进行交换以降低水的总硬度。另外，它还有较高的机械强度，比表面积大，内部静电强[308]。经过沸石型人工湿地处理后的出水水质较好。

5. 矿渣

矿石经过选矿或冶炼后的残余物称为矿渣(图 4.5)，含 SiO_2 多的矿渣为酸性矿渣，含 Al_2O_3 和 CaO 多的为碱性矿渣。碱性矿渣的活性比酸性矿渣高。大量研究表明，湿地除磷主要靠基质的吸附作用。矿渣含有丰富的金属元素，能够与污水中的磷反应，尤其是富含 Al^{3+}、Fe^{3+}、Ca^{2+} 的矿渣通过吸附和沉淀反应，对磷素有很好的去除效果。

图 4.5　矿渣滤料

但我国矿产资源分布较为集中，取材较困难，因此限制了矿渣在人工湿地滤料中的应用。

人工湿地填料的选择需要综合考虑填料特性、材料来源、特征污染指标以及工程投资。常见人工湿地基质性质对比见表 4.16，水平潜流型人工湿地典型级配推荐组成见表 4.17，垂直潜流型人工湿地典型级配推荐组成见表 4.18。

表 4.16　常见人工湿地基质性质的对比表

项目 类别	砂石	陶粒	火山岩	沸石	矿渣
孔隙率/%	35~45	55~78	72~82	50~56	20~70
比表面积/(m^2/g)	5~15	6~9	13.6~25.5	122~355	43~65
堆积密度/$(10^3kg/m^3)$	1.35~1.68	0.75~1.1	1.1~1.4	1.1~2.6	1.4~1.6
吸附性能	一般	较好	好	好	好
来源	来源广泛	来源一般	来源较少	来源较少	来源较少
价格	低	高	中	较高	低

注：价格包含材料费、运费、人工安装费。

表 4.17　水平潜流型人工湿地典型级配推荐组成

分段	功能	宽度/m	材料	粒径/mm
进水段	辅助均匀布水,防止净化段填料堵塞	5～10	砾石	60～100
净化段	去除污染物核心功能区	20～40	陶粒/火山岩/沸石	8～12
出水段	汇集导排出水,防止堵塞出水管	3～5	砾石	10～16

表 4.18　垂直潜流型人工湿地典型级配推荐组成

分层	功能	厚度/mm	材料	粒径/mm
覆盖层	防止表面冲蚀及主滤层堵塞	200～300	砾石	5～8
主滤层	去除污染物核心功能区	500～800	陶粒/火山岩/沸石	2～5
过渡层	防止上层滤料堵塞下面排水层	200～300	砾石	5～8
排水层	汇集导排出水,防止堵塞出水管	200～300	圆砾	8～16

各层填料的粒径分布范围应按照推荐的粒径级配范围进行选择,填料粒径分布范围控制比例如表 4.19 所示。各层填料的筒压强度要求不小于 4.0MPa,避免填料本身压碎造成湿地主体堵塞。填料各项物理、化学指标需要满足《水处理用人工陶粒滤料》(CJ/T 299)、《水处理用滤料》(CJ/T 43)等标准的相关要求。各单元区和各层功能填料均匀摊铺、均匀压实,保证单元区域内填料整体压实密度均匀一致。

表 4.19　填料粒径分布范围控制比例

粒径分布范围	所占比例控制范围/%
>级配范围	≤3
=级配范围	≥94
<级配范围	≤3

4.3.4　湿地进水及配水

潜流型人工湿地进水及配水是保证湿地单元正常稳定运行的重要环节之一,其核心任务是如何保证将处理水量平均分配到潜流湿地各个单元,同时方便后续不同运行工况的灵活调度。

潜流型人工湿地进水主要采用管道和渠道两种形式进行输送,其中,垂直潜流型人工湿地要求进水水头有足够的压力,因此基本上以管道进水为主;水平潜流型人工湿地为了保证进水段均匀配水,管道输送后前端依然设置进水渠道,便于水体均匀分配。进水管道推荐采用 PE 管。

水平潜流型人工湿地的配水系统相对简单,主要结合前端的进水渠道在填料区的进水段设置配水花墙,保证进水渠道来水均匀分配进入水平潜流型人工湿地。个别规范标注和工程案例也采用管道形式进行配水,但结合实际案例运行经验,水平潜流型人工湿地配水采用管道形式容易发生局部断流,同时增加了配水维护的工作量和工作难度,因此，水平潜流型人工湿地推荐以配水花墙为主的配水形式，其典型结构如图4.6所示。

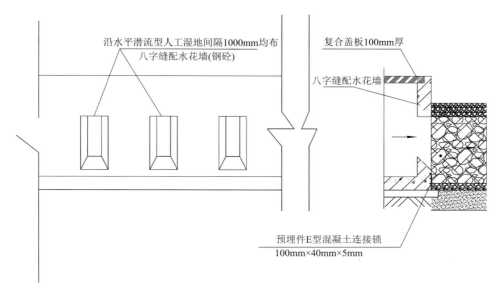

图 4.6　典型配水花墙结构图

垂直潜流型人工湿地配水根据其水力学特征，可以分为大阻力配水和小阻力配水两种形式。其中，大阻力配水能够有效保证湿地单元整体的配水均匀性，但要求湿地单元进水有足够的水头压力；小阻力配水则对进水水头要求较低，但配水均匀性不容易控制，运行较长时间后容易出现局部断流或短流情形。

大阻力配水主要参考给水厂滤池管道布水原理，配水管均匀铺设在潜流湿地填料覆盖层中，管道本身均匀穿孔，湿地水体在水头压力下从孔口流出，均匀分配到填料层后，水体自上而下流经整个填料系统进行净化处理。大阻力配水根据管道的布置形式可以分为"丰"形和"回"形两种，管道配水系统典型组成如图4.7所示。

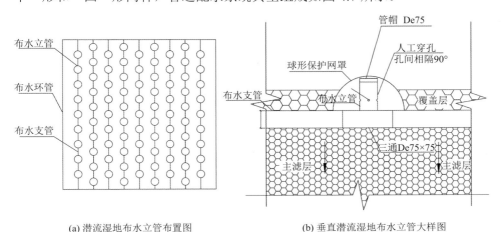

(a) 潜流湿地布水立管布置图　　　(b) 垂直潜流湿地布水立管大样图

图 4.7　管道配水系统典型组成

De 指塑料管；75 指规格，单位为 mm。下同

"丰"形配水方式的主要优势为：一方面能够节约管材，另一方面在后期运行维护阶段较容易更换破损管道，但其配水均匀性较差，同时对施工过程中不同管道的高程精度控制要求较高，否则其配水均匀性会明显降低。"回"形配水方式的主要优势则体现在其能够有效保证整体单元的配水均匀，对进水的水头压力要求也低于"丰"形，同时在施工时对管道高程的精度误差要求宽松，主要不足体现在运行维护阶段管道更换相对困难。

不论是"丰"形还是"回"形配水方式，都要求潜流湿地进水具备一定的水头压力，一方面能够保证孔口水体出流流速，避免出现堵塞情形；另一方面能够减小湿地单元内部不同孔口间的总水头差距，提高整体布水的均匀性。根据水力学计算分析和工程实际案例，大阻力配水孔口出流流速一般要求不小于 2m/s。根据孔口出流流速和各湿地单元配水水量进行配水系统管道水力计算，最终达到湿地进水水头压力要求。穿孔管配水系统管道水力计算主要包括孔口出流流量、普通管道沿程水损、泄流管道沿程水损、管道局部水损等。其具体计算公式及方法如下。

孔口出流流量公式：

$$Q = \mu \cdot A \cdot \sqrt{2g \cdot H_0} \tag{4.5}$$

式中，Q 为孔口出流流量；μ 为孔口出流系数；H_0 为孔口总水头；A 为孔口面积。

普通管道沿程水损公式：

$$H_f = \gamma \frac{l}{d} \cdot \frac{v^2}{2g} \tag{4.6}$$

式中，γ 为沿程阻力系数；v 为流速；l 为管长；d 为管径。

泄流管道沿程水损公式：

$$H_f = \alpha \left(\gamma \frac{l}{d} \cdot \frac{v^2}{2g} \right) \tag{4.7}$$

$$\alpha = \frac{1}{6} \left(2 + \frac{3}{n} \cdot \frac{1}{n^2} \right) \tag{4.8}$$

式中，n 为沿程泄流孔数。

管道局部水损公式：

$$H = \zeta \cdot \frac{v^2}{2g} \tag{4.9}$$

式中，ζ 为局部阻力系数；v 为流速。

垂直潜流型人工湿地小阻力配水通常采用三角堰形式，按照一定间距，均匀地布置于填料覆盖层顶部，贯穿整个湿地，堰顶需要高出覆盖层顶部。此外，三角堰需要设置一定坡度（3‰～5‰），以保证水体流动通畅，尤其要防止三角堰末端水体断流。三角堰材质可以选择不锈钢、聚氯乙烯（PVC）等材料定型加工。典型三角堰布置模式及三角堰大样做法如图 4.8 和图 4.9 所示。

图 4.8　典型三角堰布置模式　　　　　　　　图 4.9　三角堰大样做法

4.3.5　湿地集水及出水

潜流型人工湿地集水出水系统的主要功能是保证经过湿地填料净化处理后的水体能够顺利排出湿地系统，进入后续工艺单元或回用场地。其中，垂直潜流型人工湿地需要在填料最底部的排水层整体布置集水措施，来实现潜流湿地单元整体出水通畅，降低局部形成死水区的风险；水平潜流型人工湿地则主要通过末端设置出水段和集水渠（管）的方式，对潜流湿地末端出水段水体及时进行收集和导排。

垂直潜流型人工湿地通过在填料底部排水层中铺设集水管道系统，及时收集导排净化处理后的水体，集水管可以采用 PE 穿孔花管或者人工割缝 HDPE 双壁波纹管。PE 穿孔花管的穿孔率需要保证不低于 15%，孔口直径不得大于排水层填料最小粒径，管道铺设设置 5‰的坡度，便于收集的水体及时导排。人工割缝 HDPE 双壁波纹管主要在波纹管凹槽处割缝，实现收集水体的功能，割缝长度保证不小于 15cm，割缝宽度不得大于排水层填料最小粒径，缝面朝下设置于潜流湿地排水层中，管道坡度为 0.5%便于收集导排湿地出水。集水管系统布置模式和集水管大样做法如图 4.10 和图 4.11 所示。

图 4.10　集水管系统布置模式

i 指坡度

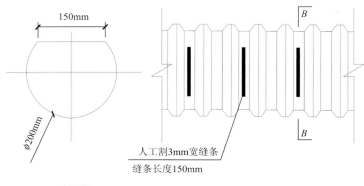

150mm

Ø200mm

人工割3mm宽缝条

缝条长度150mm

*B-B*剖面图　　　　　集水管平面图

图 4.11　集水管大样做法

　　潜流湿地集水出水除了需要满足顺利导排出水的要求外，同时需要通过出水系统水位的调节来控制湿地填料层内水体的水位标高，只有这样才能保证处理水体在湿地填料内部有足够的停留时间。此外，填料层水位的变化调控能够在潜流湿地不同填料层营造好氧、缺氧、厌氧等多种微生物环境，实现对水体污染物的综合去除净化，同时需要满足湿地单元轮歇检修过程能够实现水体放空的要求。

　　潜流湿地出水水位的控制调节，一般通过出水端集水井内设置的调节装置来实现，工程上主要应用的有叠梁闸、调节堰、伸缩立管、旋转弯头等装置。此类水位调节构筑物无法实现对湿地出水位的连续调节，也无法满足湿地运行水位精细控制的要求，同时构筑物设备构件工程化痕迹显著，以与湿地生态景观风格融合难度较大，破坏了湿地整体生态景观。本章推荐采用隐蔽式出水位连续调节装置，改善人工湿地出水位精细化调节控制。集水井的下部与湿地集水管和湿地出水管连接，湿地出水管在集水井内连接旋转接头，旋转接头通过弯头与水位调节立管相连接。旋转接头的五级连续调节可以满足湿地出水位的连续调节和检修放空需求。出水位隐蔽连续调节装置如图 4.12 所示。

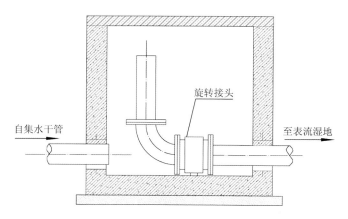

旋转接头

自集水干管　　　　　　　　　　　　　　　至表流湿地

图 4.12　出水位隐蔽连续调节装置

4.3.6　湿地防渗系统

为了防止污水对场地周边地下水的影响，最大限度发挥潜流湿地系统对目标水体的净化作用，同时考虑场地承受潜流湿地荷载的影响，需要对其底部进行有效防渗处理。结合相关规范及实际工程应用经验，目前潜流湿地常用的防渗构造包括钢混结构防渗、砖混结构防渗和 HDPE 防渗膜结构防渗，前两种防渗做法属于刚性防渗，第三种 HDPE 防渗膜结构防渗属于柔性防渗，不同防渗做法的特点及利弊介绍如下。

钢混结构是指用配有钢筋增强的混凝土制成的结构，采用该结构的人工湿地具有以下优点(图 4.13)。

图 4.13　钢混结构人工湿地　　　　　　图 4.14　砖混结构人工湿地

(1)可塑性好：新拌和的混凝土是可塑的，可以根据需要设计成各种形状和尺寸的人工湿地。

(2)整体性好：现浇钢混结构的整体性较好，设计合理时具有良好的抗震、抗爆和抗振动的性能。

(3)耐久性好：钢混结构具有很好的耐久性。一般情况下不需要经常性的保养和维修。

(4)易于就地取材：钢混结构所用的比重较大的砂、石材料易于就地取材。

但是其抗裂性差，限制了在大面积人工湿地中的应用，该结构主要靠混凝土自身的防渗性能进行防渗，一般不增加别的防渗措施。

对于小规模及受地形限制的人工湿地可采用砖混结构防渗，由于砖是最小的标准化构件，采用砖混结构的人工湿地具有以下优点[309](图 4.14)。

(1)对施工场地和施工技术要求低，可砌成各种形状的墙体，各地都可生产。

(2)具有很好的耐久性、化学稳定性和大气稳定性。

(3)可节省水泥、钢材和木材，不需要模板，造价较低。

(4)施工技术与施工设备简单。

但是该结构的人工湿地的抗裂性比钢混结构差很多，而且由于砖混结构不具有防渗措施，通常在其双面涂抹防水水泥砂浆进行防渗，防渗性能较差，因此砖混结构在人工湿地中应用不多。

HDPE 防渗膜结构，HDPE 土工防渗膜是土工合成材料中的一种，土工合成材料的应用起源于 20 世纪 50 年代。采用 HDPE 防渗膜结构的人工湿地具有以下优点(图 4.15)。

图 4.15　HDPE 防渗膜结构人工湿地

(1)HDPE 防渗膜具有高强抗拉伸机械性，优良的弹性和变形能力使其非常适用于膨胀或收缩基面，可有效克服基面的不均匀沉降。

(2)耐老化性能——HDPE 防渗膜具有出色的抗老化、抗紫外线、抗分解能力，可裸露使用，材料使用寿命达 50～70a。

(3)高机械强度——HDPE 防渗膜具有良好的机械强度，断裂拉伸强度为 28MPa，断裂延伸率为 700%。

(4)施工速度快——HDPE 防渗膜有很高的灵活性，有多种规格和多种铺设形式满足不同工程的防渗要求，采用热熔焊接，焊缝强度高，施工方便。

综合考虑上述防渗结构的优缺点以及工程实际应用效果，本章推荐采用 HDPE 防渗膜结构。湿地底部、侧墙、阀门井、集水井、栈道柱侧壁采用 HDPE 土工防渗膜系统，HDPE 防渗膜厚度为 1.5mm，防渗膜上采用 600g/m^2 土工布作保护层，膜下采用 200g/m^2 土工布、300mm 压实黏土层作保护层和防渗层。膜上膜下土工布保护层的各项指标满足《土工合成材料　长丝纺粘针刺非织造土工布》(GB/T 17639—2008)以及《生活垃圾卫生填埋场防渗系统工程技术规范》(CJJ 113—2007)的要求。HDPE 防渗膜，膜幅宽度不宜小于 6.5m，拉伸强度、穿刺强度等其余各项指标需满足《垃圾填埋场用高密度聚乙烯土工膜》(CJ/T 234—2006)以及《生活垃圾卫生填埋场防渗系统工程技术规范》(CJJ 113—2007)的要求。土工布应铺设平整。土工布裂缝和空洞修补应使用相同规格的材料，修补范围应大于破损处周边 300mm[310]。

为了形成闭合的防渗体系，防渗复合土工膜需要高出潜流湿地填料顶部，以防止湿地进水通过复合土工膜与湿地侧墙之间的空隙进入潜流湿地基底，破坏防渗效果，甚至造成潜流湿地基础失稳。目前，大多数人工湿地侧墙顶部的防渗膜采用外翻或者增加土袋压覆，这种做法一方面容易因阳光照射造成复合土工膜老化破损，另一方面对人工湿地外观造成很大影响，破坏人工湿地整体景观效果。本章推荐采用隐蔽式人工湿地侧墙顶部防渗膜连接固定结构，人工湿地侧墙顶部内侧预埋 E 型连接锁，复合土工膜与预埋连接锁通过热熔焊接连接固定，形成封闭防渗系统。隐蔽式人工湿地侧墙顶部防渗膜固定大样如图 4.16 所示。

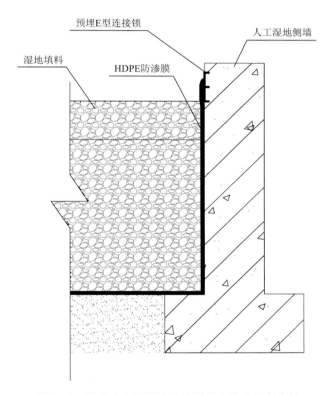

图 4.16　隐蔽式人工湿地侧墙顶部防渗膜固定大样

4.3.7　湿地植物选择配置

湿地植物不仅是人工湿地发挥水质净化功能的重要组成部分，同时能够营造丰富多样的湿地植物景观。本章重点推荐能够满足潜流湿地对挺水植物适生和去污能力有较高要求的品种，如再力花、风车草、水葱、黄花鸢尾、香蒲、纸莎草等。

潜流湿地挺水植物种植推荐采用分区搭配种植，合理配置并营造湿地植物景观，充分发挥水生植物的姿韵、线条、色彩等自然美，模拟和再现自然水景。其具体分区和造型根据周围景观情况布置，以保证与整体景观协调一致[311]。此外，可以利用挺水植物植株高度特征、花色差异、花期特征打造景观花境图案等。潜流湿地挺水植物应用特性见表 4.20。

表 4.20　潜流湿地挺水植物应用特性表

种类	耐寒	耐旱	耐盐	耐阴	水深/m	株高/m	种植密度/(株/m²)
荷花	1	0	0	—	0.1～1	0.5～1	16～25
黄花鸢尾	3	1	3	2	0.6～1	0.6～1	16～25
菖蒲	1	0	3	2	0.1～0.2	0.6～0.8	16～25
香蒲	1	—	1	—	0.1～1.0	1.2～2.5	16～25
美人蕉	0	3	0	—	0.1～0.5	1～1.8	12～16
再力花	0	—	0	1	0.2～0.5	1.5～2.5	12～16
千屈菜	2	1	0	—	0.1～0.5	1～1.5	16～25
风车草	0	1	0	1	0.1～0.5	1～1.5	16～25
纸莎草	0	0	0	—	0.1～0.2	1.5～2.5	16～25
梭鱼草	0	0	0	—	0.1～0.5	0.8～1.2	16～25
水葱	1	0	1	—	0.1～0.5	1.5～2.5	25～36
灯心草	3	0	0	—	0.1～0.5	0.6～1	16～25
水芹	1	0	0	—	0.1～0.5	0.3～0.6	25～36
慈姑	1	0	0	—	0.1～0.5	0.6～1	16～25
皇冠泽薹草	1	1	0	—	0.1～0.5	0.5～0.8	16～25
紫芋	0	1	0	—	0.1～0.5	0.8～1.5	16～25
芦竹	1	1	2	—	0.1～0.5	3～4	16～25
芦苇	1	1	3	—	0.1～0.5	2～3	16～25

注：在耐寒、耐旱、耐盐、耐阴这几列中，0～3 分别代表耐受适应性高低，0 代表无法适应，3 代表十分适应。

4.4　人工湿地运行方式设计

生态强化净化潜流型人工湿地的主体功能以水质提升净化为主，为了保障湿地净化出水能够持续稳定达标，需要根据处理水源的水量和水质的排放特征、外部环境条件变化及时调整人工湿地运行方式。同时，合理的运行工况调整方式能够进一步达到延长人工湿地寿命、降低人工湿地运维管理投入的目的。结合实际工程案例运维经验和相关文献研究成果，本书重点从运行工况调动、运行水位控制、季节运行调控和应急运行调控四个方面来介绍人工湿地运行方式的设计内容。

4.4.1　运行工况调动

人工湿地日常运行过程中，针对处理水源水量和水质的排放特征需要，设计基本固定的运行工况，实现整体系统的规律运行。结合前述章节对湿地处理水源排放特征的分析，本节主要将运行工况归纳为连续稳定负荷运行、连续控制负荷运行、间歇稳定负荷运行、间歇控制负荷运行四种。

1. 连续稳定负荷运行

连续稳定负荷运行对人工湿地的冲击最小，相应的运行设计系统也最简单，整体人工湿地运行按照平均持续的运行方式进行设计，重点保证各个单元进水的均匀性，即各个湿地单元持续稳定进水，每个湿地单元进水水量保持相同。此外，需要在湿地单元检修维护时注意，尽量采用分批分单元检修，避免对连续稳定运行系统造成冲击。

2. 连续控制负荷运行

连续控制负荷运行主要考虑处理水源来水水质出现较大波动、污染物负荷远远超过人工湿地可承受范围的情况，需要根据湿地系统进水监测数据预警反馈，对人工湿地的处理水源进水比例进行调整控制。湿地各单元仍然保持持续的进水运行，但是进水水源组成比例、进水水量需要根据运行设计方案进行控制调节。当主要处理水源污染负荷超过控制上限时，及时降低其进水比例，同时可以采取增加第二处理水源比例或者采用湿地出水循环回补的方式达到控制湿地进水负荷的目的。

3. 间歇稳定负荷运行

间歇稳定负荷设计主要在连续稳定负荷运行的基础上对湿地各单元的进出水方式进行调整，通过进出水的间歇控制、脉冲调整来提升湿地单元内部填料层的水动力条件，同时丰富湿地填料的微生物环境。间歇稳定负荷运行方式通过一定数量的湿地单元组合划分不同进水片区，整体湿地系统从片区层面仍然保持连续稳定负荷运行方式，同一片区内部的各个湿地单元则按照间歇进水和独立轮歇的运行方式进行设计。片区内同一时间只有一个湿地单元进水，按照固定进水间隔时间轮流进水。此外，片区内每天保留一个湿地单元轮歇不进水，保证填料层微生物环境的调节和湿地单元维护检修工作。

4. 间歇控制负荷运行

间歇控制负荷运行则是在间歇稳定负荷运行的基础上，增加了针对湿地处理水源污染负荷控制的内容。参照连续控制负荷运行的设计方法，根据湿地系统进水监测数据预警反馈，对人工湿地的处理水源进水比例进行调整控制，保证湿地进水负荷控制在合理范围内。

4.4.2　运行水位控制

在潜流湿地运行调控中，填料层水位的高度将影响内部微生物的生存环境，设计工作中容易混淆潜流湿地布水水位和运行水位的区别。布水水位指的是布水管道中水体的自由水头高度，取决于湿地进水提升泵扬程，而运行水位则是指湿地在稳定运行工况下填料层稳定维持的水位高度，主要取决于湿地集水管出水水位的标高。根据湿地运行稳定水位标高和填料层基质顶标高的关系，通常分为饱和基质水位、非饱和基质水位和脉冲基质水位。

1. 饱和基质水位

饱和基质水位运行工况：潜流湿地的稳定运行水位始终与湿地填料层有效滤料层顶齐平，湿地出水位控制在湿地填料有效层顶标高位置左右。在运行过程中，湿地填料始终处于水体浸没状态，上层水体溶解氧能够得到保障，下层填料空间水体复氧受限，形成缺氧、厌氧环境，这也是潜流湿地进行反硝化作用的主要位置。

2. 非饱和基质水位

非饱和基质水位运行工况：潜流湿地的稳定运行水位处于湿地填料层有效滤料层的中部或中部以下，湿地出水位控制在湿地填料有效层中间位置左右。湿地布水从填料层顶部渗滤经过上层填料，上层填料处于非饱和状态，更利于上层填料发挥复氧作用。下层填料则始终处于水体完全浸没状态，但是由于上层填料空间复氧作用增强，非饱和基质水位运行的湿地下层填料溶解氧条件要优于饱和基质水位，以缺氧环境为主，能够保证潜流湿地进行充足的反硝化作用，实现 TN 去除，同时避免厌氧环境引起臭味的不利情况。

3. 脉冲基质水位

脉冲基质水位运行工况：主要指湿地出水采用脉冲形式，稳定运行时湿地填料层的水位逐渐上升到填料层顶部，通过脉冲出水迅速回落到填料层底部。填料层水体全部排出后，水位再从底部逐渐回升到填料层顶部。脉冲基质水位运行能够保障填料层整体复氧功能，整个填料层水体溶解氧处于较优状态，微生物氧化作用得到提升保证，能够最大限度净化去除有机污染物。此外，脉冲出水能够瞬间提升水体在填料中的流动速度，对填料层表面老化的微生物膜、堵塞物进行冲击破坏和清除，提高潜流湿地中污染物去除率的同时，降低填料堵塞的风险。

4.4.3　季节运行调控

潜流湿地季节运行调控主要针对北方区域秋冬季节气温较低工况，低温工况下湿地微生物代谢降低，去除污染物的能力和效率受到影响。为了保障湿地出水能够稳定达标，在采取相关保温措施的基础上，对湿地进水水量、水质进行调节控制，通过减少进水水量或者湿地出水循环回补降低进水污染物浓度等方式，实现低温工况下对湿地污染负荷的合理控制。此外，夏季运行水生植物生长速度较快，能够提高潜流湿地污染物的去除率，可以适当增加潜流湿地的处理水量或者轮歇部分湿地单元。

4.4.4　应急运行调控

潜流湿地运行需要针对处理水源的突发故障、湿地系统设备故障制定应急运行调控方案。当处理水源的水质出现突发事故，如不达标排放或者水量出现骤变时，潜流湿地系统需要按照应急运行调控方案设计内容控制湿地运行。一般暂停湿地处理水源进水和湿地处理出水，保证填料层适当的水位高程，满足挺水植物基本生长需求，待处理水源恢复正常后，重新开启湿地进水，从小水量逐步恢复到设计处理水量。同样，如果湿地内部设备出现故障，无法进一步满足正常进水要求，则采用上述运行方式来保障湿地系统稳定。

4.5　人工湿地模型模拟应用

潜流型人工湿地主要关注水质模拟，包括箱式模型和机理模型。箱式模型与表流型人工湿地的模型原理基本相同，包括衰减模型、一级动力学模型、Monod 动力学模型、TIS 模型等。其不同之处主要是在方程中加入了床体孔隙率、深度、流量、横截面积等参数。与表流型人工湿地相比，潜流型人工湿地的机理模型研究更加深入，目前已经有二维人工湿地(constructed wetland 2-dimentional，CW2D)模型，磷、水文和水质模型(phosphorus, hydrology and water quality model, PHWAT)和人工湿地废水处理模型(constructed wetlands for wastewater treatment model, FITOVERT)等应用较为成熟的模型。以下分别就潜流型人工湿地的箱式模型和机理模型进行介绍，着重介绍机理模型部分。

4.5.1　潜流型人工湿地的水动力特性及其研究

潜流型人工湿地的污染物去除效果与人工湿地的运行模式、水流状态有关。因此，预测人工湿地内污染物迁移转化以及去除效果的一个先决条件，就是建立准确描述水流情况的水动力模型。潜流型人工湿地水动力特性研究的主要内容包括水力停留时间(HRT)、水流流态、水力传导率以及人工湿地的体积容水量。

1. 水力停留时间

根据人工湿地的床体体积、基质孔隙率以及进水流量可以计算出污水在人工湿地床体的理论停留时间：

$$HRT = \frac{nV}{Q} \tag{4.10}$$

式中，HRT 为理论停留时间，d；n 为人工湿地基质孔隙率；V 为人工湿地床体体积，m^3；Q 为人工湿地系统进水流量，m^3/d。

2. 水流流态与水力传导率

对水流在基质中的行为进行研究及其进展已有悠久历史。自 1856 年达西定律被用来描述水流现象以来，关于基质中水流的模型已经取得了长足进展，最完整的模型能够解释水流在三维空间的瞬间行为和流动[312]。

根据达西定律，通过基质的水流与此处的压力差有关：

$$\vec{u} = -k\vec{\nabla}h \tag{4.11}$$

式中，h 为此处压位差，m；k 为水力传导率，m/d。

式 (4.11) 在整个垂直水流方向都普遍适用。至于暴露在大气中的上表面部分，则适用 Dupuit-Forchheimer 方程：

$$\frac{\partial(\varepsilon H)}{\partial t} = \frac{\partial}{\partial x}\left(kH\frac{\partial H}{\partial x}\right) + \frac{\partial}{\partial y}\left(kH\frac{\partial H}{\partial y}\right) + P - \text{ET} \tag{4.12}$$

式中，ET 为土壤水分蒸发蒸腾损失总量，m/d；P 为降水量，m/d；H 为表面水高度，m；x 为纵向距离，m；y 为横向距离，m。

此方程假设水面倾斜度是水流流动的推动力。从湿地设计目的出发，该理论的简化形式已经很多，目前利用一维水流模型足以描述大多数情况。

虽然湿地中的植物和垃圾只占整个容积的一小部分，为 2%～10%，却导致湿地中没有真正的稳定流存在。而如果考虑长期运行结果，水流变化并不明显，可用长期平均值代替定期和随机降水，此时水量随时间的变化即可忽略。因此，能够推出一维稳定流方程的简化形式：

$$\frac{\mathrm{d}(hu)}{\mathrm{d}x} = \frac{\mathrm{d}(Q/W)}{\mathrm{d}x} = P - \text{ET} \tag{4.13}$$

式中，Q 为体积速率，m³/d；W 为湿地宽度，m。

由于 P–ET 不是空间的函数，可整理式 (4.13) 为

$$Q_{\text{out}} = Q_{\text{in}} + (P - \text{ET})WL \tag{4.14}$$

式中，Q_{out} 为出口体积流速，m³/d；Q_{in} 为入口体积流速，m³/d。

当水流经湿地时，式 (4.14) 表明降水可以增加体积流速，而 ET 则使其降低，但此方程没有考虑水深的影响，因此有必要做进一步的研究[312]。

4.5.2　潜流型人工湿地的污染去除动力模型

1. 箱式模型

1）衰减模型
衰减模型的相关内容详见 3.6.3 节。

2）一级动力学模型
潜流型人工湿地一级动力学模型的原理与表流型人工湿地一致，不同的是，模型公式中的一级面积速率常数 k^*（m/d）替换为一级体积速率常数 k_v（L/d），即

$$\frac{\mathrm{d}C}{\mathrm{d}t} = -k_v \cdot (C - C^*) \tag{4.15}$$

式中，C 为污染物浓度；C^* 为污染物背景浓度。该模型有初始条件：$C=C_{\text{in}}(t=0)$；$C=C_{\text{out}}(t=\tau)$，对式 (4.15) 进行积分可得

$$\frac{C_{\text{out}} - C^*}{C_{\text{in}} - C^*} = \mathrm{e}^{-(k_v)t} \tag{4.16}$$

对于潜流型人工湿地，还可以引入人工湿地床体孔隙率 ε、湿地床深度 d（m）、流量 Q（m³/d）以及床体截面积 A（m²），根据 $k_A=k_v\cdot\varepsilon\cdot d$，$q = Q/A$，$V=Q\tau=Ad\varepsilon$，可得

$$\frac{C_{\text{out}} - C^*}{C_{\text{in}} - C^*} = \text{e}^{-k_A/q} \tag{4.17}$$

式中，k_A 为一级面积速率常数，m/d；q 为水力负荷，m/d。

3）Monod 动力学模型

潜流型人工湿地 Monod 动力学模型原理的具体方程为

$$r = k_{0,A} V \frac{C}{K + C} \tag{4.18}$$

$$\frac{\text{d}C}{\text{d}t} = \frac{-r}{V} \tag{4.19}$$

$k_{0,A} = k_{0,v} \cdot \varepsilon \cdot d$，$q = Q/A = Q/(W \cdot Z)$，$Z = Vt$，$V = Q/\varepsilon a$，将其代入式（4.18）和式（4.19）后可得

$$\frac{\text{d}C}{\text{d}z} = \frac{-k_{0,v} \varepsilon a}{Q} \frac{C}{K + C} = \frac{-k_{0,A}}{qZ} \frac{C}{K + C} \tag{4.20}$$

式中，r 为污染物去除率；C 为污染物浓度；K 为半饱和常数；$k_{0,v}$ 为零级体积速率常数；$k_{0,A}$ 为零级面积速率常数；q 为水力负荷；Q 为水流流量；ε 为床体孔隙度；W 为湿地宽度；Z 为湿地长度；A 为湿地床体面积；a 为湿地横截面积。

2. 机理模型

1）CW2D 模型

Langergraber 建立了潜流型人工湿地二维人工湿地（CW2D）模型。该模型引入 HYDRUS-2D 模型的源代码模拟流场，即采用理查兹（Richards）方程模拟填料的饱和-非饱和水流，其局限性为不适用于三维情况。在 Richards 方程中，以汇项考虑了植物根系的吸水作用。溶质运移方程包括水相中的对流弥散方程、气相中的扩散方程，以及固相和液相间的非线性非平衡反应。CW2D 模型通过对室内小试湿地系统的实测数据进行验证，取得了非常理想的效果[313]。该模型被多位学者所应用，其模拟成分包括溶解氧、有机质、NH_3-N、亚硝酸盐、硝酸盐、氮气、无机磷、异养微生物和自养微生物。有机氮和有机磷用有机质中的营养成分表示，即利用 COD 的百分数进行计算。生化反应过程基于 Monod 方程计算。反应速率和扩散系数都依赖于温度[314]。其反应过程包括水解、有机质矿化、硝化、反硝化和微生物的溶解作用。Langergraber 以 CW2D 模型研究了植物根系在人工湿地有机质、氮和磷去除方面的作用，植物根系对去除市政污水中氮和磷的贡献率约为 1.9%。

2）PHWAT 模型

Mao 建立的 PHWAT 模型可用于潜流型人工湿地三维多组分反应运移模型。该模型包括三个模块（水流、溶质运移和生化反应），以算子分裂法耦合求解。Brovelli 进一步将一系列生物地球化学反应加入该模型。PHWAT 的水流模块基于 MODFLOW 软件计算，即根据有限差分法求解计算区域的饱和水流，其局限性为不能计算非饱和水流。溶质运移模块基于 MT3DMS 计算。PHWAT 的一个重要优点是其模块化结构可以计算水流和运

移的耦合作用。例如，其可模拟由微生物生长以及颗粒物沉积而造成的孔隙阻塞过程。

3）FITOVERT 模型

Giraldi 等针对垂直潜流人工湿地建立了一维模型 FITOVERT。上边界条件包括变流量进水和上表面积水情况。下边界条件包括自由出流、指定压力水头和零通量边界。水流方程由 Richards 方程描述，而压力水头、渗透系数和含水率的关系由 van Genuchten 公式确定。该模型也考虑了上表面的蒸发和植物根系的吸收作用。有机质和氮的生化反应过程根据活性污泥模型提供的标准方法进行计算。该模型可模拟由微生物生长及颗粒物沉积而造成的孔隙阻塞过程，并且考虑了孔隙率降低引起的饱和渗透系数的降低。

4）SubWet 模型

SubWet 模型是在对水平潜流型人工湿地进行一系列研究的基础上，对水平潜流型人工湿地的水力学和生化反应机理有了充分认识后开发的。SubWet 模型可以模拟不同温度、不同尺度及多梯度污染物负荷下人工湿地中的氮（包括铵态氮、硝态氮及有机氮）、磷以及 BOD$_5$ 的循环降解。鉴于人工湿地对水质的净化作用一部分来源于植物的贡献，SubWet 模型在模拟中也充分考虑了植物的影响作用，使其模拟结果更加精确合理。

大多数模型考虑综合因素参数，这些参数大多由经验得来，因此有其局限性。还有些湿地模型过多地考虑水力参数而非水质参数，水质的模拟能力比较弱。SubWet 模型充分考虑了基质、微生物以及植物的综合作用，同时全面考虑了水质及水力学参数，使模型具有更强的物理及生化意义，因此弱化了对经验值的依赖，使其有很强的可推广性。该模型分别在非洲处于热带的坦桑尼亚及北美洲处于寒带的加拿大这两个具有不同的气候环境和运行模式的国家进行实地校核，校核成果都很成功，说明该模型具有较强的实用性。

4.5.3　应用实例

SubWet 模型是实际潜流湿地设计过程中最常用的模型之一，在潜流湿地的设计和改进中起到至关重要的作用。本节通过一个实例[315]，介绍最常用的潜流湿地模型——SubWet 模型及其在潜流湿地设计中的应用。

1. 设计背景

研究区域位于天津市空港经济区，它是一个集工业制造、大规模商业及居住为一体的复合型新城区。该区域内现有污水处理厂一座，日排污量为 3 万 t/d，尾水直接排入排污河。这样一方面造成河道污染，另一方面导致淡水资源的浪费。因此，有关部门拟规划利用绿地 33 万 hm^2，建设人工湿地以净化污水处理厂尾水，使之达到景观水要求的水平，进而对其实现回用。

2. 初步设计

利用规划用地，湿地系统采用单元模块设计，单元模块初步拟定为 30m×20m，有效水深为 1.0m，基质粒径选取在 20～30 mm，根据实验得出基质孔隙率为 0.3 左右，湿地坡度选择 1%。湿地植物优先选择处理效果较好的芦苇（*Phragmites australis*）、香蒲

(*Typha orientalis*)。以 SubWet 模型为平台，指导确定人工湿地的运行参数：水力停留时间（HRT）、水力负荷及运行机制。

3. 模型建立

利用 SubWet 模型进行模拟，首先要在模型中输入初步拟定的人工湿地的几何尺寸和模型中代表各个生化反应过程的参数，构建模型的基本雏形。在此基础上，根据研究的要求，确定湿地来水的各个污染物的浓度指标以及各模块的溶解氧浓度。

在设计模拟中，该模型可以通过调节进水流量及温度，考察人工湿地在不同温度环境以及不同水力负荷条件下对污染物的处理情况，得到人工湿地在不同季节的最优运行工况。根据人工湿地的设计尺寸和填料选择，该人工湿地单元模块在不同水力停留时间下相应的进水流量见表 4.21。

表 4.21 不同水力停留时间下相应的进水流量

	水力停留时间/d														
	1	2	3	4	5	6	7	8	9	10	11	12	13	14	15
流量/(m³/d)	180	90	60	45	36	30	26	23	20	18	16	15	14	13	12

1）确定模型模拟温度

根据统计资料，研究区域多年月平均气温在 –28～–3℃波动。四季平均温度为春季 14℃、夏季 28℃、秋季 14℃、冬季 –3℃。鉴于四季温差较大，模型温度梯度拟定为 –5℃、0℃、5℃、10℃、15℃、20℃、25℃、30℃。同时用 15℃代表春季和秋季的工况，用 30℃代表夏季的工况，用 –5℃代表冬季的工况。

2）确定进水及出水污染物浓度

目前，研究区域污水处理厂污染物排放水质标准符合《城镇污水处理厂污染物排放标准》（GB 18918—2002）中的一级标准（B 类），研究区域污水处理厂尾水人工湿地处理后的出水至少要达到《地表水环境质量标准》（GB 3838—2002）V 类标准及需要达到的去除率要求。人工湿地进水、出水浓度及去除率要求见表 4.22。

表 4.22 人工湿地进水、出水浓度及去除率要求

分类基本控制项目	一级标准（B 类）/(mg/L)	地表水 V 类/(mg/L)	去除率要求/%
BOD$_5$	20	10	50
NH$_3$ -N	15	2.0	86.7
TN	20	2.0	90
TP	1.5	0.4	73.4

3）确定模型水质降解参数

溶解氧浓度对水平潜流型人工湿地中有机物及 NH$_3$-N 的去除率影响比较大。研究表明，水平潜流型人工湿地中溶解氧的范围在 0.05～0.52mg/L[315]。水平潜流型人工湿地

通常用来营造厌氧环境，其溶解氧浓度普遍较低。

模型开发者在实验基础上得出水平潜流型人工湿地的平均溶解氧浓度为 0.4 mg/L。其他参数采用 2012 年 3～4 月在空港经济区进行的水平潜流型人工湿地小试实验中对 BOD_5、TN、NH_3-N 和 TP 的去除率(图 4.17)，根据模型使用手册中的参数取值参考范围进行调试校核，得出当地适应的模型水质降解参数，见表 4.23。

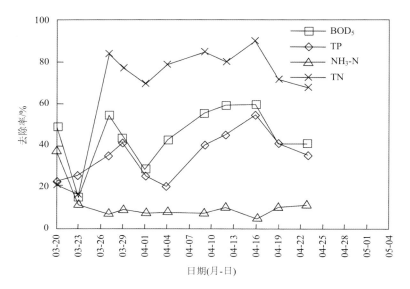

图 4.17　水平潜流型人工湿地小试实验的去除率

表 4.23　用于 SubWet 模型模拟的水质降解参数

参数	DO /(mg/L)	AC /(L/d)	NC /(L/d)	OC /(L/d)	DC /(L/d)	TA	TN	TO	TD
取值	0.4	0.5	1.3	0.4	2.2	1.04	1.04	1.04	1.05

参数	KO /(mg/L)	OO /(mg/L)	MA /(mg/L)	MN /(mg/L)	PA /(L/d)	PN /(L/d)	PP /(L/d)	AF
取值	0.8	1.3	2	1	0.01	0.01	0.003	0.3

注：DO 为溶解氧；AC 为有机氮的最大分解速率；NC 为硝化速率；OC 为有机物氧化效率；DC 为反硝化反应速率；TA 为氨化温度影响系数；TN 为硝化温度系数；TO 为有机物氧化反应温度影响系数；TD 为反硝化反应温度影响系数；KO 为氧气浓度对硝化反应速率的影响系数；OO 为氧气浓度对有机物氧化速率的影响系数；MA 为硝化反应常数；MN 为反硝化反应常数；PA 为植物吸收氨氮速率系数；PN 为植物吸收硝氮速率系数；PP 为植物对磷吸收速率系数；AF 为磷逆吸附系数。

4. 模拟结果分析

1)BOD_5 模拟结果分析

本研究利用 SubWet 模型模拟了不同水力停留时间(HRT)在温度梯度−5～30℃下对 BOD_5 的去除率。模拟结果(图 4.18)表明，HRT 为 1～6 天，温度梯度在−5～30℃下，水平潜流型人工湿地对有机污染物的去除率为 34%～74%。当温度从–5℃提升到 30℃时，BOD_5 的去除率提高了约 25%。湿地的 HRT 从 1 天增长到 6 天，BOD_5 的去除率可提高 20% 左右。模拟结果表明，在温度较低的条件下，HRT 的延长对去除率的提升有明显作用。例如，在 5℃ 的条件下，HRT 由 1 天延长到 2 天，BOD_5 的去除率提高了 8%。在同样温度条件下，HRT 由 4 天延长到 5 天时，去除率仅提高 2%。这说明温度的提高或 HRT 的增大都有利于潜流型人工湿地对 BOD_5 的处理，但是 HRT 的延长在初期 1 天、2 天内比较有效，超过 3 天后，对 BOD_5 处理效果的增强并不明显。

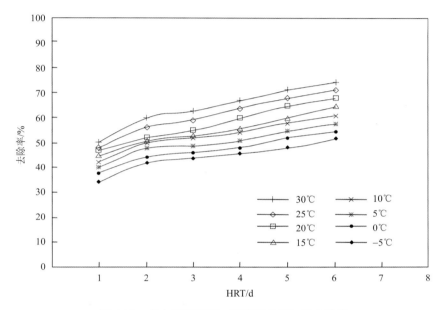

图 4.18　水力停留时间、温度和 BOD_5 的去除率

根据表 4.22 拟定的对 BOD_5 去除率（50%）的要求，利用 SubWet 模型模拟人工湿地在四季的运行工况。结果表明，当 BOD_5 的去除率可以达到设计标准要求时，HRT 在春秋季节为 3 天；在夏季，由于温度升高，生化反应速度加快，HRT 为 1.5 天；反之，在冬季运行时，HRT 需要延长至 5 天。

2）氮素模拟结果分析

氮素的模拟包括对 NH_3-N 和 TN 的模拟。由于处理机制不同，这里分别描述 NH_3-N 和 TN 的模拟结果。

图 4.19 显示的是 HRT 为 1～15 天，在温度梯度为–5℃、0℃、5℃、10℃、15℃、20℃、25℃、30℃ 条件下对 NH_3-N 的去除率。由图 4.19 可知，温度梯度在–5～30℃、HRT 在 1～15 天时，潜流型人工湿地对 NH_3-N 的去除率为 10%～93%。潜流型人工湿地对 NH_3-N 的去除率随着温度的升高而升高，在温度为–5℃、HRT 为 1～15 天时，其去除率在 10%～79% 变动；随着 HRT 的增加，水力负荷降低，去除率则得到相应提高。当 HRT 为 1 天时，其去除率为 10%，而当 HRT 为 15 天时，其去除率为 79%。当温度从–5℃升高到 30℃时，NH_3-N 的去除率在不同 HRT 条件下，均可提高 10%～30%。由

于水平潜流型人工湿地中硝化反应需要一定温度的保证，因此在温度较低的条件下，水平潜流型人工湿地对 NH_3-N 的去除率较低。但是水平潜流型人工湿地的溶解氧水平极低，硝化反应也是水平潜流湿地中的薄弱环节。

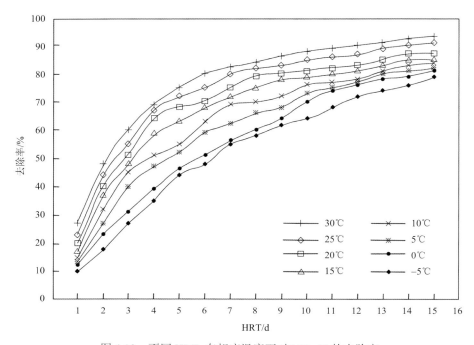

图 4.19　不同 HRT 在相应温度下对 NH_3-N 的去除率

如果需要更高效率的硝化反应，则需要考虑通过调控系统对湿地进行流量控制，也可以在较低的温度下，提高湿地的含氧量促进硝化反应。研究表明[315]，溶解氧分布与生物量分布以及有机物的去除规律呈现明显的相关性，提高湿地床填料内的溶解氧分布可以促进硝化反应。

图 4.20 为在 5℃下，不同 HRT 在相应溶解氧浓度下对 NH_3-N 的去除率。由图 4.20 可知，在 5℃温度较低的环境下，如果潜流型人工湿地溶解氧浓度可以从 0.4mg/L 提高到 10.0mg/L，潜流型人工湿地对 NH_3-N 的去除率可提高 15%～37%。因此，通过增加溶解氧浓度提高硝化反应效率是解决冬季 NH_3-N 去除率低的一个有效手段。在实施时，可以通过在水平潜流型人工湿地前增加前处理曝气工序或者增加不饱和的垂直潜流型人工湿地单元来实现。

根据表 4.22 拟定的对 NH_3-N 去除率(86.7%)的要求，利用 SubWet 模型模拟人工湿地在四季的运行工况。结果表明，当增氧措施使湿地溶解氧浓度大于 8.0mg/L 时，在春秋季节，HRT 在 4 天之内，湿地对 NH_3-N 的去除率可以达到设计标准。在夏季，由于温度升高，生化反应速率加快，去除率达标需要的 HRT 可缩短为 3 天之内。反之，在冬季，通过增氧措施使湿地溶解氧浓度调整到不低于 8.0mg/L，其 HRT 延长至 9 天。

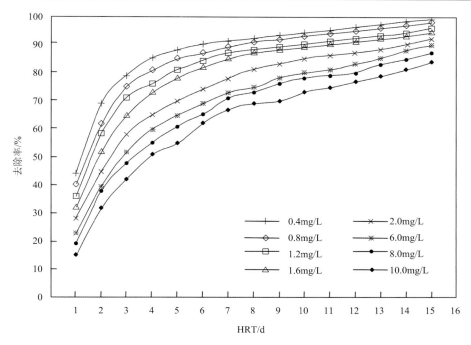

图 4.20　不同 HRT 在相应溶解氧浓度下对 NH_3-N 的去除率

　　图 4.21 为 HRT 为 1～15 天，在温度梯度为–5℃、0℃、5℃、10℃、15℃、20℃、25℃、30℃条件下对 TN 的去除率。图 4.21 表明，温度梯度在–5～30℃、HRT 在 1～15 天时，潜流型人工湿地对 TN 的去除率为 9%～92%。图 4.21 中的 TN 在潜流型人工湿地中的降解趋势和 NH_3-N 的降解趋势相近，这表明虽然水平潜流型人工湿地具有较好的反硝化作用，但是 NH_3-N 去除率的低下导致硝氮生成量有限，抑制了反硝化反应的进行，因此 NH_3-N 的去除率直接影响 TN 的去除率。同时，碳源是反硝化过程不可缺少的一种物质，生物反硝化过程需要提供足够数量的碳源，保证一定的碳氮比才能使反硝化反应顺利完成，因此设计时需要考虑补充合适的碳源以达到高效的脱氮效果。根据表 4.22 拟定的对 TN 去除率(90%)的要求，利用 SubWet 模型模拟人工湿地在四季的运行工况。结果表明，在春秋季节，HRT 需要大于 15 天，TN 的去除率才有可能达到设计标准。即使在夏季，由于温度升高，生化反应速度加快，HRT 也需要 15 天，TN 的去除率才可达到设计标准。在冬季，HRT 只有在 15 天以上，TN 的去除率才可能达到设计标准。

　　3) 总磷模拟结果分析

　　人工湿地中 TP 主要靠基质的过滤、吸附等物理化学作用来达到去除的目的，因此温度对 TP 去除的影响很小，影响其去除率的主要是 HRT 的条件。图 4.22 为不同 HRT 在相应温度下对 TP 的去除率。

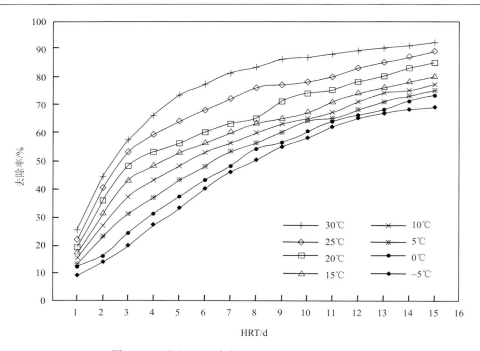

图 4.21 不同 HRT 在相应温度下对 TN 的去除率

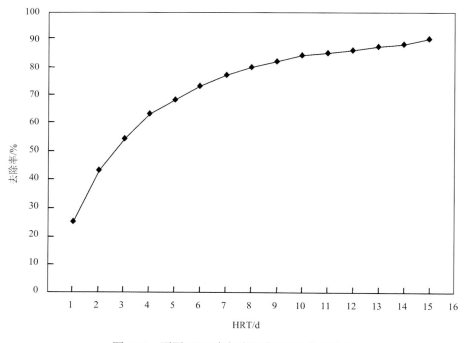

图 4.22 不同 HRT 在相应温度下 TP 的去除率

从图 4.22 中可以看出，HRT 在 1～15 天时，水平潜流型人工湿地对 TP 的去除率为 25%～90%。由于 TP 的进水浓度较低，因此人工湿地的去除率也不可能太高。因为吸附过程取决于进水和基质间隙水中磷的浓度梯度，进水中磷负荷对湿地中磷的吸附和沉淀过程都有影响，为了达到理想的处理效果，基质应该进行定期的更换或冲洗。根据表 4.22 拟定的对 TP 去除率(73.4%)的要求，利用 SubWet 模型模拟人工湿地的运行工况。结果表明，HRT 为 7 天时，TP 才能达到设计标准。

5. 设计优化

表 4.24 给出了 BOD_5、NH_3-N、TN 及 TP 的去除率与 HRT 的关系。综合以上分析可知，该设计中 BOD_5 和 TP 在 HRT 为 7 天时均能达到设计去除率要求。但是 NH_3-N、TN 在 HRT 为 15 天时仅在夏季可以均达到设计去除率要求。因此，要使人工湿地出水达到 V 类水的标准，需要强化对 NH_3-N、TN 的处理，在硝化反应阶段，通过一定工程手段，如曝气或增加不饱和垂直潜流湿地单元来增加溶解氧水平；在反硝化反应阶段，采用适当措施，如增加 C∶N 以提高反硝化菌的活性，或者直接添加反硝化菌以增强反硝化的能力。

表 4.24　人工湿地设计运行参数参考值　　　　　　（单位：%）

设计参数	春季 HRT				夏季 HRT				秋季 HRT				冬季 HRT			
	3 天	7 天	12 天	15 天	3 天	7 天	12 天	15 天	3 天	7 天	12 天	15 天	3 天	7 天	12 天	15 天
BOD_5	**50**	74	94	99	**59**	84	97	99	**50**	74	97	99	44	**62**	86	98
NH_3-N	48	72	81	85	55	80	**87**	91	48	72	81	85	27	55	72	79
TN	43	60	74	80	53	72	83	**90**	43	60	74	80	20	46	65	69
TP	54	**77**	86	90	54	**77**	86	90	54	**77**	86	90	54	**77**	86	90

注：黑体数据表示达到设计要求去除率。

进一步实验表明，当人工湿地溶解氧浓度提高到 8.0mg/L 时，利用 SubWet 模型分别模拟了在代表温度 15℃（春、秋季）、30℃（夏季）、−5℃（冬季）下人工湿地对 BOD_5、NH_3-N 及 TN 的去除率和 HRT 的变化关系。图 4.23 为不同 HRT 与 BOD_5 去除率的关系，图 4.24

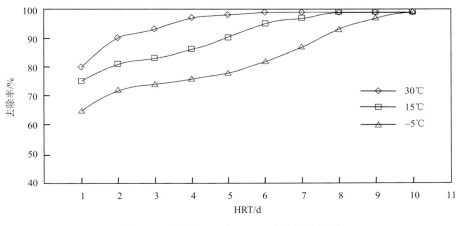

图 4.23　不同 HRT 与 BOD_5 去除率的关系

为不同 HRT 与 NH_3-N 去除率的关系，图 4.25 为不同 HRT 与 TN 去除率的关系。由图 4.23 可知，在溶解氧浓度从 0.4mg/L 提高到 8.0mg/L 时，潜流湿地对 BOD_5 的去除率在不同温度的运行条件下均提高 30%左右。人工湿地 HRT 为 1 天，即可满足 BOD_5 设计的去除率要求。

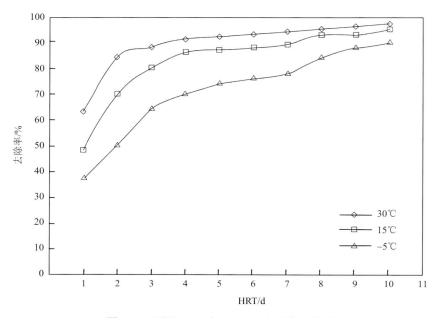

图 4.24　不同 HRT 与 NH_3-N 去除率的关系

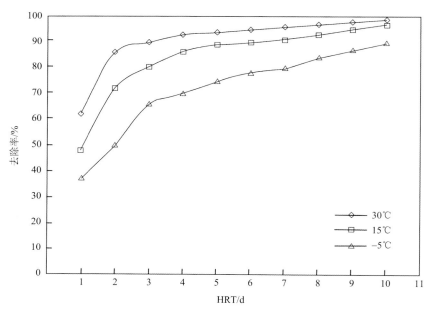

图 4.25　不同 HRT 与 TN 去除率的关系

图 4.24 表明，溶解氧浓度在 8.0 mg/L 时，要使 NH_3-N 满足出水水质要求，HRT 在春、秋季为 4 天，夏季为 3 天，冬季为 9 天。因此，通过增加溶解氧浓度提高硝化反应效率是提高 NH_3-N 去除率的一个有效手段。图 4.25 表明人工湿地对 TN 的去除率随着溶解氧浓度的提高也相应得到提高，春、秋季时，在满足人工湿地去除率的要求下，湿地的 HRT 从 15 天以上降低到 6 天以内；夏季时，HRT 为 3 天的情况下，对 TN 的去除率从 53% 提高到 90%；冬季时，HRT 达到 10 天时，即可满足设计出水水质要求。这与 NH_3-N 去除率随着溶解氧浓度的增加而大幅度提升有一定的关系。

在实施时，提高湿地溶解氧浓度可以通过在水平潜流型人工湿地前增加前处理曝气工序或者增加不饱和的垂直潜流湿地单元来实现。当通过增氧措施使湿地溶解氧浓度调整到不低于 8.0mg/L 时，污染物 BOD_5、NH_3-N、TN 及 TP 的去除率与 HRT 的关系见表 4.25。

表 4.25　人工湿地优化设计运行参数参考值　　　　（单位：%）

设计参数	春季 HRT				夏季 HRT			秋季 HRT				冬季 HRT			
HRT	1 天	4 天	6 天	7 天	1 天	3 天	7 天	1 天	4 天	6 天	7 天	1 天	7 天	9 天	10 天
BOD_5	**75**	86	95	97	**80**	93	99	**75**	86	95	97	**65**	80	87	90
NH_3-N	49	**87**	89	90	64	**89**	95	49	**87**	89	90	38	79	**89**	91
TN	48	86	**90**	91	62	**90**	96	48	86	**90**	91	37	80	87	**90**
TP	25	63	73	**77**	25	54	**77**	25	63	73	**77**	25	**77**	82	84

注：黑体数据表示达到设计要求去除率。

6. 总结

本节以天津市空港经济区的人工湿地为例，介绍了 SubWet 模型在潜流型人工湿地设计中的应用。从实例可以看出，SubWet 人工湿地模型可以模拟人工湿地不同的运行工况，并对不同温度、不同溶解氧的污染物削减情况做出模拟，为潜流型人工湿地的设计提供了较大的参考和支撑。

第 5 章　人工湿地融入湿地公园关键要点

5.1　湿地公园的概念及分类

5.1.1　湿地公园的概念

目前，国内针对"湿地公园"的概念尚未有统一的规定和论述。从国家层面上，较具权威的、涉及湿地公园相关概念的释义为两个国家级湿地公园批准部门——国家林业和草原局(原国家林业局，下同)与住房和城乡建设部分别给出的"湿地公园"及"城市湿地公园"的定义。

国家林业和草原局对"湿地公园"的定义为：拥有一定规模和范围，以湿地景观为主体，以湿地生态系统保护为核心，兼顾湿地生态系统服务功能展示、科普宣教和湿地合理利用示范，蕴含一定文化或美学价值，可供人们进行科学研究和生态旅游，予以特殊保护和管理的湿地区域。

住房和城乡建设部对"城市湿地公园"的定义为：在城市规划区范围内，以保护城市湿地资源为目的，兼具科普教育、科学研究、休闲游览等功能的公园绿地。

从以上两个部门给出的定义来看，其主要区别在于住房和城乡建设部规定了"城市湿地公园"所在的区域必须在城市规划区范围内，且已规划为公园绿地性质；而国家林业和草原局则没有对湿地公园的所在区域及用地属性进行规定。国家林业和草原局的定义包含的范围更大；住房和城乡建设部的释义则更专注于已纳入城市绿地系统的湿地资源，概念范围较小，具有特指性。

除上述定义外，国内其他学者也对湿地公园的定义进行了说明。

在《中国的湿地保护和湿地公园建设探索》中指出："湿地公园是以具有一定规模的湿地景观为主体，在对湿地生态系统及生态功能进行充分保护的基础上，对湿地进行适度开发(不排除其他自然景观和人文景观在非严格保护区内的辅助性出现)，可供人们开展科学研究、科普教育以及适度生态旅游的湿地区域，是基于生态保护的一种可持续的湿地管理和利用方式。"

黄成才和杨芳[316]指出："湿地公园既不是自然保护区，也不同于一般意义的城市公园，它是兼有物种及栖息地保护、生态旅游和生态教育功能的湿地景观区域，体现'在保护中利用，在利用中保护'的一个综合体，是湿地与公园的复合体。湿地公园应保持该区域特殊的自然生态系统并趋于自然景观状态，维持系统内不同动植物种的生态平衡和种群协调发展，并在尽量不破坏湿地自然栖息地的基础上建设不同类型的辅助设施，将生态保护、生态旅游和生态环境教育的功能有机结合起来，突出主题性、自然性和生态性三大特点，是集生态保护、生态观光休闲、生态科普教育、湿地研究等多功能的生态型主题公园。"

王立龙等[317]指出："所谓湿地公园，应具有一定的能保持湿地生态系统完整性的区域，是通过合理的生态布局加以保护性利用，科普、教育是其宗旨，休闲和生态旅游是其基本利用方式的区域。"

成玉宁等[318]编著的《湿地公园设计》一书，通过综合国家层面与湿地公园相关的法律法规和国内学者对湿地公园的概念解读，提出了"湿地公园"定义：是指利用自然湿地或具有典型湿地特征的场地，以生态环境的修复以及地域化湿地景观的营建为目标，通过模拟自然湿地生态系统的结构、特征和生态过程进行规划与设计，形成兼有物种栖息地保护、生态旅游以及科普教育等功能的湿地景观区域，其是对湿地的一种保护、开发利用的合理模式，应具有以下特征：①具有一定规模的湿地与沼生生态系统，湿地景观是公园主体；②具有较完好的湿地生态过程和显著的湿地生态学特征，湿地生态过程是该湿地区域内控制性、主导性的自然生态过程，或尽管湿地生境受到一定程度的破坏，但具备湿地生态恢复的潜在条件；③兼有物种及栖息地保护、生态旅游和生态教育等特殊功能。

综上所述，所有针对"湿地公园"定义的解读中，最为核心且必不可少的两个要素分别是：①湿地生态系统占主导地位且具备可持续发展的条件；②需具备科研、教育、旅游等功能。但是，要素①中的"湿地生态系统"是否必须是自然生态系统或仿自然生态系统，以及该生态系统需达到多大规模，除国家湿地公园评判体系提出明确标准外，在一般性湿地公园建设实践中并没有一个统一的、明确的、可操作性强的划分标准。随着国家和地方对水环境越来越关注，涉水的景观建设项目也越来越多，许多公园只要有一定的湿地特征，如水面、浅滩，或是临近河道人为制造一些水景和水系连通，便称其为湿地公园，这显然是不合理的；但是若将湿地公园限定为自然湿地生态系统也失之偏颇。现在人工湿地技术和措施越来越成熟完善，在保证湿地生态效果有效性的同时，也具备科学研究和科普教育的功能，如果能达到相应规模，承担一定的公园游憩功能，称其为湿地公园也是恰当的。因此，综合目前已有的相关概念解读以及具体的工程项目实践，本书中研究的"湿地公园"是具备以下特征的公共空间场所。

(1)湿地生态系统为场地建成后的主要生态系统(湿地定义以国际公认的《湿地公约》为准)，具有较为完善的湿地生态系统功能，不论是自然存在的还是人为构建的，都必须具备自我可持续发展的潜力。

(2)场地总体规模应达到《公园设计规范》(GB 51192—2016)中所规定的综合性公园最小规模，即不小于 5hm²；且建成后湿地面积原则上应占场地总体规模的 60% 以上，湿地特征典型，生物多样性较为丰富。

(3)功能上以与湿地科学相关的科研、教育、展示等为核心，同时具备休闲、游憩、娱乐等功能。

5.1.2　国内外湿地公园建设与发展综述

1. 国外湿地公园建设现状与发展趋势

自 20 世纪 50 年代，国外发达国家开始进行湿地恢复、重建以及管理等方面的研究，并于 70 年代初形成完整的理论体系。然而，从湿地公园角度来看，国外自 90 年代才提出湿地公园并兴建实施，相关研究主要聚焦于"国家公园中的自然湿地和人工湿地"以及依附于大学校园的"湿地研究科技园"，未提出明确的湿地公园概念以及相关的专题研究体系[319]。

发达国家和地区普遍重视湿地的恢复与重建，所建设的湿地公园多以环境保护为主，兼有科普教育和生态旅游的功能，且其生态旅游的开发利用程度也在不断提高。政府将土地收购用于城市湿地公园建设后，无偿移交给管理机构经营，获得非常好的生态效益、经济效益以及社会效益。例如，美国华盛顿的雷通湿地花园、奥兰多伊斯特里湿地恢复及公园项目都是以湿地处理污水为主要目标而发展的湿地公园；美国永乐湿地国家公园、澳大利亚纽卡斯尔的肖特兰中心、英国 Slimbridge 野禽与湿地中心是在湿地自然保护区的基础上发展的湿地公园；英国伦敦的湿地中心、日本钏路湿原国立公园则是以生态教育、休闲旅游为主题的城市湿地公园[320]。

2. 我国湿地公园建设现状与发展趋势

2004 年，我国首次在《关于加强湿地保护管理的通知》中明确："湿地公园是湿地保护管理的一种重要形式"。目前，湿地公园建设在我国生态环境保护领域起到了良好的示范作用，是一种能够合理处理生态环境保护与资源开发利用关系的有效的保护和管理模式[321]。现阶段我国建成的湿地公园主要有国家湿地公园和国家城市湿地公园，部分省份还设置了省级湿地公园。其共同特征都具备"社会公益性"的性质，共同特点都具备"主题性、自然性与生态性"，都有"湿地保护、科普宣教、合理利用"的功能。国家湿地公园和国家城市湿地公园的主要区别在于批准主管部门不同；国家湿地公园和省级湿地公园的主要区别在于规模和等级不同。

1) 国家湿地公园发展现状及趋势

自 2005 年杭州西溪湿地被国家林业局批准为首家试点建设国家湿地公园以来，截至 2020 年 1 月，全国共建立国家湿地公园达 901 处（含试点）[322]。

吴后建等[323]的研究指出，我国的国家湿地公园空间分布不平衡，总体上呈现凝聚型分布，集中分布在中部、山东半岛和长江三角洲。从省（自治区、直辖市）分布来看，国家湿地公园集中分布在湖北、山东、黑龙江、湖南等省份，并在鲁西南-苏西北、苏南-浙北、湘北、鄂东形成 4 个高密度热点区域。相关分析表明，国家湿地公园数量与各省（自治区、直辖市）的土地面积、GDP 和常住人口数量的相关性不强，现阶段国家湿地公园的发展主要取决于资源本底条件、地方申报的积极性和对湿地公园发展的重视程度。

我国国家湿地公园呈现分布的广泛性和不平衡性，与湿地资源的不协调性，整体总面积较大和湿地率较高[323]；湿地类型以河流湿地、人工湿地和湖泊湿地为主，类型分布不均匀。目前，我国国家湿地公园的建设发展仍面临诸多挑战：湿地公园建设与地方经济发展水平不尽协调；资金需求较大，投资渠道相对单一，"重申报，轻建设"现象比较严重，数量快速发展和质量提升不快；国家重保护和地方重利用的博弈矛盾突出；法律法规和技术标准不健全、发展建设程序不规范；科学研究基础薄弱、科技支撑能力不强、专业人才缺乏；监管体系不完善等[324,325]。

2）国家城市湿地公园发展现状及趋势[326]

我国国家城市湿地公园有 57 个，基本涵盖了湖泊、河流、沼泽、近海与海岸等自然湿地，以及水库、农田等人工湿地。其中，已建成的国家城市湿地公园中河流型湿地公园最多[326]，占其数量的 40%以上；而目前鲜有以沼泽为主要湿地类型的国家城市湿地公园；此外，以人工湿地作为主要湿地类型的国家城市湿地公园也占有很高的比重，高达 33.33%，且多以水库和塌陷坑等为主要湿地类型。这些人工湿地多以湖泊形式进行命名，如河南省平顶山市平西湖国家城市湿地公园、河北省唐山市南湖国家城市湿地公园和辽宁省铁岭市莲花湖国家城市湿地公园等[326]。

我国国家城市湿地公园在地理空间上具有明显的聚集分布特征，呈高度聚集状态。研究表明，国家城市湿地公园的聚集度指数为 0.59，超过了 0.30，其在地理空间上呈聚集分布，空间分布极不均衡。而核密度分析表明，我国国家城市湿地公园建设的高密度热点区域为长江三角洲城市群和山东半岛城市群地区，并在中东部地区零星分布，且更倾向于经济发展较好的地区。我国东南沿海、长江中游城市群、成渝城市群和哈长城市群等地区的国家城市湿地公园建设数量较少，没有形成规模[326]。

2004 年以来，我国国家城市湿地公园已经公布了 12 个批次，但其建设一直处于探索发展阶段。2017 年，住房和城乡建设部又印发《城市湿地公园管理办法》和《城市湿地公园设计导则》，强调城市湿地应纳入城市绿线范围，全面加强其保护和修复，并规范城市湿地公园设计工作。这为我国城市湿地公园的建设发展提供了新的契机，进一步推动了国家城市湿地公园的建设发展[326]。

5.1.3　湿地公园的分类

现阶段的研究中，湿地公园概念本身在学界没有统一定义，因此在湿地公园的分类上，各研究人员和团队由于研究的着眼点和目标不同，也出现了不同的分类标准。

李进进[327]在针对湿地公园概念和分类的论述中提到，"湿地公园分为天然湿地公园和人工湿地公园，天然湿地公园是人与自然和谐相处的产物……，强调湿地的生态修复，避免对原有环境的干扰和破坏。人工湿地公园是人工营造的湿地公园，兼有天然湿地公园的功能，主要以发挥环境效益，……，实现科普休闲为目标"。这种分类方式依据场地基底资源的属性来分类，可以大致分为自然和人工两大类，但是这样的分类还缺乏更加详细的细分类别，比较笼统。

吴后建等[328]以湖南省湿地公园为主要研究对象，按照湿地公园的开发模式将湿地公园分为五大类，分别是：利用宣教型湿地公园、重点保护型湿地公园、保护利用型湿地公园、利用保护型湿地公园、水源涵养型湿地公园。这种分类方式侧重于讨论湿地公园的管理模式，提出相应的管理对策；但是若研究对象为湿地公园本身，这样的分类相互之间会存在交叉，且有一些大型的综合性湿地公园，无法被简单地归到其中任何一个类别。

还有一些研究以湿地公园的功能来分类，如王胜永等[329]将湿地公园归纳为自然保护类、水源维护类、城市休闲类和废污回用类4种类型。该分类方法展示了目前湿地公园建设的主要功能目标。另外，还有一些研究根据旅游资源分类系统对湿地公园分类，分为自然景系和人文景系两大类；或者直接根据批准部门的不同，将湿地公园分为国家湿地公园和国家城市湿地公园。

目前在学术研究中普遍采用的是根据国际公认的湿地资源类型来划分湿地公园，即滨海湿地、河流湿地、湖泊湿地、沼泽湿地、人工湿地；《湿地公园设计》[318]一书中，对湿地公园的分类进行了详细论述，并列举了相应的工程实例，如表5.1所示。

表 5.1　按基底资源不同的湿地公园分类

类型	亚类	描述
湖泊型	—	湖泊沿岸线、植被以及水体侵蚀而形成的滩地
江河型	河漫滩湿地	滨河两岸具有湿地特征的景观带
（包括人工运河）	河口湿地	多条河流冲积而成
滨海型	海岸沼泽地湿地	港湾与潟湖的潮间带
	入海口三角洲湿地（河口滨海湿地）	上游河流泥沙淤积而成
农田型	冲田型	丘陵或山间较狭窄的谷地上的农田
（含养殖塘）	圩田型	江湖冲积平原的低洼易涝地区筑堤围垦成的农田
	养殖塘	鱼塘、蟹塘等以水产养殖为主的场地
其他类型	采矿与挖方取土区	由于采矿或取土形成的特殊场地
	废弃地	受一定工业污染，具有湿地特征或周边有一定规模的自然与人工湿地
	蓄水区	水库、拦河坝、堤坝形成的面积较大的储水区

资料来源：《湿地公园设计》第24页表2-1湿地公园分类，有删减。

基底资源分类法在针对湿地公园本身的环境特征和设计方法的相关研究中应用广泛，但由于本章研究的重点为人工湿地系统在湿地公园中的应用，湿地公园的主要功能目标、人工湿地系统在湿地公园中所起的作用是区分各种不同工艺组合和表达方式应用的主要条件，因此本章研究参考王胜永等[329]关于湿地公园分类的相关结论，采用功能目标分类法对湿地公园进行如下分类。

自然保护类：以国家湿地公园为典型代表，人工湿地措施的应用主要表现在恢复水系、营造地形、构建动植物群落等方面，以及针对少量的面源污染（农业）以及生活污染的削减与消除。

水源维护类：以各类湖、库为典型代表，人工湿地措施的应用主要针对上游河道的治理、河道进入水源地的前置处理，以及滨岸防护处理等。

城市休闲类：以城市湿地公园为典型代表，人工湿地措施的应用除了满足削减污染的功能要求外，更加注重水面、植物等的景观营造，观赏及游憩需求较高。

废污回用类：主要针对补水水源为再生水的湿地公园，人工湿地系统主要承担资源回用、价值转换等功能，并具有科普教育的作用。

5.2　人工湿地系统在不同类型湿地公园中的应用

5.2.1　不同类型湿地公园对人工湿地系统的功能需求分析

根据湿地公园分类的相关研究，人工湿地系统在不同类型的湿地公园中的功能集中在以下四个方面：污染负荷的削减，动植物群落保育与恢复，再生水、雨水资源化利用，类景观功能（观赏、游憩、科普教育等），见表 5.2。

表 5.2　人工湿地系统在不同功能类型湿地公园中的应用

湿地公园类型	人工湿地系统的功能			
	污染负荷的削减	动植物群落保育与恢复	再生水、雨水资源化利用	类景观功能（观赏、游憩、科普教育等）
自然保护类	●	●	○	○
水源维护类	●	○	○	○
城市休闲类	●	○	○	●
废污回用类	●	○	●	○

注：●表示必要功能，○表示非必要功能。

5.2.2　人工湿地系统的应用场景

1. 污染负荷的削减

外源性排放及内源性底泥释放的营养物质及污染物是湖泊、河道等水质污染和富营养化的主要原因[330]。人工湿地系统削减污染负荷主要包括对外源性污染负荷的生态拦截和对内源性污染负荷的生态萃取，主要应用布置形式包括带状生态拦截、线状生态拦截、前置库生态拦截和以基质、水生植物、微生物为主要手段的内源污染物生态萃取（图 5.1）。

带状生态拦截主要针对无组织排放的农田坡面径流和城市地表径流，可有效地截留来自地表径流中的固体颗粒物、氮、磷和其他化学污染物。线状生态拦截主要针对有组织排放的农田退水沟渠，使其在具有原排水功能的基础上，增加对农田排水中所挟带的氮、磷养分进行去除、降解的生态功能。前置库生态拦截主要针对污染负荷有组织地集中排放，对控制面源污染，特别是对去除入湖的氮、磷安全有效。人工湿地系统具有高效的生态萃取功能，其中基质和水生植物能吸收利用污染物中可利用的营养物质，吸附和富集重金属及其他一些有毒有害物质[331]，而微生物可分解大量有机污染物，减轻营养盐在湖泊中的积累，同时与湖泊相互作用，使其基本发挥自身净化能力[332]。

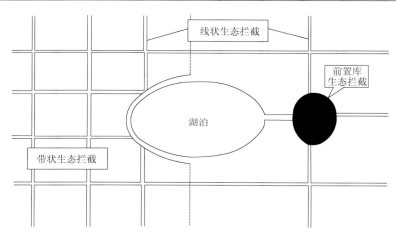

图 5.1　人工湿地系统污染负荷的削减[330]

2. 动植物群落保育与恢复

1）生物物种定向培育与保护

已有研究表明，人工湿地系统可以调节进出水温度和水环境 pH[333]，确定人工湿地中各种生物活跃状态所适宜的水环境指标，选取适合的基质，有利于生物物种的定向培育和人工繁殖。

人工湿地系统可以模拟产卵场、栖息地要求的环境，建立人工产卵场，人工孵化育苗，培育鱼种及一些濒临灭绝的生物。目前，国内外通过在湿地上设置人工增殖站、人工产卵场用于湖泊生物物种增殖的例子还不多见，但是人工产卵技术、人工增殖技术和人工放流技术已取得一定程度的发展，结合人工湿地的生态特征及服务功能，这些技术在自然保护类湿地的生态恢复中具有广阔的应用前景。

在人为进行湿地生态恢复过程中，不可避免地对现有生物造成一定程度的伤害，可将一些生物物种转移到人工湿地中，先期保护起来，待自然湿地生态恢复后，再将其重新转移到自然湿地中。

2）营造湿地鸟类栖息地

在城市发展过程中，处于城市内部的自然湿地空间可能不断被压缩，湿地鸟类的栖息地面积不断减少，人工湿地是弥补城市自然湿地缺失的重要措施。湿地鸟类主要包括水禽和涉禽，有意识地建造浅水区域、滩地、泥滩涂、生态安全岛等人工湿地生境，改善城市鸟类的栖息环境，对城市生态格局的构建具有重要意义，尤其是对位于鸟类迁徙通道上的城市而言，人工湿地措施有利于维护大生态系统的稳定。

3）水生植被恢复

水生植被恢复必须以控制营养负荷为前提。国内外的研究和实践表明，一切生态修复工程的前提是截污，包括点源和面源。上文中已经详细阐述了人工湿地在削减污染负荷方面的应用。水生植被的恢复首先需对底质条件进行详细调查，并进行鱼类控制，其次选择在一定范围内建立先锋植被群落，后续再逐步加快自然群落恢复。人工湿地措施具有较多的人为干预过程，对水生植被的有序恢复具有促进作用。

3. 再生水、雨水资源化利用

1）将"工程水"转变为"生态水"

随着城市的不断发展，城市污水处理厂的出水标准不断提高，有些城市甚至能够达到地表Ⅳ类或Ⅲ类水标准，大量的水资源往往直接排入城市河道而流走。这样一方面造成了水资源的浪费，另一方面再生水的生态性通常较差，有些处理手段可能会导致残留微量毒性物质，甚至散发异味，直接排入河道存在一定隐患。人工湿地系统的净化处理能够有效改善再生水的生态性，湿地出水能够用于河湖生态补水、市政景观用水等方面，充分提高水资源利用效率，如深圳燕罗湿地公园。

2）净化雨水补充湖泊湿地水源

位于中心城区的湖泊湿地通常会面临湖面萎缩、水量丰枯变化大、水质恶化等问题，我国属严重缺水国家，在降水量丰沛的地区和季节对雨水进行有效利用显得尤为重要。在雨季收集雨水处理补给湖泊，在非雨季处理湖水再回灌，使湖水循环起来，改善湖水水质。

利用人工湿地技术去除雨水中的污染物，再回用于湖泊等景观水体，与传统注入清洁水置换湖水相比，能够节省大量宝贵的水资源。而且净化后的雨水排入景观水体，减少了景观水体的环境污染程度，减少污染而产生的经济效益也是很大的。雨水湿地运行费用低廉，直接、间接经济效益显著[334]。

4. 类景观功能（观赏、游憩、科普教育等）

为解决日益加剧的城市内涝问题，我国提出建设自然积存、自然渗透、自然净化的"海绵城市"。传统的人工湿地因具有较好的吸纳径流、去除污染物方面的优势，将在海绵城市建设中发挥重要作用，而在此基础上更加突出景观价值的景观型人工湿地与海绵城市建设更加贴合[335]。以城市湿地公园为典型代表，人工湿地系统完全融入整体的公园布局中，成为公园景观体系的一部分，兼具景观游憩和科普教育功能。

人工湿地生态景观系统是在人工湿地系统和景观系统的基础上构建成的特殊系统，由人工湿地系统的构筑物、植物、水体、生物群落、建筑环境艺术小品等景观要素组成，具有净化和美化的双重功效，是组成城市、居住区景观类型之一。该系统可以缓解传统水景观（包括滨水景观、临湖景观、临溪景观、人工湖景观等）运行中出现的运行成本高、维护困难等压力，并对控制水体富营养化、保障水质有良好效果[336]。

5.3　人工湿地系统在湿地公园中应用的注意事项

5.3.1　人工湿地系统在湿地公园中应用的前置条件

湿地公园与人工湿地系统两者在构成要素上具有同质性，并且各有侧重，优势互补。在水体、植物和动物栖息地营造方面：水体上，前者擅长水景营造，后者重在水质改善；植物上，前者重观赏，后者重处理功能；动物栖息地营造上，两者具有相同的规划目标[337]。虽然人工湿地系统具有融入湿地公园建设的理论基础，但是要在工程实践中应用于湿地公园建设，必须具备以下前置条件。

1. 项目具备充分的建设人工湿地系统的必要性

湿地公园项目建设之初，应充分对场地内的土壤、水文、植被以及用地类型情况进行调研，科学地评估场地的环境健康状况，并预测公园建设对场地内原生环境可能造成的不良影响。基于以上调研评估结论，若存在以下情况，则认为具有建设人工湿地系统的必要性。

(1) 项目有污水净化的刚性需求：原场地的原生生态系统遭到破坏，已无法自行消解外部和内部的污染源，需恢复生态功能；或来水水源水质不良且水量较大，原生生态系统无法完全消解，需人工湿地系统辅助的。

(2) 项目场地内存在文物保护本体，不能对其进行工程措施建设，并且其受外部污染源威胁：作为文物保护本体的湖泊、河流等自然遗产，由于城市建设发展而受到污染威胁，又不能对其进行工程措施建设，需在外部区域通过人工湿地系统对污染进行消解的。

(3) 项目有水源保护要求：如水库等蓄水区建设湿地公园，水源地保护是首要目标，需对外部污染进行有效拦截的。

(4) 项目内部或周边本来就已建有人工湿地的。

2. 项目具备合理的建设人工湿地的客观条件

人工湿地由于具有投资少，造价、运营成本低廉，系统组合具有多样性、针对性，能够灵活地进行选择，处理污水具有高效性，有独特的绿化环境功能等优点而得到广泛应用，但同时其相对于传统污水处理工艺需要较大的占地面积、适宜的地形条件以及特定的动植物和微生物群落。因此，判断是否能在湿地公园建设人工湿地，在具备充分的建设必要性的前提下，还需满足以下客观条件。

(1) 有足够的用地面积，且用地权属及用地性质无争议：人工湿地系统与传统污水处理工艺相比较，同等条件下需要 2～3 倍的用地面积；城市土地资源稀缺，在城市湿地公园建设中，土地资源是否满足建设需求，需对计划建设的人工湿地规模进行模拟预测。

(2) 有适宜的地形条件：即在场地现有地形条件的情况下，建设人工湿地的效益应当远远超过为了保证湿地正常运行而投入的地形改造成本和人工动力成本。

(3) 有稳定的、能够保证人工湿地正常运行的来水水源：尤其在缺水地区，水源来源及水量是能否建设人工湿地的主要限制条件。

5.3.2 人工湿地应用于湿地公园的要素规划

1. 地形要素规划

地形是构成景观的基底因素，是构成场地景观的骨架，地形布置的适当与否直接影响到其他设计因素，如植物与水体的布局、建筑与构筑物的布局，都会因地形的不同而有所改变，地形的构造与布局对园林景观的使用功能、视觉效果都有极大的影响。地形、地势、地貌的综合应用既是创造良好景观的重要步骤，又是引导雨水合理流向、控制径流速度、使其适当滞留的关键。

湿地公园地形要素规划应遵循如下原则。

1) 尊重原始地貌、因地制宜原则

明末造园家计成所著《园冶》一书中有专门论述踏勘选定园址的《相地》一章。相地包括园址的现场踏勘，环境和自然条件的评价，地形、地势和造景构图关系的设想，内容和意境的规划性考虑，直至基址的选择确定[338]。每个场所都具有相应的地域特点和场所精神，它不仅表征着场地用地的功能性质，还包含着当地的文化溯源，尊重原始地貌，合理利用现有地形，是生态景观设计的根本[339]。

2) 艺术与技术相结合的原则

在湿地公园的设计施工中，地形设计不仅仅是单纯的土方技术工程，更是一项艺术性工作。针对地形的起伏变化进行视线的控制，一方面是对开放空间进行分割，营造出不同尺度的空间场所；另一方面，优美或富有特色的地形本身也是景观的重要组成部分。

3) 经济合理原则

经济性原则是需要考虑建设投资的必要性，应采用最经济合理的方案；合理性原则是充分考虑方案的可行性、安全性和可持续性，地形是整个公园的核心骨架，影响公园整体效果的实现。

人工湿地公园营造中有许多优秀的地形营造案例，具体介绍如下。

西安浐灞国家湿地公园是以地形围合而成的人工湿地公园，丰富的地形实现了丰富的视觉效果：地形设计中的不同坡度形成不同的景观空间，西岸的缓坡拉通视线，并给动植物提供生长环境和栖息地；东岸的陡坡结合微地形和植被的变化，形成多层次的景观效果；中部水池的盆地形式结合岛屿的散落，形成或开阔的水面，或幽闭的空间，营造了不同类型的异质生境空间[339]。

六盘水明湖国家湿地公园是地形利用、场地文化特色与湿地功能紧密结合的成功案例之一。具有多种生态功能的梯田的建造灵感也来源于当地的造田技术，通过拦截和保留水分，陡峭的坡地成为丰产的土地。它们的方位、形式、深度都依据地质因素和水流分析而设定。这些梯田状栖息地减缓了水流，水中过剩的营养物质成为微生物和植物生长所需的养分来源，从而加快了水体营养物质的去除[340]。

2. 水体要素规划

湿地水体是湿地公园存在的基础条件之一，湿地公园内水体景观的规划设计也相应成为湿地公园内各类景观规划设计中最为重要的内容之一。现阶段，湿地公园的水体景观在规划设计时还存在着大量照搬普通园林水景公园中水体景观设计形式的现象，以致在湿地公园水体景观中还存在着硬质化严重、湿地特色缺乏、湿地公园水体景观设计缺乏合理的功能目的性等问题[341]。

1) 水域面积与水位控制

《国家湿地公园建设规范》中要求，湿地面积应占公园总面积60%以上；《城市湿地公园设计导则》中则规定湿地面积应占公园总面积50%以上，但均未具体规定水域面积。水域设计应充分尊重场地原始基底条件，结合湿地基本生态功能需求和园林理水艺术原则，科学规划布局水系，充分保留利用现有水体，合理引用外部水源，确保水系连通性与循环性，合理规划水域与陆域的占比及相互关系，营建具有生态性、多样性、文化性的水体景观。

分析研究湿地公园水位的动态变化，界定不同水位(常年水位、高水位、低水位)状况下水体的边界[342]，是掌握水陆交界区域植被分层、自然演替和规划不同护岸类型做法的前提。湿地公园作为城市生态系统的一部分，往往需要承担蓄滞雨洪的功能，湿地公园水位控制在湿地公园设计、施工以及后期运行中都是非常重要的环节，直接影响湿地公园的安全性、景观性和可持续性。

2) 滨水岸线设计

丰富湖岸形态主要包括拓展湖面岸线和丰富岛屿类型两个方面。

有研究表明，在自然状态下，湖泊岸线曲折多变，湖岸结构和物质组成均为自然演化的结果，在沿岸带浅滩的围垦和筑堤建坝等人为因素的影响下，湖泊岸线多呈顺直或折线的几何形态，湖岸结构多由浆砌块石或水泥板块构筑，极大地改变了湖泊自然滩地特征，致使湖泊岸线长度不断变短，湖岸结构趋于单调，湖泊岸线的复杂程度降低，稳定性变差[343]。

可以通过种植湖岸植被、修复湖泊湿地等措施，拓展湖面、恢复水域，同时对岸线的形态进行重构，增加湖泊岸线的复杂性，延长湖泊岸线的长度；岛屿也是影响岸线形态的重要元素，根据不同的基底特征，形成类型丰富、大小差异显著的岛屿形态，如半岛、湖心岛、堤岸、港湾等，通过不同植物主题的配置，丰富湖泊景观层次与竖向空间，增加湖岸形态的多样性，强化湖岸结构和生态的稳定性。

3) 水体形态艺术化

人工湿地主要类型包括表流型人工湿地、潜流型人工湿地等不同类型，在水质净化过程中，除了人工湿地单元的配置外，根据进水负荷的不同状况，需增加其他物理或化学工艺流程，常见的物化处理区如曝气塘、氧化塘、收集池、沉淀池等，根据水质净化的需要串联不同种类的人工湿地。

表流型人工湿地呈现的外在视觉效果与地表自然漫流系统非常相似，因此在以自然基底资源为主的湿地公园[即湖泊型、江河型(非人工河道)、滨海型湿地公园]中，表流型人工湿地只要在形态处理上进行一定程度的艺术化处理，模拟自然，就能够较好地与自然景观进行过渡和衔接。而潜流型人工湿地和沟渠型人工湿地呈现的外在视觉效果更偏工程化，且形态的变化与处理效果的相关性较高，虽然难以直接与自然景观衔接，但是在现代城市景观中，不乏几何形态的应用。用于辅助人工湿地的物化处理设施相对来说拥有更高的景观可塑性。曝气塘、氧化塘、收集池、沉淀池这些常见的物化处理设施所呈现的外在视觉效果均为开敞的水面，且具体形态并无固定模式，只要规模和容量满足要求，形态上的差异并不会影响其功能效果。在湿地公园建设中，这些开敞水面通过艺术化的形态重塑手法，完全能够融入整个公园的景观体系中。

4) 水体效果景观化

水景在园林景观中表现形式多样，一般根据水的形态分类，园林水景有以下几种类型[344]。

(1) 静水：园林中以片状汇聚水面的水景形式，如湖、池等。其特点是宁静、祥和、明朗。园林中静水主要起到净化环境、划分空间、丰富环境色彩、增加环境气氛的作用。

(2) 流水：被限制在特定渠道中的带状流动水系，如溪流、河渠等，具有动态效果，并因流量、流速、水深的变化而产生丰富的景观效果。园林中流水通常有组织水系、景点，联系园林空间，聚焦视线的作用[345]。

(3) 落水：指水流从高处跌落而产生变化的水景形式，以高处落下的水幕、声响取胜。落水受跌落高差、落水口的形状影响而产生多种多样的跌落方式，如瀑布、壁落等[346]。

(4) 压力水：水受压力作用，以一定的方式、角度喷出后形成水姿，如喷泉。压力水往往表现出较强的张力与气势，在现代园林中常布置于广场或与雕塑组合。

人工湿地系统通常由塘、池、沟等不同形态的水体构成，通过控制水力停留的时间、流动的速度来实现一定的水处理效果。这样的设置与园林水景的几种效果也有一定的相似性，只是常规的人工湿地系统水体设计在效果表现上更加偏工程化，对于水体效果的景观性考虑较少。如果将园林水景的设计手法与人工湿地想要的水体功能进行结合，会更加有利于人工湿地系统在湿地公园景观营造中的融合与应用。

5) 典型案例介绍——成都活水公园[80,347]

成都活水公园是世界上第一座城市综合性环境教育公园，位于四川省成都市，占地24000 多平方米。其取自府南河水，依次流经厌氧池、流水雕塑、兼氧池、植物塘、植物床、养鱼塘等水净化系统，向人们演示了水与自然界由"浊"变"清"、由"死"变"活"的生命过程。园中每天有 300t 水从河中抽出，除去有机污染物、重金属后再回到河中，庞大的水处理工程大大改善了府南河的水质，也因此让市民亲眼看见水由污变清的自然进程并为之骄傲。

成都活水公园的形状是"鱼"形，象征活力和健康，这也成了该设计的亮点之一。游人往往从鱼嘴而入，走向鱼尾，而沿着河岸又恰好在公园散步，游赏全景。成都活水公园对水体的设计处理非常巧妙，是水体形态艺术化和水体效果景观化的优秀典范。水从池中经保留下来的阶步流下山，进入一组岩石瀑布，先是简单的造型，然后渐渐作鸟状。水流在浓荫树冠山脚下潺潺而过，成为迷人的中心散步道，并在路端进入半圆的清水池中。路旁设巨大的砾石，人们可坐下聆听奔腾的水流声。园路从第二个池塘起将游人引入藤蔓依垂的林荫道，一直走可到阳光灿烂的生物水净化中心景点——湿地景观。湿地景观有十来个不同深度的池塘，其均配置了能清洁水体的水生植物。人工湿地塘床生态系统为活水公园水处理工程的核心，由 6 个植物塘、12 个植物床组成。人工湿地的塘床像一片片鱼鳞，呼应了公园的总体设计。

3. 植物要素规划

植物是湿地构成的基本要素，人工湿地运用于湿地公园中植物要素规划应注意以下方面。

1) 扩大景观水生植物开发应用，合理选择植物种类[348]

目前，全球已知的湿地植物有 6000 多种，但在我国人工湿地中使用的不过几十种，如荷花、芦苇、香蒲、睡莲等。就全国各地不同的风土而言，相似的植物不仅缺乏城市特色，还难以与当地需求结合起来。就人工湿地的功能与景观兼备而言，难以得到有效结合、有机统一。

不同地区间的环境差异是影响人工湿地植物景观设计最基本的因素。首先，所选的植物需适合当地的气候条件，能够维持正常生长；其次，本土的特殊湿地植物降低实际工作难度，节约自然和社会资源。满足以上两个基本条件即可营造出具有地方特色的人工湿地植物景观。

2) 提升岸边植物的景观和生态作用

岸边植物除其本身的护岸固土功能外，也为湿地中的动植物提供了养分和能量。陆地动植物、水陆交界动植物以及水体动植物三者构成一个完整的生态系统。然而，现实中大多数设计者将水面和水岸的植物配置割裂开来考虑，将水中湿地的植物配置放在主要地位，而忽视了水岸边的植物配置，这样的分裂形式考虑得过于片面，难以发挥湿地的整体作用。若能将水岸和湿地的植物配置结合起来考虑，将发挥生态功能多样性、植物景观整体化的作用，从而维持生态系统的稳定。

在实践过程中，为了能够全面地将岸边的植物景观水平和生态作用进行提升，在进行城市人工湿地植物景观营造的过程中，需要对岸边植物的景观效果进行考虑。岸边景观植物的选择可以根据环境、气候以及土壤等条件，选择相应的植物，并且需要在植物搭配的位置上按照人工湿地植物景观营造的要求，对其进行合理布置；同时，针对岸边植物的生态作用的控制，需要严格根据实际场地情况，选择一些能够吸附和拦截地表径流中污染物的植物种类，从而保证植物的生态功能呈现出多样性，使其在兼顾景观作用的同时，还能够达到实现生态平衡的目的。

3) 合理搭配物种，建立稳定的群落结构

在结合当地的土地条件、植物群落特征、人文景观背景的前提下，建立稳定的植物群落结构应选择当地的一种或几种植物作为主要物种，并根据需要配置所需的其他物种，使整个系统能达到自我组织和自我维持的状态。在空间结构上，沉水、挺水、浮水三类植物之间的合理搭配有利于营造出多层次的景观。在净化作用上，不同类型的湿地植物存在着差别。为有效利用有限空间、提高水质处理效率，对植物进行合理的空间配置，才能实现"水清，岸绿，景美"的目标。在物种间配置上，植物种间、植物群落间的相互作用是必须要考虑的，为保证湿地景观的稳定可持续发展、产生良好的观赏价值和生态功能，应该避免将具有生化拮抗作用的种类一同配置。

4) 加强冬季植物养护收割，提升人工湿地运行的可持续性

大部分地区的水生植物在冬季可能出现枯萎、变黄、缺乏绿意等情况；而开春之后，在气温升高和微生物的作用下，植物残枝的腐烂速度加快，释放出的有机物对水体造成一定污染，这不但影响景观效果，而且湿地的生态功能也大大降低。

在城市人工湿地植物景观营造的过程中，冬季植物会出现凋谢、枯黄等现象，这些

问题的存在会直接导致景观效果与水体环境质量下降，但是冬季水生植物的枯萎是无法避免的自然规律。因此，在冬季做好植物的收割养护工作是人工湿地可持续运行的必要环节。按照植物的季相变化特征，合理安排各类水生植物的收割时间，避免植物残枝污染水体，同时以便来年新枝萌发。只有加强人工湿地植物的养护管理，才能有效保证人工湿地的生态功能和景观效果。

5) 典型案例介绍——上海辰山植物园

上海辰山植物园作为上海市"十一五"的重大建设项目，对于促进城市生态的可持续发展、实施"科教兴市"主战略、提升植物科研水平和上海的国际形象、烘托 2010 年上海世博会的主题具有重要作用。建成后的辰山植物园已成为集科研、科普和游憩等功能于一体的综合性植物园，兼具园林的外貌、科学的内容、文化的内涵和江南地域的特征[349]。

辰山植物园虽不是传统意义上的湿地公园，但是其水体体量大，达到 30 多公顷，包括园区内封闭式水体、过境水流和周边补充水源三部分。其中，封闭式水体占园区整个水体的大部分比重，水体基本上缓流或不流动，自净能力弱，环境容量十分有限。为了解决这个问题，园区建设了水体水质维护系统的绿色基础设施，包括雨水花园、旱溪、水生植物园、人工湿地系统、生态驳岸、水生景观植被等，取得了非常好的效果。辰山植物园对于植物设计的表现形式，为今后湿地公园建设中兼顾植物的功能性与景观性提供了很好的示范。其在植物品种的选择上，不仅考虑功能性植物，还兼顾观赏性植物品种，同时结合科学研究，积极挖掘和寻找最适宜、最有效的植物品种；在配置手法上，引入园林花境的配置方法，丰富植物景观的层次和色彩，并结合雨水花园、旱溪等多种形态的硬景营造，将水处理系统的工程化面貌转变为景观化的表达形式。

5.3.3　人工湿地应用于湿地公园可能面临的问题

1. 出水水质难以稳定达标的问题

人工湿地系统是一种较好的水污染削减处理技术，特别是它充分发挥资源的生产潜力，防止环境再污染，获得污水处理与资源化的最佳效益。但生物和水力复杂性增加了对其处理机制、工艺动力学和影响因素的认识理解难度，导致设计运行参数不精确，因此常由于设计不当，出水达不到设计要求或不能达标排放，有的人工湿地反而成为污染源。现阶段人工湿地系统比较适合于处理水量不大、水质变化不大、污染物含量较低的来水水源。

人工湿地技术仍有待于进一步研究改良，有必要更细致地研究不同地区的特征和运行数据，以便在将来的建设中提供更合理、更精确的参数，提高人工湿地出水水质的稳定性。

2. 蚊虫问题

蚊虫问题不仅在湿地公园或人工湿地系统中存在，理论上只要有水体的公园，都会存在蚊虫问题。露天、静止的水面适合蚊虫孳生，富营养的水体适合孑孓繁殖。研究表明，水莲塘有机负荷小于 2kg/(hm²·d)，不会产生蚊虫问题，而高于 8kg/(hm²·d) 则会造成蚊子数量剧增[337]。

人工湿地系统可以通过创造不适宜蚊虫孳生的环境来减少蚊虫问题，控制方式包括排查滞留水体、种植浮水植物、及时清理垃圾、消除细小的积水处等；还可以通过辅助设施，如沾虫板、灭蚊灯等强化灭蚊效果。另外，利用生物措施如投放食蚊昆虫和鱼类等，可以辅助控制蚊虫数量。

但总体来说，湿地公园的蚊虫问题是一个普遍性问题，难以通过工程技术措施的应用一次性根除。湿地公园的长效管理措施才是应对蚊虫问题的最佳解决方法，通过管理机构的积极排查、预防和治理，才能长期有效地控制蚊虫数量，不会使其爆发性增长，但这对湿地公园的管理工作提出了较高要求。

3. 生物入侵风险问题

人工湿地系统在构建过程中，常常会使用生物措施，包括植物的种植和水生动物的投放。如果品种选择或使用不当，则有造成生物入侵的风险。

例如，常用的沉水植物伊乐藻，其净化能力和耐污能力很强，非常适合作为水环境改善的先锋植物进行种植，为后续其他植物的种植创造条件；但是伊乐藻作为外来物种，引入我国 20 余年以来，造成人为扩散强度大、分布范围日益扩大的问题。此前，伊乐藻曾先后引入欧洲和日本，并逐渐取代本土种，成为优势种群。如今，在我国东太湖等湖区其已成为优势种。已有研究表明，伊乐藻至少对金鱼藻、狐尾藻等两种本土植物有化感作用，能明显抑制其生长；而且被螺类牧食的伊乐藻仍有较高的存活率，形成的断枝也有较高的腋芽萌发率[350]。

中国已知的外来入侵物种至少包括 300 种入侵植物、40 种入侵动物、11 种入侵微生物。其中，水葫芦、水花生、紫茎泽兰、大米草、微甘菊等 8 种入侵植物给农、林业带来了严重危害，而危害最严重的害虫则有 14 种，包括美国白蛾、松材线虫、马铃薯甲虫、牛蛙等[351]。生物入侵不仅会造成严重的经济损失，还会直接影响生物多样性的维护，破坏生态系统的平衡与发展。

4. 动态空间设计、建造、管理难度大的问题

动态空间包括自然水位季节性涨落而形成的消落带区域和人为控制水体水位而形成的水位变化区域这两种情况。

消落带又称涨落带或涨落区，是指因季节性水位涨落而使周边淹没土地周期性地出露于水面的一个特殊的区域。消落带在水体与陆岸之间形成生态隔离带，是一种特殊的水陆交错湿地生态系统。消落带的生态环境具有淹没时间长、水位涨落幅度大等特征，特别是在一些坡度陡、水流急、土壤难以沉积的区域，植被常常因此完全消失而成为裸地，其产生的景观不协调将制约旅游业的发展，且治理存在很大困难[352]。

人为控制水体水位的情况常常出现在城市防洪排涝河道或调蓄库中，且水位变化控制情况正好与自然水量丰枯情况相反。汛期降水量较大，需要预降水位，露出原本常水位条件下位于水下的区域，以腾出库容；非汛期则通过补水等措施维持常水位。

　　动态空间的规划设计对项目团队的专业完备性要求较高，需有水文、地质、水工、景观、生态等多专业人员协同合作，系统地分析梳理各种工况下的空间形态、水位、流速等情况，再进行合理的规划设计。这样水位变化的动态空间往往面临着水土难以保持、土壤瘠薄、植被恢复困难、承载力较弱等问题，给设计、建造工作带来了较大困难。

　　湿地公园建成后的运维管理工作也同样面临挑战，尤其是安全问题。一方面，在景观系统中，亲水性设施的设置往往布置在动态空间中，设施会存在季节性被淹没的情况，怎样保证设施的安全性是运维工作的重点；另一方面，对游客行为的管理难度大也是运维工作需要解决的难题。大部分湿地公园为开放式公园，开放式公园也是未来社会发展的趋势，但是其在提供便捷的同时增加了管理难度。在水位变化的动态空间中，公园管理机构常常难以面面俱到地约束游客行为，因此存在发生安全事故的风险。

　　5. 长效维护要求高、冬季难以正常运行的问题

　　人工湿地受气候温度条件影响较大，与一年中的其他季节相比，冬季人工湿地的效果相对较差是普遍现象。在春夏温暖季节，植物生长速度快，生物量增加，对污染物的吸收加快，湿地系统的净化功能较强；而冬季植物枯萎后，污染去除能力明显下降，且死亡的植株若不及时清理，会释放污染物到水体中。

　　人工湿地主要依靠填料上生长的微生物和植物根茎的持续繁殖与新陈代谢，来降低污染物的浓度，但是随着时间的推移，部分营养物质会逐渐积累，湿地中的微生物大量繁殖，其所产生的代谢产物、腐烂的植物根系以及污水中的一些悬浮物，会不断堵塞填料空隙。如果不及时维护、更换填料，便很容易产生淤积、堵塞现象，使湿地系统失去应有的功能。

　　总体而言，人工湿地需要较多的人工干预维护，才能较好地维持湿地系统的净化效率、生态功能及景观效果，这也对湿地公园建成后的长期管理维护工作提出了较高要求。

第6章　人工湿地工程建设实施要点

6.1　湿地地形塑造及基础处理

6.1.1　地形塑造

湿地的地形塑造主要依据规划设计图纸，通过施工场地土方开挖及回填实现。表流型人工湿地的地形塑造是确定湿地生物分布、水力连通以及湿地景观营造的前提。通过微地形构造，能够建立湿地恢复区的基本地形骨架，营造湿地岸带、浅滩、浅水区、深水区、开敞水域等不同水体类型。科学合理的地形构建也有利于疏通水力连通性，促进水体中物质迁移转换速率提高，丰富湿地生物多样性，实现湿地生态结构、生态过程与生态功能的有机结合，发挥整体生态功能。相比较而言，潜流型人工湿地的地形塑造要求则较为简单，主要为湿地池体、集配水井等构筑物的建造提供一个稳定、平整的基础。不管何种类型湿地的地形塑造，均应利用现有地形尽量减少土石方调整量，减少对湿地生态环境的扰动。

1. 土方开挖

湿地土方开挖施工前应首先制定合理的土方调运方案，清理施工区域内对施工有影响的障碍物，合理安排使用施工机械。根据施工图纸定点放线，确定挖方的轮廓线，并用显眼标志标明范围。

因为人工湿地的基础多为地下结构，所以开挖基坑的施工尤为重要。多数项目的周边环境以耕田居多，应以"T"形铺设临时便道，保证施工人员和车辆正常通行。

土方开挖前应仔细查看设计图纸、地勘报告并进行现场查勘，当地下水位位于设计开挖基坑底面以下不足 0.5m 时，须采取降水措施。

开挖时先放好池(塘)体上口线、池(塘)体水位线、池(塘)体下口线，经复测及验收合格后开始开挖。机械挖土采用端头挖土法，挖土机分别从待挖区域的一侧向另一侧开挖，以倒退行驶的方法进行开挖，自卸汽车配置在挖土机的两侧装运土。当场地内既有河塘开挖时，先进行池塘排水，晾晒池底，在处理淤泥杂质后方可进行开挖或回填工作。

挖土自上而下水平分段进行，挖池(塘)和修池(塘)岸一次完成，边挖边检查池(塘)体下口、池(塘)体水位线及池(塘)体上口标高，同时检查池(塘)岸坡度，不够时应及时修整。临时性挖方的边坡坡度应根据工程地质和开挖边坡高度要求，结合当地同类土体的稳定坡度确定；在坡体整体稳定的情况下，如地质条件良好、土(岩)质较均匀，高度在 3m 以内的临时性挖方边坡坡度宜符合《建筑地基基础工程施工质量验收标准》(GB 50202—2018)中关于临时性挖方工程的边坡坡率允许值(表 6.1)。

表 6.1　临时性挖方工程的边坡坡率允许值

土质类别		边坡坡率
砂土	不包括细砂、粉砂	1：1.50～1：1.25
黏性土	坚硬	1：1.00～1：0.75
	硬塑、可塑	1：1.25～1：1.00
	软塑	1：0.50 或更缓
碎石土	充填坚硬黏土、硬塑黏土	1：1.00～1：0.50
	充实砂土	1：1.50～1：1.00

采用机械开挖与人工修整相结合的施工技术方法，在基坑上平面周边布设草坪稳定基坑周边土方。基坑的降水直接在基底排水，在基坑四周人工开挖排水沟，四面对角设置两处集水井，用污泥泵连续不断排水，排水沟和集水井要低于开挖面 0.5m。其明沟坡度为 0.5%，内填碎石，以免被掩埋并保证坡脚稳定。

接近基础层使用机械开挖，预留 20～30cm 厚的土层用人工开挖，严禁超挖扰动地基土。测量人员随时检查桩点和放线，以免错挖。土方开挖时要尽量做到土方平衡，减少挖填方量。若场地内有条件时，需将表土、底土(或好土、差土)分别堆放，留足回填需用的好土(回填土或种植土)，多余的土方一次性运至弃土点。

2. 土方回填

1)回填土控制

人工湿地填方前核对图纸和现场放线是否正确一致，确保湿地地形重塑满足设计图纸要求；施工前需复核基底标高和填方区是否存在垃圾、树根等障碍物，同时必须清除土方内积水和含水量较高的浮土；检验填土区域地基密实度，若基底土壤密实度不够，需夯实或碾压后再回填清除表面植被(含树根)及垃圾土、淤泥，淤泥过深则需进行基础处理。

回填土的土质、粒径、含水率等应符合设计要求，宜优先采用原位挖出的土，但不得含有机杂质，其粒径不大于 50mm，其最大粒径不得超过每层铺填厚度的 2/3(使用振动碾时为 3/4)。回填前应根据试验确定回填土含水量控制范围、铺土厚度、压实遍数等施工参数。

2)回填及压实注意事项

回填土施工应分层铺填压实，最好采用同类土，如果用不同类土，应把透水性较大的土层置于透水性较小的土层下面，若已将透水性较小的土填在下层，则在铺填上层透水性较大的土料之前，将下层表面做成中间高四周低的形状，以免填土内形成水囊，不得将各种土混杂在一起回填。回填土每层都应测定压实后的最大干密度，检验其密实度，符合设计要求后才能铺摊上层土，未达到设计要求部位应有处理方法和复验结果。

大面积填方应分层填土，一般每层 30～50cm，填一层夯实一层。为保持排水，应保证回填工作面有 3%的坡度，应分层对称填土，防止造成一侧压力，出现不平衡，破坏基础或构筑物。当填方位于倾斜的地面或在堆土做陡坡时，应先将斜坡改成阶梯状，然后分层填土以防填土滑动，也可以用袋装土垒砌的办法直接垒出陡坡。

分层铺土不得超厚，冬季施工时冻土块粒径应满足规范规定，不得出现漏压或未压够遍数，坑(槽)底有机物、泥土等杂物清理不彻底等问题。在施工中应认真执行规范规定，检查发现问题后，及时纠正。

填土应夯压密实，不得漏压或减少压实遍数。回填施工前，土方(槽)底有机物、泥土等杂物要清理彻底，并应清除填方区的积水，如遇软土、淤泥，必须进行换土回填。在夯压前对干土适当洒水加以润湿；对湿土造成的"橡皮土"要挖出换土重填。在地形、工程地质复杂地区填土，且对填土密实度要求较高时，应采取措施(如排水暗沟、护坡等)，以防填方土粒流失，造成不均匀下沉和坍塌等事故。

填方应按设计要求预留沉降量，如设计无要求时可根据工程性质、填方高度、填料种类、密实要求和地基情况等与建设单位共同确定。冬季填方一般应增加 1.5%～3.0%的预留下沉量。

施工结束后，应进行标高及压实系数检验，同时土方填筑工程质量标准应满足设计及相关质量验收标准。

6.1.2　基础处理

土方开挖完成后，需要测定地基的承载力是否满足要求。人工湿地的地基处理需要承受的荷载较小，虽相对简单但也非常重要，一般而言，潜流湿地对地基处理的要求较表流湿地高。考虑到潜流湿地集配水渠及湿地池体的抗裂和防渗要求，潜流湿地区域按照图纸要求，采用平板荷载试验来测定土基承载力(图 6.1)。如果测定土基承载力满足要求，则进入下一步施工；如果测定土基承载力不满足要求，则需要施工各方现场商议处理方案。

图 6.1　平板载荷试验

根据工程实际情况，一般需针对可能遇到的耕植土、淤泥、淤泥质土、膨胀土等不良土质，采取换填的特殊处理措施以防不均匀沉降，如采用水泥土或低塑性土等换填的技术处理措施[353]。换填土方分层填筑，分层压实，每层填筑厚度不应超过 30cm，使用不小于 22t 的振动压路机进行碾压，在角隅或压路机难以到达的地方使用小型振动夯进行局部夯实，确保压实度达到设计要求。其他大部分的地基只需根据土质情况采用常规压实的处理。此外，平整场地的表面坡度应符合设计要求，当设计无要求时，应将排水沟方向做成不小于 5‰ 的坡度[354]。

6.2　人工湿地防渗处理

人工湿地系统一般需要利用一定的水位差来满足整个系统的运行，且运行过程中总是处于饱和的蓄水状态，因此，做好系统的基础防渗至关重要；同时，人工湿地构筑物应具有防止污水渗漏功能，不得污染地下水。防渗措施应根据污水性质和地质情况，并结合施工、经济和工期等多方面因素来确定[353]。当人工湿地建设场地的土壤渗透系数小于 10^{-8} m/s 且厚度大于 0.5m，或处理城镇污水处理厂出水和受有机物污染的地表水时，可不做专项防渗处理。

人工湿地开挖时应保持原土层，并于原土层上采取防渗措施。人工湿地防渗可采用黏土碾压法、土工膜法、三合土碾压法、塑料薄膜法和混凝土法等。目前，国内对于表流型人工湿地的防渗设计，根据进水水质和土壤渗透系数确定防渗方法，一般采用黏土碾压法防渗；而潜流型人工湿地一般采用土工膜法进行湿地防渗。本章对黏土碾压法与土工膜法的施工要点进行介绍。

6.2.1　黏土碾压法

1. 材料控制要点

施工前对黏土进行精心挑选，彻底清除黏土中的石子、树根、树枝、玻璃碴、钢筋头，以及其他尖锐物体等杂物。

黏土碾压法的黏土碾压厚度应大于 0.5m，有机质含量应小于 5%，压实度应控制在 90%～94%[355]。

须严格控制黏土的含水量，进场后即请专业技术人员对现场的黏土最佳含水量进行检测，以保证碾压夯实的密度达到设计要求。对含水量大的黏土进行晾晒，含水量小于最佳含水量的要洒水，由自卸车将黏土运至上下坡道，然后用手推车及人工回填黏土。

黏土铺设时可在下方铺设无纺土工布，顺无纺土工布施工方向施工，主要用人力车运土，并在土上铺跳板或钢模板，在上面用手推车运土，沿施工方向展开，以防止破坏防渗层和无纺土工布。

2. 黏土碾压法施工要点

为保证达到设计要求 80% 以上压实度，黏土的松铺系数由现场试验进行确定。采用人工夯垂直摊铺方向夯实，密实度达到设计要求。

对摊铺好的黏土进行洒水，洒水时应按照黏土的干湿度进行控制。搅拌好的黏土含水量应控制在 20%～30%，即实现手捏成团一摔即开的效果。

黏土碾压防渗时需分层摊铺和碾压，每层厚度不得大于 30cm，用装载机将黏土装入自卸车运至湿地内部，按照先边缘后中心的顺序，用装载机结合人工进行摊铺，需根据试验确定每层虚铺厚度。

第一层用手扶式振动夯夯实，用 4～6 台手扶式振动夯阶梯式夯实，待达到设计要求时报请监理工程师验收，合格后再进行第二层回填碾压，上层采用 1～1.5t 小型压路机或手扶式振动夯碾压夯实，达到设计要求。自检合格后报请监理工程师检验，合格后进行下道工序。

上一层整体碾压完成后进行下二层防渗施工，工序和下一层相同；对施工好的防渗层进行洒水养护，确保防渗层湿润，直到湿地蓄水或湿地防渗层以上的施工完成。

6.2.2　土工膜法

1. 材料控制要点

土工膜法一般采用两布一膜的复合土工膜，两布一膜中的土工布作为土工膜的保护层，保护防渗层不受损坏。

HDPE 防渗土工膜选材、检测及施工主要参照技术标准，如《土工合成材料 聚乙烯土工膜》（GB/T 17643—2011）、《聚乙烯(PE)土工膜防渗工程技术规范》（SL/T 231—1998）、《土工合成材料应用技术规范》（GB 50290—98）、《土工合成材料测试规程》（SL 235—2012）、《垃圾填埋场用高密度聚乙烯土工膜》（CJ/T 234—2006）。铺设防渗土工膜前应有土建工程相应的合格验收证明文件。材料进场时厂家应提供产品合格证、质量保证书和检验报告，由监理单位见证取样送具有相应资质的试验单位进行抽检合格后方可进行施工[356]。而且施工前对采购的防渗土工膜的主要物理与技术性能进行抽查复验，保证用于施工的防渗土工膜物理力学性能符合单位面积质量要求。对铺设的防渗土工膜逐卷进行外观检查，材料颜色应均为黑色，表面无明显水纹、云雾和机械划痕。

防渗土工膜质量应为 $400～550g/m^2$，土工膜材料运抵现场一般成卷，需要根据现场基坑面积，计算出剪裁尺寸。防渗土工膜裁切之前，应该准确丈量其相关尺寸，然后按实际裁切，一般不宜按图示尺寸裁切，应逐片编号，详细记录在专用表格中[357]。

防渗土工膜铺设之前，首先应对铺设面进行清理、整平和压实，清除铺设面上的树根、杂草、石块和尖锐杂物，保证防渗层下方的基础平整、压实、无裂缝、无松土，同时排除铺设工作范围内的积水。

2. 土工膜法施工工艺

土工膜法采用两布一膜形式的复合土工膜更能保证质量。施工土工膜的工序为铺设→对正→缝合底层布→清理→焊接→检验→修补→缝合面层，见图 6.2。其中，土工膜的铺设和焊接工艺是关键，专业性较强[358]。

1)土工膜的铺设、裁剪

HDPE 防渗土工膜在铺设前，先对铺设区域进行检查、丈量，根据丈量的尺寸将仓库内尺寸相匹配的防渗膜运至锚固沟平台，铺设时根据现场实际条件，采取从上往下"推铺"的便利方式。

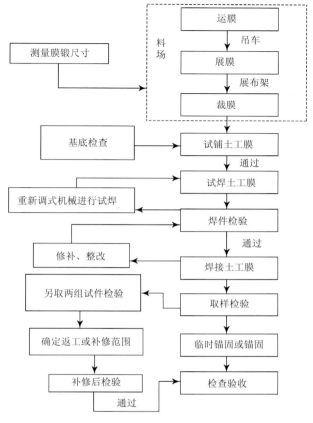

图 6.2　土工膜法施工工艺

　　铺设 HDPE 防渗土工膜时应力求焊缝最少，在保证质量的前提下，尽量节约原材料。

　　铺设应在干燥温和的天气进行，施工人员应穿平底布鞋或软胶鞋，严禁穿钉鞋，以免踩坏土工膜，应仔细检查膜外观有无漏点、孔眼等质量缺陷，施工时如发现土工膜损坏应及时修补。

　　铺设土工膜时，从基坑底部向上拉伸至基坑顶部压顶围墙上 1m，留有 5% 的拉伸量，主要预防不均匀沉降，防止土工膜破坏。同时为了便于拼接防止应力集中，土工膜铺设采用波浪形松弛方式，富余度约为 1.5%，以备局部下沉拉伸；摊开后及时拉平拉开，要求无突起褶皱，膜布铺设应平整，不得出现褶皱、裂缝，两幅土工膜搭接整齐。相邻两幅土工膜的纵向接头不应在一条水平线上，应相互错开 1m 以上；纵向接头应距离坡脚、弯脚处 1.50m 以上，应设在平面上。边坡布设时，边坡上土工膜铺设自上而下进行，土工膜的展开方向应平行于最大坡度线，并使高处的土工膜搭接在低处的膜面上。铺设时，顶部锚固长度应符合施工图纸的要求，避免架空，另外使土工膜形成褶皱并保持松弛状。坡面与渠底土工膜周边留有足够的搭接长度，搭接边缘平直、无褶皱，确保焊接质量。防渗土工膜在铺设中，应避免产生人为褶皱，温度较低时，应尽量拉紧，铺平[359,360]。

　　HDPE 防渗土工膜的铺设不论是边坡还是场底，应平整、顺直，避免出现褶皱、波纹，以使两幅防渗土工膜对正、搭齐；搭接宽度按设计要求一般为 10cm 左右[359]。

膜与隔墙和外墙边的接口可设锚固沟，沟深应大于或等于 0.6m，并应采用黏土或素混凝土锚固。

防渗土工膜铺设完成后，应尽量减少在膜面上行走、搬动工具等，凡能对防渗土工膜造成危害的物件，均不应放在膜上或携带在膜上行走，以免对膜造成意外损伤。

防渗土工膜铺设完成后用沙袋及时将对正、搭齐的 HDPE 防渗土工膜压住，以防风吹扯动；防渗土工膜锚固的方法分为三种：沟槽锚固、射钉锚固和膨胀螺栓锚固；通常在野外施工的情况下，采用沟槽锚固。

（1）采用沟槽锚固时，根据 HDPE 防渗土工膜的使用条件及受力情况，其锚固沟槽宽度一般为 0.5～1.0m，其深度为 0.5～1.0m；在锚固沟顶部，应按设计要求预留一定量的防渗土工膜，以备局部下沉拉伸。

（2）采用射钉锚固时，压条宽度不小于 2cm，厚度不得小于 2mm，射钉间距不应大于 400mm，压条明露处应有防腐措施。

（3）采用膨胀螺栓锚固时，螺栓直径不小于 4mm，其间距不大于 0.5mm，施工时，先用备好的沙袋将摆好位置的防渗土工膜临时固定，防止大风将 HDPE 防渗土工膜吹动移位，然后再进行膨胀螺栓锚固。

2）土工膜的焊接

HDPE 防渗膜的连接通过热熔焊接方法实现，这种方式能够将膜材料紧密地焊接在一起，形成一个完整且封闭的防渗层。焊接过程中，焊机的电烙铁部分加热防渗膜的接触面，使其表面熔化。随后，通过上下滚轴的相互挤压作用，两层防渗膜紧密结合。为了提高焊接的质量和效率，采用自动爬行式热焊机以逐块热熔的方式进行施工。在大面积的防渗膜施工中，通常使用双缝热合焊接技术，这样不仅可以在两焊缝中间形成一个用于检漏的充气空间，还能确保焊接的可靠性。

A. 擦拭尘土

焊接前必须清除膜面的脏物，保证膜面清洁、干燥，膜与膜接合平整后方可施焊；用干净纱布擦拭焊缝搭接处，做到无水、无尘、无垢。

B. 试验性焊接

需充分加热焊机，温度控制在 400℃左右，先在试样上试焊，设定合理的工艺参数再正式焊接。

试验性焊接在 HDPE 防渗土工膜试样上进行，以检验和调节焊接设备；试验性焊接是在与生产性焊接相同的表面和环境条件下进行的。

C. 生产性焊接

只有通过试验性焊接，才能进行生产性焊接；焊缝处 HDPE 防渗土工膜应熔接为一个整体，不得出现虚焊、漏焊或者超焊；不论生产性焊接还是试验性焊接，必须保持焊接的温度、速度，使焊接达到最佳效果；只有在修补和双缝焊接机不能操作的地方才用焊枪进行修补；应定时保养焊接机械，经常清理焊机设备中的残留物。

正式焊接过程中，一般温度控制在 250～300℃，行走速度一般为 1～2m/min，焊机人员要仔细检查焊接双缝质量，焊缝是否清晰、透明，有无气泡、漏焊、熔点或焊缝跑边等，随时根据环境温度的变化调整焊接温度及行走速度，并调整焊接速度，确保焊接质量。对于无法焊接的接缝以及与混凝土边墙的连接，可以采用特殊材料进行黏结（搭接宽度 20cm 左右）。

HDPE 防渗土工膜焊接特殊部位处理方法为①边坡交汇处：铺设和焊接均属特殊情况，要根据实际状况特殊裁剪，方能使防渗土工膜紧贴坝坡基底，否则，会造成"悬空"或"起鼓"现象。②库区的边坡与库底的交汇处：先把防渗土工膜顺着坝面铺设在距盲沟 1.5m 以外处，再与库底膜相连；③相邻两幅的焊接：先焊接好后，再压往盲沟内。

D. 检测

HDPE 防渗土工膜焊接后，应对下列部位进行检测：全部焊缝、焊缝节点、破损修补部位、漏焊和虚焊的补焊部位、前次检验不合格再次补焊部位。

E. 修补

对检测不合格的地方进行修补时，需用损坏部位面积一倍以上的母材进行修补，焊机不能操作的部位才能用焊枪进行修补。

F. 保护层施工

经验收合格后，可视填料状况确定是否设黏土层或砂保护层，铺填厚度一般为 10～20cm，须满足设计要求。保护层施工时应满足三方面要求：①HDPE 防渗土工膜铺设及焊接合格后，应及时填筑保护层，填筑保护层的速度应与铺设 HDPE 防渗土工膜的速度相适应。②保护层的厚度应在 10cm 以上。③保护层的材料应符合设计要求，其中不得含易刺破 HDPE 防渗土工膜的尖锐物或杂物。

防渗施工结束后，应进行防渗验收，质量验收合格后方可进行下一步施工。

6.2.3　防渗验收（闭水试验）

闭水试验公式参照《给水排水构筑物工程施工及验收规范》（GB 50141—2008）闭水试验公式：

$$q = \frac{A_1}{A_2}\left[(E_1 - E_2) - (e_1 - e_2)\right] \tag{6.1}$$

式中，q 为渗水量；A_1 为复合土工膜水平面面积；A_2 为复合土工膜湿润面面积；E_1 为初读水位高度；E_2 为 24h 后水位高度；e_1 为蒸发箱初读水位高度；e_2 为 24h 后蒸发箱初读水位高度。

6.3　人工湿地基质恢复

人工湿地的基质恢复根据湿地的类型不同也有所不同。表流型人工湿地的基质恢复主要包括水生植物种植土层的恢复及防渗层基质的恢复，潜流型人工湿地的基质恢复主要是湿地填料的填筑施工。

6.3.1　表流型人工湿地基质恢复

表流型人工湿地基质恢复的重点是水生植物种植土层的恢复。水生植物种植土严禁使用未经改良的强酸强碱土、盐碱土、重黏土及含有其他有害物质的土方，且不得含有建筑垃圾和生活废料等其他废弃物；土方改良应结合当地土质特点，偏沙质土建议添加一定量的黄土，偏黏性土建议添加一定量的沙土，并增加适量营养土，进行深根拌匀，从而改善土壤的团粒结构和水肥性能。

6.3.2　潜流型人工湿地基质恢复

1. 湿地填料材料控制要求

填料是湿地的核心部分，人工湿地对污水处理效果的好坏与基质填料的选择及布设息息相关，其需要有良好的渗透性和吸附功能，又能为水生植物和微生物提供良好的生长环境，既要保证污水通过时速度不能太快，又要有一定的通透性，所以填料的选择很关键[361]。

碎石、粗砂等湿地介质粒料要求质地坚硬、新鲜、未风化。碎石为破碎的石灰质山石。填料粒径满足设计要求，超粒径比例均不得超过 5%，应严格控制粒径。粒料含泥量应满足设计不大于 3%的要求，并根据设计要求对碎石进行全钙含量检测，要求含量为 30%～40%[362]。粒料对水的阻力小，与同类粒料相比，所需数量少。填料前需检查每种填料的质检报告是否满足要求，并抽取足够数量的样本进行主控项目和一般项目的检测，确保材料符合施工要求。

2. 湿地填料铺设及回填

1）填料分层

填料层的设置必须科学，水平潜流型人工湿地的填料铺设区域分为进水区、主体区和出水区，同时为了防止填料顶部进入杂物，一般上覆一层覆盖层；垂直潜流型人工湿地按水流方向，填料依次为覆盖层、主体填料层、过渡层和排水层。每层填料应严格控制铺设厚度，达到设计要求。

湿地各级填料回填应要求严格分层装填，填料在安装的底部排水管上进行铺设，铺设顺序应从下至上逐层铺设，在池体坡面用墨线进行放线，标出每次不同的填料铺设厚度，池内每 2m 设置立面标尺，便于人工摊铺找平[363]。每个单元池体滤料回填施工时，先进行底层验收，高程达到设计要求方可回填。装填后每层高程误差应控制在-5～5cm[356]。

2）施工技术要求

基质填料回填时，保证粒料清洁无杂物，现场施工道路保持清洁，机械车辆不得把泥土带入湿地床内，运料车斗内剩余粉末不准倒入湿地床内，不满足的填料必须清洗干净，避免把杂质和泥土夹进填料内，保证处理效果。湿地单元填料回填时应注意管道安全，避免管道损坏及细料从花管孔隙或管口进入管内。运料斗内的剩余粉末不准倒入湿地床内[362]。

填料回填施工采用后退法，为防止破坏池底排水管及土工膜防渗结构，禁止机械铺设，避免对内部结构及填料的碾压。人工用小车将每种填料运输至池中，从池中至四边铺设，保证均匀铺设，铺设至每次填料标高后，用 2m 长 100mm×50mm 木刮杠顺着找平[363]。

碎石填料施工可借助挖掘机和已完成的混凝土工程，并利用大块厚钢板铺垫，用小车或装载机直接入池填筑，填筑完毕后整平并控制好填料高度，以防填料高低不平影响后期水生植物种植和养护[353]。

6.4　湿地内部管道系统铺设

6.4.1　引水管、布水管及阀门铺设及施工

1. 管材选用

人工湿地的引水系统较为繁杂，直接关系到湿地系统使用寿命，因此非常重要[353]。考虑到引水系统的使用寿命、管径变化和相互连接的需要，一般使用钢管或 PE 管更为稳妥，既方便施工又相对安全；其进场时经抽检合格后方可使用[353]。

HDPE 管全称为高密度聚乙烯管材，有耐磨、耐高温高压、耐腐蚀的特点，与钢管比较，其施工工艺简单，有柔韧性，不用做防腐处理，节省施工工序。未增塑聚氯乙烯(UPVC)管是一种以聚氯乙烯树脂为原料，不含增塑剂的塑料管材，其抗腐蚀强，容易连接，材质坚硬，连接方式有承插胶圈连接、黏合连接以及法兰连接等。HDPE 管和 UPVC 管广泛用在市政工程排水管道上[363]。一般而言，湿地内部的布水管采用 UPVC 管即可。

2. 管道连接及安装注意事项

钢管安装采用人工焊接，HDPE 管采用热熔连接，UPVC 管采用专用胶黏接[363]。

钢管连接采用焊接，钢管对接完毕后进行定位焊，焊条使用前要进行烘烤，温度控制在 80～90℃，并用保温桶运到施工现场。当天没用完的焊条要重新烘烤，但不得超过两次。现场焊接采用手工电弧焊工艺，焊接的电流、层数、速度、电压等参数，对口间隙、错口、焊缝的宽度、表面余高、咬边等外观质量必须符合《给水排水管道工程施工及验收规范》(GB 50268—2008)的规定。

HDPE 管的连接采用电热熔的施工技术，两段管材放置在焊机两侧夹具上夹紧，管材断面用抹布擦拭干净，否则，容易出现漏水情况。校对两段管材，管材错边量不得大于 2mm，中间放入加热板加热管材断面。加热板去除后，迅速接合两段管材断面，并检查焊接质量，目测管材接缝卷边宽、高。同时，保持管材连接压力，使其缓慢冷却，冷却后松开卡瓦，轻放至安装位置。

UPVC 管的连接，两端管材端口必须要平齐，用刮刀切取管端口内外飞刺，外棱铣出 15°，管段连接采用粘贴法对接，试插入承插口 3/4 深度，用抹布将插口和承口擦拭干净，不得有灰尘颗粒、油污，防止黏结渗漏。使用专用黏结剂均匀涂抹管材端口表面，垂直插入，黏结插入后稍作转动，使其黏结剂均匀分布，黏结后，轻放至安装位置，待 30min 黏结牢固，清理外溢的黏结剂，使其管材外观清洁[363]。

采用铸铁套管与 UPVC 管承插的方式进行连接，接头连接处配有止水环，管壁间涂

抹油麻进行密封防水。管道与混凝土结构物的接头处进行止水处理。布水花管孔槽为长条孔，孔槽周边无毛刺。

管道安装的允许偏差和检验方法严格按标准执行，标高必须严格按照规范和施工图技术要求，确保管道在使用过程中不会出现下撕、下挠现象。底部集水管铺设时确保无异物进入管道，填埋前用无纺布覆盖保护，填埋时撤去无纺布，并在管周围做好反滤层保护，确保施工中无细砂直接进入管道，粒料回填完成后及时封盖保护管口。管道铺设及填埋后严禁机械碾压，避免破损和翘曲。管道安装完毕后，应根据《给水排水管道工程施工及验收规范》(GB 50268—2008)的要求进行闭水试验[356]。

6.4.2　集水管、排水管铺设

湿地排水管开槽，采用挖掘机配合人工进行基槽土方开挖，摊铺下层砂垫层。

人工湿地排水管的材质一般采用 HDPE 管和 UPVC 管，底部集水花管铺设时确保无异物进入管道，填埋前用无纺布覆盖保护，填埋时撤去无纺布，并在管周围做好反滤层保护，确保施工中无细砂直接进入管道，填料回填完成后及时封盖保护管口。管道铺设及填埋后严禁机械碾压，避免破损和翘曲[356]。

管道安装后，需做闭水试验，应目测管道外观连接质量，横平竖直，从管道内开始充水，充满水后，浸泡 24h。计算好水平面位置，观察管道接口是否有渗漏现象，保持30min，测量渗漏量是否满足相关规范要求，闭水试验完成并合格，及时将排水管里的水排净[363]。

6.4.3　通气管铺设

通气管的设计与施工通气管的设置也是很容易疏忽的，通气管的功能主要有两个：一是向系统内部提供氧和池内气体的排出，防止发生厌氧反应而产生臭味；二是在维护时对滤池的布水系统进行反冲洗，以防堵塞，因此通气管的设置是必不可少的。通气管的设计必须注意两个方面：一是位置宜设置在填料底部并与排水管相连，可以使氧气通达湿地底部，通过管孔向湿地扩散；同时，湿地局部产生厌氧反应的气体能够及时向外扩散。二是为了确保通气效果，通气管与排水管的管径应一致，施工时尽量防止通气管堵塞，施工完毕后，在通气管顶部设置一个伞盖，以防杂物落入管内而形成堵塞[361]。

6.5　湿地植物群落构建

6.5.1　种植原则

栽种水生植物，必须掌握一些基本原则，使其生长良好[364-367]。

(1)日照：大多数水生植物都需要充足的日照，尤其是生长期(即每年 4～10 月)，如果阳光照射不足，会发生徒长、叶小而薄、不开花等现象。

(2)用土：除了漂浮植物不需底土外，栽植其他种类的水生植物，需用田土、池塘烂泥等有机黏质土作为底土，在表层铺盖直径 1～2cm 的粗砂，可防止灌水或震动造成水浑浊现象。

（3）施肥：以油粕、骨粉的玉肥作为基肥，放四五个玉肥于容器角落即可，湿生植物不需基肥。追肥则以化学肥料代替有机肥，以避免污染水质。

（4）水位：水生植物依生长习性不同，对水深的要求也不同。挺水植物因茎叶会挺出水面，需保持一定的水深。漂浮植物最简单，仅需足够的水深使其漂浮；浮水植物较为麻烦，水位高低需依茎梗长短调整，使叶浮于水面呈自然状态为佳；沉水植物则水高必须超过植株，使茎叶自然伸展。湿生植物则需保持土壤湿润、稍呈积水状态。

（5）疏除：若同一水池中混合栽植各类水生植物，必须定时疏除繁殖快速的种类，以免覆满水面，影响其他沉水植物的生长；浮水植物过大，且叶面互相遮盖时，也必须进行分株。

（6）换水：为避免蚊虫孳生或水质恶化，当用水发生浑浊时，需要进行换水，夏季则需增加换水次数。

6.5.2　苗木选择

表流型人工湿地地形重塑及潜流型人工湿地植物池填料回填完毕后，应进行池内水生植物的选配及人工栽植。选择苗木是一项非常重要的工作，要合理选择湿地苗木的品种，对苗木的规格设计要适宜，所种的苗木必须依据项目设计的苗木种与规格严格筛选，才可以确保其成活率。选择现场种植的苗木，设计规格与苗木实际规格之间的误差不得超过 30%。在包装秧苗时，用稻草绳和小袋包装[368]。

苗木种植前，施工人员还要检查秧苗的质量[368]，检验指标不仅包括苗高、胸径、冠幅、分枝高度等指标，还包括苗期性状、生长发育是否合格、病虫害、根系发育与否等各项指标。不宜使用有虫害和机械损伤的幼苗，否则不仅会降低成活率，还会影响整体美观。

6.5.3　施工放线

湿地植物种植前需要按设计定点放线，施工人员需要充分了解施工图纸及设计要求，掌握各种植物布局，以及各种植物的位置、面积需求，常用方格网将明显标识物标出。挺水植物种植需根据设计图纸进行定点放线，划定种植区域。根据不同种类分布的设计位置，将植物散发至规定种植的位置，对比图纸，确定无误后方可进行下一步施工；沉水植物种植定点放线应符合设计图纸要求，位置要准确，标记要明显[366]。定点放线后应由设计人员或有关人员验点，合格后方可施工。由于种植面积在水下，通常用竹竿或木桩作为标记。如果图纸的设计与实际情况不符，需联系设计及相关部门复核并修改。

6.5.4　苗木种植

1. 种植季节

水生植物多为草本植物，生长期尤其高温季节新梢的萌发生长速度很快，根系活动旺盛，极易恢复。一般水生植物根系受伤后能在 1～2 天后萌发新的根系，生长期种植后，一般经过 10～30 天植株形态可以得到有效恢复。

耐寒性强的植物品种可在休眠期种植，如水葱、再力花、芦苇、睡莲、芦竹、黄菖蒲、千屈菜等。这些植物受伤的根系能经受住长期低温的考验[367]，具有抗低温的生理特征。耐寒性差的植物品种，如梭鱼草、水葱、纸莎草、旱伞草、美人蕉等，必须在生长期种植，根部土壤温度高，根系活动旺盛，植株恢复快，此类植物如在休眠期种植极易造成冻害。

植物种植密度应严格按照图纸要求设计，同一批种植的植物植株大小应均匀，不宜选用苗龄过小的植物。植物种植时，应保持池内一定水深，植物种植完成后，逐步增大水力负荷使其适应处理水质[364]。

2. 表流型人工湿地植物种植

在栽培水生植物时需要了解水生植物的类型、水深适应情况。对水生植物分布除浮水植物外，影响最大的生态因子是水深。因此，在运用水生植物造景时，水深是设计人员必须考虑的问题，在做竖向设计等深线时要特别关注。

1) 挺水植物种植

一般挺水植物对水深的适应性在 60cm 以内，如慈姑 55cm、海寿花 50cm、黄菖蒲 55cm，个别植物体特别高大的可达 70cm，如水蜡烛、水葱等。

种植前，对种植土壤进行搂平耙细等清理后，用工具先掏出种植穴，种植穴的大小根据所种植的挺水植物根系/土球的大小和形状来确定，标准为植物放下去后不窝根[366]。

将苗木放入种植穴中，返土扶直植物，并压实覆土，确保苗木垂直于地面不倒伏。挺水植物种植时苗木本身应与地面保持垂直，不得倾斜。种植时应注意苗木丰满的一面或主要观赏面要朝主要视线方面。植物种植时根据设计密度进行种植。

2) 沉水植物种植

沉水植物对水深的适应性是一个比较复杂的问题，沉水植物对水深的适应性除植物种类外，还有非常重要的生态因子，即光因子和透明度两个非生物因子。它们相互之间的关系是，水的透明度越高、光照越强，沉水植物分布得越深，其原理是沉水植物的光补偿点问题。

表流型人工湿地水生植物种植期间宜保持种植场地在低水位运行，保证种植区域处于低水位状态。如果水深过高，容易种植不匀，直接影响施工效率和后续成活率问题。在种植区域需要进行底质的预处理，待预处理结束后，再种植水生植物，维持至少两周时间的低水位，保证植物扎根。根据植物的长势，再决定高水位运行的时机。

常规插扦种植(适合种植水位 5～20cm)：栽植过程类似农田的插秧，用桩线作为参照，以确保密度的控制及美观效果。插扦种植适合强根性沉水植物，采用此种种植方式的植物成活率最高，且水位越低种植越便捷。

长杆插扦种植(适合种植水位 40cm 以上)：如果种植水位不满足条件，水位大于40cm，人工插扦手臂难以够着时，利用长杆代替手臂进行种植，常用于强根性植物，但是采用此种种植方式的植物成活率有所降低，且种植效率很慢，是常规插扦种植的 1/3，甚至更低。

抛种(适合任何水位，一般是高水位 70cm 以上)：此种种植方式是在沉水植物上捆绑重物抛种，类似于农田水稻的抛秧种植，适合于弱根性沉水植物，采用此种种植方式的植物成活率较常规插扦种植要低一些。

为了提高植物的成活率，能够降水用常规插扦方式种植最好，条件不允许的情况下再采用长杆插扦和抛种方式。

3. 潜流型人工湿地植物种植

潜流型人工湿地种植的植物多为挺水植物，种植在已铺筑好的填料上方，施工难度相对较小。潜流型人工湿地水生植物种植前，对覆盖层或上覆种植土壤(如有)进行搂平耙细等清理后，用工具先掏出种植穴，种植穴的大小根据所种植的挺水植物根系/土球的大小和形状来确定，标准为植物放下去后不窝根[366]。

第 7 章　人工湿地建设运行管理

人工湿地是污水处理技术的典型代表。与传统的污水处理技术相比，人工湿地系统的运行管理要相对简单，但不能因此忽视运行管理给人工湿地系统带来的影响。科学的运行管理不仅可以保持人工湿地系统对污染物稳定、高效的去除效果，减少危害人工湿地使用寿命的情况发生；同时，适当的管理维护，可以解决人工湿地可能带来的一些生态问题，充分发挥其美化环境、丰富物种的社会效应[369]。人工湿地运行管理的注意事项主要从水位控制、植物管理、防堵塞措施、冬季运行措施、管网及设备设施维护、蚊蝇及野生生物的控制、湿地监测等方面考虑。

7.1　人工湿地水位控制

对于一个设计良好的人工湿地来说，水位控制和流量调整是影响其处理性能的最重要的因素。水位的改变不仅会影响人工湿地系统的水力停留时间、植物生长，还会对大气中的氧气向水相扩散造成影响[369,370]。

7.1.1　表流型人工湿地

表流型人工湿地植物种植前一般需进行底泥疏浚，杂草的存在也会降低人工湿地景观效果，在植物种植前可通过调节水位使湿地表面淹水减少杂草或人工拔除杂草来控制。表流型人工湿地启动阶段水位应该逐步提高，以免植物幼苗被淹死或脱离土壤随水漂走。表流型人工湿地运行期间，管理人员可以考虑在每年春天降低水位以促进新芽的生长，使阳光更容易穿透水体照射到喜光的植物上。当新芽长出水面后，再升高水位。当然，并不是所有的系统都能够在春天时采用这个方法来增加植物生长量，因为降低水位会影响水力停留时间，进而影响出水水质，可视项目情况酌情考虑[369]。

7.1.2　潜流型人工湿地

水生植物种植初期，维持水位低于植物地下部分的 10～20cm，保证植物部分根系可以吸收到水分，但不至于淹没植物根系造成缺氧，在人工湿地植物达到较高成活率、生长稳定后，还需要对人工湿地植物根系的生长进行引导。一般做法是降低人工湿地床体水位，在植物根系的趋水性作用下，刺激植物根系向下生长，以满足其生长对水的需求[371]。

实践发现，在植物的生长季节每个月将湿地排干一次，然后马上升高水位，可以将氧气带入湿地。这不但有助于氧化沉淀在湿地里的有机碳化物、硫化铁和其他缺氧化合物，并且可能抑制细菌的活性。Drizo 等[372]研究发现，采用钢渣为填料的潜流型人工湿地，放空并停用 4 个星期足以恢复填料 74%的滞磷能力。可见，适当的控制水位有助于提高湿地处理效果。

7.2　人工湿地植物管理

7.2.1　湿地植物的修剪、分栽及收割

植物管养是保证湿地处理效果和绿化效果的必要措施，是构建健康的植物群落的重要手段，日常做好修剪、分栽、收割是湿地植物管养的重要内容。湿地管理工作人员注意观察植物生长状态，发现缺苗、死苗应及时补苗，以保持正常植物密度。当植物长势过高或到一定季节时，可以进行植物的收割，削减污染物，防止枯死植物分解释放污染物或干枯植物因冬季干燥引发火灾。

1. 湿地植物修剪、收割

挺水植物一般收割时间为上半年的 5～6 月和下半年的 9～11 月，在植物生长茂盛、成熟后应对植物及时进行收割，去除扩张性植物和死亡植株，挖除过密植株。对于植株较高的植物，如香蒲、纸莎草等，植株生长到一定高度后易伏倒弯曲于水面上，形成利于蚊蝇孳生同时不利于捕食蚊卵动物活动的环境条件，同时枯死植物会分解释放污染元素污染水体，所以需及时收割，并且平时及时修剪枯黄、枯死和倒伏的植株。生长期修剪结合疏除弱枝弱株，达到通风透光的目的，以维持人工湿地系统的景观效果。修剪下的植株要及时清除，防止蚊蝇孳生和影响景观效果。

对于表流型人工湿地，秋末初冬植物枯萎后收割前，一般先降低人工湿地内的水位，待表土干燥后再进行收割，避免工人操作时破坏湿地土壤。收割的植物最好交由专业的再生资源回收公司进行处理和利用。

对于沉水植物，9 月过后沉水植物的生长速度变缓，一些养分较少的植物开始枯萎和死亡，这些植物尸体落入水中后会污染水体，所以一般在秋季对部分衰败的沉水植物进行收割以保障水体质量，收割后还可以避免病虫害对其他正常沉水植物的侵害。

2. 湿地植物分栽

植物种植后经 2 年的生长，部分植株栽种得比较拥挤，影响通风透光，这时就要及时进行分栽，保证植物有一个良好的生长环境。

7.2.2　湿地植物病虫害防治

1. 常见病虫害识别

1) 常见害虫

水生植物上的常见害虫主要包括以下两类。

(1) 刺吸类害虫，主要有蚜虫类、叶螨类、蓟马类、蚧虫类、叶蝉类、网蝽类、飞虱类、木虱类等。这类害虫的特点为刺吸或锉吸水生植物水上部分植物组织的汁液或取食水生植物水上部分植物组织，造成植物组织破坏，植株长势衰弱。

识别方法：看叶片有无卷曲，叶片表面有无结网(叶螨类)，叶色有无失绿的灰白斑

或失绿变灰白；看植株叶片上有无害虫分泌的蜜露(发亮的油点)，叶片正面有无煤污分布；看叶片正面或反面有无灰白的蜕皮壳(蚜虫类、叶蝉类、叶螨类、飞虱类等)。

(2)食叶类害虫，主要有叶甲类、象甲类、夜蛾类、螟蛾类、刺蛾类、蝇类、软体动物类等。它们主要取食植物的叶肉组织。

识别方法：看植物叶片有无食叶害虫取食造成的孔洞、缺刻，叶面有无失绿的潜道(潜叶蝇、潜叶蛾、潜叶甲等)，有无拉丝结网；看植物叶面上有无虫粪，叶片背面有无发亮的黏液干燥膜和黑色分泌物颗粒(蜗牛、蛞蝓)等。

2)常见病害

常见病害的种类有黑斑病、纹枯病、叶斑病、煤污病、锈病、病毒病等。

识别方法：叶表面出现红褐色至紫褐色小点，逐渐扩大成圆形或不定形的暗黑色病斑，病斑周围常有黄色晕圈(黑斑病)；初为椭圆形，水渍状，后呈灰绿色或淡褐色逐渐向植株上部扩展，病斑常相互合并为不规则形状，病斑边缘为灰褐色，中央为灰白色(纹枯病)；叶片柄部有无黑色粉煤层覆盖(煤污病)。

2. 植物病虫害的防治

根据水生植物的生长习性和立地环境特点，加强对有害生物的日常监测和控制。根据不同水生植物种类、生长状况确定有害生物重点防治的对象。发生病虫害时，不鼓励在湿地中使用化学农药，避免使用菊酯类等对鱼虾敏感的农药，可采用下面几个方法进行病虫害防治。

(1)考虑植物品质设计时，尽量首选抗病能力强的本地品种。

(2)进行人工湿地植物配置时，系统内植物品种配置应该多元化，可以有效防治病虫害的大面积发生。

(3)种植人工湿地植物时，尽量选择生长健壮的植株，去除发生病虫害的植物个体，尽量不到病虫害发生严重的苗圃引种。

(4)物理方法诱杀害虫，如灯光诱杀、黏虫板诱杀等。

(5)可以考虑应用一些生物农药或植物性农药，如 Bt 生物杀虫剂(苏云金杆菌微生物杀虫剂)、病毒制剂等微生物农药和植物提取物等。

(6) 发生病虫害时最有效的方法是在病虫害发生初期及时收割植物地上部分，如果是根部发病，及时拔除焚毁。

总之，对于人工湿地植物的病虫害防治，要采用预防为主、治疗为辅的方针，当发现病虫害时尽早收割，可以降低病虫害危害程度。

7.2.3　湿地植物的养护标准

(1)植物生长期旺盛，开花正常，无明显病虫害。

(2)根据季节和植物生长要求，控制好水位，保持其有适宜的生长环境。

(3)植物病虫害防治要及时，注意保护益虫，不污染环境。

(4)定期清除杂草和枯死植株，并及时补植，保证净化和景观效果。

(5)对于生长旺盛植物，要定期进行移植分栽，保证植物有适当的生长空间。

(6)根据不同的植物类型，应在其生长茂盛或成熟后对植物进行定期收割。

7.3　人工湿地防堵塞措施

人工湿地如果设计管理不善，极容易造成湿地基质的堵塞。堵塞作为一种自然现象，已成为制约人工湿地推广应用的主要因素之一。据 USEPA 对 100 多个运行中的人工湿地进行调查后发现，有将近一半的湿地系统在投入使用后的 5 年内形成堵塞。我国在 1990年建成的深圳白泥坑、雁田人工湿地，由于预处理不足、水力负荷过大等出现严重堵塞，严重影响了净化效果[373]。我们在总结前人研究的基础上，最后提出相应的预防对策和解决措施，以供借鉴参考。

7.3.1　人工湿地堵塞过程及原因分析

堵塞是所有高负荷污水过滤系统中常见的自然效应，其表现在两个方面：首先，堵塞层是一个很好的生物过滤器，能提高湿地系统的处理效率，适度的基质空隙堵塞可以扩大湿地处理系统内部的非饱和流动区域，提高处理效果；其次，堵塞会使湿地的水力性能变差，从而影响水流路径，最终影响湿地的处理效果和运行寿命。人工湿地堵塞实质上是有效孔隙率减小的过程，长时间的堵塞会导致厌氧环境的产生，加速湿地系统的堵塞[374]。

在人工湿地的渗透初期，污水中的悬浮物开始在湿地填料表面和孔隙中聚集，堵塞部分填料孔隙，使基质层局部的氧化还原电位下降并开始形成厌氧微环境。氧化还原电位高则反映出基质层中微生物的氧化能力强，胞外聚合物的蓄积较缓慢；反之，则还原水平高，微生物产生的胞外聚合物在填料孔隙内越聚越多，具有很高的堵塞潜能[374]。

随着污水渗透的进行，厌氧区域的基质层逐渐趋于还原状态，微生物的胞外聚合物不断积累，进一步堵塞填料孔隙，使厌氧形成过程进一步加速。此时的堵塞称为暂时性堵塞。由于细菌胞外聚合物的高含水性，这种堵塞经过一段时间的落干(即湿地不过水而干化)后可以消除。

在堵塞过程的后期，基质层的结构特别是土壤的团粒结构被破坏，所形成的细微黏土粒子与许多淤积的悬浮物共同组成致密不透水层，胞外聚合物不断凝聚和吸附不同粒径的悬浮物或胶体状态的底物，进而形成大粒径絮团状的累积物，造成有机物和无机物共同积累，加速并继续堵塞填料孔隙。随着生物量的增加，进水区的厌氧化程度加剧，有机固体颗粒的累积加速，最终在各种因素的综合作用下，基质层的孔隙被完全封堵，净化能力消失，此时形成的堵塞很难再通过落干等操作消除，可以认为是一种永久性的堵塞。当堵塞现象发生时，水体的有效停留时间缩短，出现短流或绕流等现象[374]。

可见，人工湿地的堵塞是由沉降和被过滤的固体颗粒在微生物作用下累积而成的，填料表面的堵塞层和空隙中的截留物质由厌氧分解产物(如多糖类物质、胞外聚合物)以及未能降解的有机化合物组成。

7.3.2　人工湿地堵塞机理

人工湿地堵塞机理大体上可归结为物理、化学和生物三方面[374,375]。

物理方面：主要是悬浮物的沉积作用、淤堵层在水流作用下的机械压缩作用以及细小颗粒物随水迁移导致堵塞。

化学方面：一方面影响基质孔隙几何形状及稳定性的因素有很多，如基质中水相的电解质浓度、有机物组成、pH、氧化还原电位以及固相的矿物成分、表面特性等，这些因素决定了基质的饱和水力传导系数。另一方面，一些空隙间的化学反应会产生沉淀或胶体，进而通过絮凝沉积作用导致堵塞[376]。

生物方面：湿地中积累的腐殖质很容易与细菌分泌的一些胞外聚合物形成高含水量、低密度的胶状淤泥，造成湿地的堵塞[377]。另外，湿地中硫还原细菌、产甲烷菌以及生物脱氮作用产生的气体所形成的包气带也可能是堵塞的原因之一[375]。

7.3.3　人工湿地防堵塞措施

1. 人工湿地运行方式

污水投配是连续的还是间歇的，在基质生物堵塞开始阶段有重要影响。间歇性运行可促进基质自动复氧，从而恢复好氧环境，加速堵塞物质矿化。典型的如多周期潮流运行模式，可促进生物膜的生长和污染物去除[378]。由于间断进水，排空期系统内部可进行复氧，促进微生物分解利用有机物，间歇运行可能有利于逆转垂直潜流型人工湿地的生物堵塞。降水位运行方式的湿地孔隙率恢复速率远高于恒定水位运行方式的孔隙率恢复速率。进水速率较慢时剪切速率较小，微生物分泌较少的胞外聚合物，而进水速率加快时，微生物基于自我保护意识倾向于分泌更多的胞外聚合物以保护自身免受外界环境影响。采用较慢的进水速率可减少胞外聚合物分泌量，减缓湿地生物堵塞[378]。

2. 更换湿地填料

垂直潜流型人工湿地的基质空隙堵塞严重情况随基质深度增加而逐渐减小，研究发现，补水管出水孔以下 0～10cm 处堵塞物质含量较少，基质沉积物质主要在补水管以下 10～30cm 处发生淤堵，沉积物含量积累达 80%以上，基质的渗透系数会下降 20%～40%，30cm 以下堵塞物质含量逐渐减少，且占比很小，基质堵塞分布区域会受到自然环境、基质种类和污水水体等影响。贺映全等[379]研究了唐山市某垂直潜流型人工湿地试验段不同深度下基质堵塞物质含量累计比例和百分比(图 7.1)。

研究表明，在堵塞发生之前，对于垂直潜流型人工湿地，上层基质的最小含水量呈指数增长，并最终达到完全饱和状态；下层基质的最大含水量呈下降趋势，这主要是由上层基质中水的渗透速率不够造成的，这说明基质的堵塞主要发生在垂直潜流型人工湿地上层。为此，通过更换湿地表层基质可以有效恢复人工湿地的功能，缺点是对于大规模的湿地而言，工程量较大、更换困难、更换时人工湿地需要停床且更换所花时间长[374]。该项目每 5～10 年根据基质堵塞情况，当出现表面堵塞现象时实施翻床。对于水平潜流

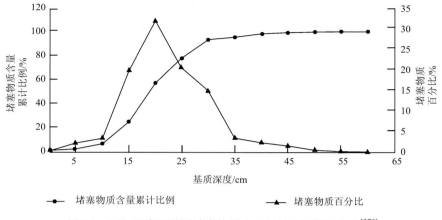

图 7.1　不同深度下基质堵塞物质含量累计比例和百分比[379]

型人工湿地，对前端滤料进行定期翻晒或更换；对于垂直潜流型人工湿地，定期将表层填料翻出后清洗再重新使用。

3. 人工湿地停床休整

停床轮休是在基质床运行一段时间后闲置，使氧气进入湿地系统，增加好氧微生物的活性，加快降解有机物，这样能有效缓解湿地生物堵塞。作为抵抗外界环境的保护层和营养吸收层，生物膜中微生物自身分泌的胞外聚合物是微生物饥饿期间重要的碳源和储备能源[378]。轮休时湿地系统停止进水，各种营养物得不到持续补充，基质微生物进入内源呼吸期，消耗自身胞外聚合物并逐渐老化死亡，避免了胞外聚合物积累。轮休后，由于微生物内源呼吸和基质的再氧化，胞外聚合物和生物量减少，生物膜结构发生变化，吸附网捕的可能性和能力降低，这些是停床轮休缓解堵塞的主要原因。同时，蒸发蒸腾作用是缓解生物堵塞的动力，氧气扩散到基质孔隙中的速率是否足以氧化和分散生物膜对生物堵塞的缓解至关重要。然而，停床轮休无法满足湿地系统连续处理污水的要求，需要至少设置 2 个基质床，这无形中增加了湿地的占地面积和工程投入[378]。

4. 选择合适的湿生植物

湿地植物根区是人工湿地由植物、微生物、基质和污染物的相互作用诱发的物理化学和生物过程发生的地方。根系生长会影响基质的物理特性，一方面，根系和微生物分泌物堵塞基质孔隙，另一方面，根系生长和死根的微生物降解又会导致新的次生土壤孔隙的形成。氧气浓度对根区微生物的活动和代谢类型起着重要作用，植物根区分泌物和氧气的供应形成了一个有利于微生物多样性的环境，刺激积累的胞外聚合物降解，有利于更快地疏通基质孔隙。因此，减少由植物造成有机物堵塞的办法是考虑选用根际复氧能力强、分泌难降解物质较少的植物，并定期收割植物的地上部分，如美人蕉、芦苇等[375]。

5. 生物法

人工湿地堵塞严重时，只能通过修复措施恢复湿地污水处理效能。然而，更换湿地基质的过程耗时、效率低且成本高，近年来，人工湿地生物堵塞向原位生物解堵方向发展，研究较多的技术包括细菌降解生物堵塞物、蚯蚓降解生物堵塞物等[378]。

1) 细菌降解生物堵塞物

细菌降解生物堵塞物是向湿地系统投加微生物菌剂，蛋白质和多糖与某些微生物接触就会被微生物降解利用。本源微生物菌剂主要是采集的水体和底泥中的微生物，经人工筛选后进行富集、优化培养、活化而成的复合微生物菌剂，包括好氧细菌、厌氧细菌、兼氧细菌，它们形成相互制约、相互依存、作用互补、共生稳定的微生物菌群[380]。向填料中投加本源微生物菌剂能有效降解堵塞物质，防止生物膜的损害与老化，缓解堵塞。然而，该技术难以克服引入微生物对人工湿地的弱适应性及与湿地土著微生物竞争呈弱势等问题。筛选出具有高适应性的胞外聚合物降解菌，尤其是多糖降解菌对该技术的发展起着决定性的作用。

2) 蚯蚓降解生物堵塞物

蚯蚓摄食颗粒型有机物后，为满足自身生长需要而同化一部分有机物，同时部分难降解有机物经过其消化作用也转化成易生物降解的物质，使引起堵塞的难降解污染物数量得以减少。蚯蚓的钻土等生命活动会在湿地内部形成微小孔道，可减轻湿地的堵塞状况[381]。蚯蚓减少堵塞物质的途径包括体内代谢和吸收、转化、转移及促进微生物丰度，蚯蚓的体内代谢和吸收能有效降低堵塞物含量，其分解速率明显高于单独微生物对堵塞物分解的速率，通过蚯蚓的代谢，堵塞物中蛋白质和多糖的含量减少，而腐殖质和核酸的含量增加[382]。同时，堵塞物的黏度降低，微生物的数量增加，最终使处理过的堵塞物更易于清洗和分解。此外，蚯蚓可以通过运输代谢产物来减少堵塞层中的堵塞物含量。然而，蚯蚓难以在长期淹水的湿地基质中存活，这限制了该技术的发展与广泛应用。

7.4 人工湿地冬季运行措施

人工湿地三要素中，植物和微生物对温度尤为敏感，因此在低温下各类污染物尤其是氮的去除率将明显降低，温度对人工湿地运行的影响不容忽视。不同时期对废水中污染物的去除效果有较大差别，春、夏季对污染物的去除效果好于秋、冬季；对不同污染物的去除率也存在差异，人工湿地平均去除率呈现出 $TP > TN > NH_3-N > COD$[383]。水生植物在冬季容易枯死，不及时收割，不仅削弱湿地净化效果，还反过来降低湿地过水能力(图 7.2)。此外，低温容易造成填料层冻结、床体缺氧、管道破裂等多种不利后果，所以在我国北方地区推广使用人工湿地对城镇生活污水进行处理，冬季的保温措施是不可回避的问题[384]。

图 7.2　人工湿地冬季、春季对比

近年来，国内外学者开展了人工湿地在冬季低温地区运行的研究，本章主要对冬季低温人工湿地运行的影响因素、解决措施等进行了总结，以期为人工湿地在冬季低温地区的应用与推广提供技术参考。

7.4.1　低温对人工湿地的影响

1. 低温对人工湿地植物的影响

植物是人工湿地的重要组成部分，可以通过吸收、吸附、过滤、富集作用去除污染物。此外，植物还可以起到固定床体表面、为微生物提供良好的根区环境、提高填料基质的过滤效率、抗冲击负荷、在冬季支撑起冰面保温等作用。在冬季低温地区，人工湿地植物收割、枯萎或进入休眠状态，在生态和形态上都发生了变化，影响了植物对污染物的去除能力。但雒维国等[385]研究表明，收割芦苇的湿地在冬季对 NH_3-N 的去除率仍然比空白湿地高，认为低温和植物休眠期间芦苇的根部仍然有一定活性，并能促进微生物的代谢[386]。

2. 低温对人工湿地微生物的影响

人工湿地去除污染物与微生物的活动密切相关。人工湿地植物根系和填料表面都富集了大量的微生物，包括好氧菌、厌氧菌和兼性菌，如硝化细菌、亚硝化细菌、反硝化细菌和聚磷菌等，人工湿地有机物和氮的去除主要依靠微生物代谢分解来实现。冬季湿地系统温度及氧含量较低，微生物活性降低，对有机物的分解能力下降。硝化细菌的适应温度为 20～30℃，低于 15℃反应迅速下降，5℃反应几乎停止[387]。由于冬季植物的休眠状态使植物根系和通气组织传输的氧气在冬季无法满足微生物对有机物的好氧分解，因此产生的厌氧环境阻止了硝化反应，使人工湿地去污能力大幅降低。反硝化细菌的适宜温度范围较宽，在 5～40℃均可进行，但低于 15℃时反硝化速率明显下降。微生物活性下降影响人工湿地的运行效率[386]。

黄有志等[388]以西安皂河人工湿地中的表流湿地为实例，研究了其冬季运行过程中各类脱氮细菌在基质中的沿程分布及其与脱氮效果的关系。结果显示，TN 与 NH_3-N 的平均去除率仅分别为 47.8%、58.5%，且 NH_3-N 质量浓度的去除与氨化细菌和亚硝化细菌的数量间存在显著相关性。对于表流型人工湿地在冬季的运行，脱氮微生物总量很小。

由于亚硝化细菌和反硝化细菌对环境要求更加苛刻，因此其中氨化细菌数量最多，其次为反硝化细菌，最少的为亚硝化细菌。

3. 低温对人工湿地填料基质的影响

冬季低温气候对人工湿地填料基质的影响主要表现在湿地堵塞。冬季微生物代谢速率下降，有机颗粒物在湿地基质中不断积累，导致湿地系统发生堵塞，并降低了人工湿地的水力传导性，亦阻碍了氧气在湿地系统中的传递，从而降低了人工湿地的运行效率[389]。

7.4.2　人工湿地冬季运行解决措施

针对人工湿地在冬季低温地区运行效率下降的问题，人工湿地工艺及运维优化主要从以下几个方面展开。

1. 优化工艺选择

表流型人工湿地一般水深较浅，水流直接与外部空气接触，因此在寒冷地区采用表流型人工湿地应慎重，可以用结构相似但水深较深的氧化塘系统来代替，否则冬季湿地内水体完全冻结，直接影响湿地系统运行。而潜流型人工湿地的污水在地下运行，在低温下可减少污水蒸发蒸腾和流动造成的能量损失，因此有利于维持湿地内的温度[389]。此外，垂直潜流型人工湿地的水流处于推流和混合流之间，交替经过下层厌氧区和上层好氧区，从而提高了湿地去污能力。崔玉波等[390]采用两级垂直潜流型人工湿地以实现冬季污水的高效去除，结果表明，这种组合式湿地类型可有效去除污水中的有机物和氮、磷。因此，垂直潜流型人工湿地及其组合方式更适合在寒冷地区应用。

2. 湿地保温

1) 冰雪层保温

在冬季，利用冰雪层保温是湿地保温最常用的方式[391]。通过水位调节，在冰层和填料之间形成空气层，利用冰雪与空气层进行保温[392]。保留湿地植物秸秆也能起到保温作用。

2) 植物覆盖保温

潜流型人工湿地可在冬季将湿地植物芦苇、美人蕉、灯心草等收割铺在湿地表面，再在上面覆盖一层薄膜，薄膜上还可覆盖树皮、树干、木屑等材料，以保证冬季人工湿地系统的净化效果[392]。申欢等[393]采用收割的湿地植物对潜流型人工湿地进行覆盖保温，结果表明，覆盖后湿地表层冻土深度明显小于对照湿地，TP、NH_3-N 和 TN 的平均去除率分别提高了 15.5%、9.7%和 5.0%。

3) 上设温室结构保温

湿地保温还可以通过上设温室结构的方式实现。例如，胡奇[394]在黑龙江省海林市采用双层阳光板构建人工湿地温室，并在室内布置暖气，在室外气温最低为−30℃的情况下，使面积为 500m² 的潜流型人工湿地内部水温维持在 8℃以上，其中湿地下部的水温在 10℃以上。

除了对人工湿地床体的保温，对人工湿地管道的保温也十分重要。一般要求人工湿地进出水管道埋于冻土深度以下，以避免管道冻裂。若管道埋深无法满足要求，则应在管道外壁加装保温材料，如保温棉、保温毡等。加大水流流速也是防止管道冻裂的方法之一，可以通过加大排水管道的坡度或采用水泵输水的方式[392,395]。

3. 湿地植物类型优选

冬季寒冷地区大部分植物均进入休眠期，因此湿地植物的选择应结合当地条件，以有较强生存能力及较好去污效率的植物为主。冬季水生植物腐烂会向水体释放一定的污染物，增加了湿地污染物处理负荷，因此，有必要对其进行及时收割[389]。

4. 采取强化冬季处理能力的运行措施

采取强化措施也是提升冬季污水处理能力的重要手段，如从连续进水模式变为间歇进水模式，或采取强制曝气手段，可以提高人工湿地内的溶解氧浓度，从而提高 NH_3-N 的去除效率。接种耐低温工程菌剂也是一个重要的发展方向。邢奕等[396]通过实验研究，培养耐冷细菌、耐冷放线菌和耐冷霉菌，三种菌株在 0℃ 以下均仍有一定活性，在 6℃ 的实验温度下，接种上述菌株的人工湿地对 NH_3-N 的去除率分别达到 57.7%、59.0% 和 58.7%[392]。

7.5　人工湿地管网及设备设施维护

人工湿地运行管理除需重点关注湿地主体工艺相关事项外，有些湿地项目可能还涉及管网系统、提升泵站、预处理工艺(格栅、预处理设备等)、布水渠、集水渠等设备系统及附属设施等项目的运行维护。为保障人工湿地的使用寿命，管网及相关设备设施的维护也极其重要。

7.5.1　管网系统运行维护

近年来，有越来越多的人工湿地用于处理污水处理厂尾水或河道水，因用地限制，往往需要通过管网系统将来水输送至人工湿地。另外，工艺单元间也需要通过管道连通，垂直潜流型人工湿地更是需要通过管网布水、集水。管网系统主要包括上述进水管道、工艺单元间连接管道、垂直潜流型人工湿地布水管、集水管及管道系统上的控制闸门和阀门等。

1. 日常巡检内容

工艺管网系统的日常巡检内容主要包括以下几个方面。
(1)管路是否有泄漏现象。
(2)闸门和阀门是否有效，特别是电动闸门是否受潮失灵。
(3)管路支撑及固定情况。
(4)管路系统防腐是否良好。

（5）自流管道应打开井盖检查淤积情况。

2. 日常维护工作

工艺管网系统的日常维护工作主要包括以下几个方面。
（1）管路及支撑和固定系统日常清洁。
（2）管路及支撑和固定系统的紧固。
（3）活动部件的润滑。
（4）管路及支撑和固定系统的防腐。
（5）若有必要，对雨水污水管道进行疏浚。

7.5.2　设备系统运行维护

人工湿地除湿地主体外，主要设备还包括提升泵站、格栅等预处理设施和进出水装置等。

1. 提升泵站运行维护

人工湿地处理污水处理厂尾水或河道水，当没有多余的水头，尤其是垂直潜流型人工湿地需要大阻力配水系统时，往往需要提升泵站来保证水头。提升泵站的运行维护要点主要包括以下几个方面。

1）启动前检查
启动前检查工作包括以下内容。
（1）吸水池水位，是否在允许开机水位以上。
（2）水中有无可能影响水泵运行的杂物。
（3）检查泵机是否安装正确，紧固件无松动，电缆、接线盒正常，出水闸门（若有）是否关闭。
（4）检查控制台（柜）开关位置，切换成手动控制状态。

2）开机操作
在启动前检查工作完毕后，启动格栅除污机和栅渣输送机，待运行正常后，可以启动水泵电机，缓慢开启出水闸阀，按工艺需要调节闸阀开启量，监视电压与电流是否处在合理幅度以内，若开机过程发现有任何不正常现象，不得开机或已开机应立即停机，检查原因，排除故障后才能重新开机，但重新开机必须在出水闸阀关死、电机完全停止几分钟后，才可重新启动。重复启动仍然不成功，则应按设备故障报告。

3）巡检
巡检过程中，应重点检查吸水池水位、吸水池有无杂物，逐台检查工作机泵的运转声音、三相电压和电流、传感器湿度和温度、水泵出口压力和流量，此外，还应检查控制柜，查验切换开关是否设定在设定的自控或手控位置，机泵管道附属设备及机房、门窗是否正常。巡检频率为接班、交班各一次（增加交接班内容），交班巡检还包括设备、仪表、泵房及泵房周边责任区的卫生与维护工作。

巡检过程中发现问题应立即调整，并记录在记录表中，如果吸水池有杂物应立即清理，若必须下池清理，通知运维部调人支援与监护，并应检查杂物来源，采取必要措施，防止再发生类似情况；如果机泵运转声音不正常，要寻找原因，使其恢复正常；如果机泵运行参数不正常，则应调整与维护使其正常。

当天气突变，如暴雨即将来临，则应增加巡检，检查门、窗及采取必要的防水防雷措施。设备初次使用经过检查、改造，或长期停用后投入系统运行要增加巡检次数，即每 120min 巡检一次。

4) 停机操作

手动控制：检查吸水池水位是否达到停机水位，检查电机的湿度、温度是否在安全标准内，记录停机时的各项参数，关闭出水闸门，将切换开关切换至手动位置，按停机按钮，校核有关参数，当确认正确无误后，可以转入自动控制运行(如果水泵样本说明书对水泵操作规定与上述规程不同，应按样本说明书调整，下同)。

5) 维护保养

泵房的维护保养任务主要包括工艺设备、泵房及泵房周边的卫生等。

A. 维护保养内容和频率

闸阀：每月一次由长白班负责。检查阀杆密封情况，必要时更换填料，润滑点的润滑剂加注，若为电动闸阀，则应检查限位开关、手动与电动的连锁装置；若长期不动的闸阀，应每月做启闭试验。

缓闭止回阀，每月一次调试缓闭机构、加注润滑油。

每班一次检查管道、闸阀、潜水泵吊装孔盖板、护栏、爬梯、支架等金属构件是否紧固、稳固，以及采取稳固措施，若开始锈蚀则应采取除锈与防腐措施；及时更换损坏的照明灯具；交班前要对管道、闸阀及其附属设备、电器控制柜柜面、泵房门窗、墙面、地坪和周围卫生责任区做一次卫生工作；并复核电器控制柜的禁用挂牌，保持其位置准确。

B. 集水井的清理和频率

每隔一年清理和检查集水井池体有无裂缝和腐蚀情况，若结构已经稳定，积泥和腐蚀并不严重，可以适当延长清理周期。

集水井清理时宜选择水量较小的时段组织清理，清理前必须做好充分的人力、物力、照明、通风和安全措施的准备，尽量缩短停水时间和确保安全。

当主机将集水池降至最低水位后，切断所有主机电源，放入小型移动式潜水泵继续抽水，同时用高压水枪冲淤和清洗池壁。需下池作业时必须严格按照"狭小空间内的安全操作要求"进行，要点是进行强制通风，在通风最不利点检测有毒气体的浓度及亏氧量，达到要求后才可下人，同时必须继续通风，强度可以适当减小，但不能停止，因为池内污染物仍将释放有毒气体，要有人监护，下池工作时间不宜超过 30min。检查水池裂缝和腐蚀情况，检查管道、导轨和水泵接口腐蚀情况，若有必要则进行防腐处理。

2. 格栅等预处理设施运行与维护

当处理河道水等浊度较高的水体时，一般会设置格栅等预处理设施，减轻后续人工湿地负荷，减缓湿地堵塞现象。格栅等预处理设施的运行与维护要点主要包括以下几个方面。

1) 操作规程

启动新的或重新投入使用的格栅前应检查以下内容。

(1) 格栅内有无杂物。

(2) 润滑油及润滑油位。

(3) 格栅是否具备运行条件。

(4) 栅渣输送机和压渣机是否具备运行条件。

(5) 进出水闸门启闭灵活，密闭性是否满足要求。

(6) 电动和监控系统是否良好。

(7) 自动控制仪器、仪表是否正常，信息传输是否准确。

(8) 手动控制柜是否具备操作条件，自动控制与手动控制装置切换是否正常。

完成以上检查工作并确认无误后即可启动格栅投入运行，格栅启动步骤分为四步。

(1) 点动电机，确定电机工作正常。

(2) 启动进水闸门开始进水。

(3) 启动格栅和除污机。

(4) 启动栅渣输送机。

详细操作步骤由供应商或项目城市依据实际情况进行调整和补充。

格栅投入运行后的 1h 内，应密切关注整机的工作状况，如发现任何异常的振动或噪声应立即停机检查，排除故障后方可投入运行。

2) 巡检

日常运行过程中的巡检工作包括以下几个方面。

(1) 机械设备润滑状况和润滑油油位。

(2) 电机变速器、传动构件的异常噪声、振动和紧固情况。

(3) 栅渣输送机和压榨机的运行状况。

(4) 格栅、除污机和栅渣输送器上有无死渣，若有则清除。

(5) 栅前浮渣情况。

(6) 栅前栅后水位差。

(7) 机械除污机和栅渣输送机的工作频率调整。

(8) 依据实际情况对运行参数进行核对，如需投入新的格栅运行或减少格栅运行数量应与中心控制室联系。

巡检线路应依据各自实际情况确定，巡检频率每 4h 进行一次。进水水质波动较大、设备运行不太正常和检修完成后，要适当增加巡检次数。

3) 清(运)渣程序

格栅除污机清理下来的栅渣，经栅渣输送机输送到渣斗中。渣斗中栅渣达到 80% 设计容量时，应及时清运至指定地点统一处理。

4) 维护保养

格栅的日常维护内容包括以下几个方面。

(1) 格栅间及机械设备表面清洁工作。

(2)格栅及栅渣输送器上死渣清除。

(3)机械设备和电机润滑油的更换。

(4)设备的紧固。

(5)池底积泥清理。

(6)渣斗的除锈和防腐。

(7)栅渣输送机维护。

(8)其他设备操作维护手册要求进行的内容。

5)其他预处理设施运行维护要点

(1)每日检查预处理设施，保证设施干净，运转正常。

(2)定期巡查设施，若发现异常，及时修理或更换。

(3)定期维护预处理设施，做好清洁保养的工作，以延长设施的使用寿命。

(4)操作人员必须经过培训，能熟练操作设备。

(5)预处理设施的运行、巡检、维修、保养要有详细的记录。

3. 进出水装置的运行维护

为了获得人工湿地系统预期的处理效果，保持进出水流量的均衡性是非常必要的，这就要求管理人员对进出水装置进行定期维护，需对进出水装置进行周期性的检查并对流量进行校正。同时，要定期去除容易堵塞进出水管道的残渣，可以采用高压水枪或机械方法对浸没在水中或埋在填料中的进出水管道进行定期冲洗[369]。

入流污水中的悬浮固体会在潜流型人工湿地系统的进水端慢慢积累，这些积累物减少了湿地系统中填料间的空隙，从而减少了湿地系统的水力停留时间，使水力传导性下降，严重时会使水面升高而导致漫流。对于调节装置设计合理的湿地系统，可将水位适当降低，相当于增大了湿地系统的坡度，使水的流速加快，从而克服堵塞增加的水流阻力。当湿地系统的堵塞情况非常糟糕时，需要将系统前端 1/3 部分的植物挖走，并挖出填料，换上新的填料并重新种植植物[369]。

7.5.3　附属设施维护

人工湿地除水质净化功能外，往往兼顾生态观光、休闲娱乐、科普教育、湿地研究、湿地保护与利用的一种或几种功能，若建有一定规模的旅游休闲设施，可供人们旅游观光、休闲娱乐。湿地日常运行维护工作中，也需对附属设施进行维护保养，为游客、周边居民提供舒适健康的休闲娱乐场所。湿地内附属设施主要包括大门、围墙、景观小品、园路和照明设施、电控柜等。

1. 大门、围墙

大门包括厂牌、传达室和行人行车各类大门，要保持厂牌完整清洁，传达室接待通信与大门完好，围墙整洁美观，无安全隐患。

2. 景观小品

人工湿地内景观小品主要有：①建筑小品，如雕塑、壁画、亭台、楼阁、牌坊等；②生活设施小品，如座椅、电话亭、邮箱、邮筒、垃圾桶等；③道路设施小品，如车站牌、街灯、防护栏、道路标志等[397]。

湿地内景观小品需定期巡检，一般每周不少于两次，巡检内容及维护保养要点主要包括以下几个方面。

(1)巡检景观小品设施木结构(混凝土结构)的表面油漆、涂料是否有起皮、脱落等现象。

(2)巡检景观小品屋面、墙面、室内外地面等砌筑及铺装设施是否缺损。

(3)巡检湿地内水系沿线石、木结构围栏和石桌凳等景观小品是否保持整洁美观。

(4)巡检过程发现损坏，应及时上报安排维修人员现场查看损坏情况并记录。

(5)定期全面对湿地内所有景观小品设施及附属配套设施进行清洁维护。

3. 园路和照明设施

相关工作人员应保持湿地内园路畅通和做好保洁工作，若园路有破损，应及时进行修复。

对于照明线、照明灯具、开关插座及用电器具等，应加强维护，随时检查和纠正不安全的地方，如线路松脱、开关不灵等；及时更新损坏的灯具，并有专人负责开关。每年要对照明设备进行一次全面检查和修理保养。

4. 电控柜

1)日常巡检

日常巡检工作应特别注意电控柜的开断元件及母线等是否有温度过高或过烫、冒烟、异常的音响及不应有的放电等不正常现象。记录其运行过程中的电压、电流、温度、湿度等运行参数。

2)维护

日常维护应着重于经常发生事故的部位，如绝缘破坏或老化、接触部分的烧损及导线连接处过热和线圈温度过高、控制回路接触不良或动作不准确、保护装置的特性不良、机械运动部分和操作机构的磨损和断裂等。

电控柜的日常维护工作主要包括以下内容。

(1)保持柜内电器元件的干燥、清洁、防腐和油压。

(2)清除尘埃和污物，包括导体、绝缘体。

(3)对于断开、闭合次数较多的断路器，应定期检查其主触点表面的烧损情况，并进行维修。断路器每经过一次短路电流，及时对其触点等部位进行检修。

(4)对于主接触器，特别是动作频繁的系统，应经常检查主触点表面，当发现触点严重烧损时，应及时更换，不能继续使用。

(5)经常检查按钮是否操作灵活，其接点接触是否良好。

(6)对于抽屉的一、二次接插件，应检查抽屉式功能单元的抽出和插入是否灵活，是否插接可靠，有无卡住现象。

(7)抽屉拉出时，应使接触器、断路器等断开，将抽屉退到试验位置，拔下二次插头，再将抽屉拉出柜外。

5. 供电、通信线网及其防雷

要巡视湿地内供电、通信线网、架空线路是否与树枝碰擦，电杆是否牢固，避雷线路与接地是否良好，确保线网安全工作。

7.6　人工湿地蚊蝇及野生生物的控制

7.6.1　蚊蝇的控制

由于蚊子能够传染疾病，影响人类的健康，因此对蚊子的控制是表流型人工湿地处理系统必须考虑的生态问题，尤其当人工湿地系统离人类居住区较近时，这个问题如果得不到解决，会引起附近居民的反感[369]。

保持人工湿地系统中水体流动是非常有利于减少蚊蝇数量的，在湿地系统设计时，坡度不宜过小，减小浅层水体的面积，增大水流速度，以减少死水区的形成，利于控制蚊蝇孳生；同时，可以通过水泵提取或在水面安置机械曝气设备来强化边缘水域的水体流动，这不仅不利于蚊蝇幼虫的发育，而且会增加水中的溶解氧含量，有利于提高出水水质；也可以在人工湿地系统中设置洒水装置，通过向水面洒水来阻碍蚊蝇向水中产卵，不仅可以达到控制蚊蝇孳生的目的，还可以和水体景观结合起来增加湿地系统的观赏性[369]。

湿地系统中高大的挺水植物成熟后容易发生弯曲或倒伏在水面上，这种生境非常有利于蚊蝇孳生。因此，可以通过加强湿地植物的管理来控制蚊蝇孳生，在水边尽量种植低矮植物并定期收割。

向湿地系统中投放食蚊鱼和蜻蜓的幼虫来控制蚊子孳生也是一种非常有效的方法[369]。有时候植物的叶片堆积得过于密集，食蚊鱼可能无法到达湿地的所有部分，当出现这种情况时可以适当稀疏植被。同时，结合其他的自然控制方法，如构筑燕巢引来燕子控制蚊虫孳生也非常有效。

7.6.2　野生生物的控制

人工湿地系统运行起来后，会慢慢出现一些野生生物，如鸟类、哺乳动物、爬行动物和昆虫等。这些野生生物形成湿地系统特有的食物链，丰富了湿地系统的生物多样性。野生生物通常被视为有益于维护湿地的处理功能，因为它们从湿地植物中获取营养物质，随后将这些营养物质带走，并分布到整体的环境中。然而，某些对湿地系统及周围环境带来不良影响的野生生物则必须加以控制[369]。

麝鼠等啮齿类动物会严重损坏湿地系统中的植物，它们将香蒲和芦苇等植物作为食物，并用其枝叶做窝，同时麝鼠也喜欢在护堤和湿地中打洞，对湿地维护造成不利影响。临时提升水位可以有效阻止这些动物繁殖，同时采用捕鼠夹诱捕也是行之有效的控制手段[369]。

　　昆虫也会对湿地系统造成危害，人工湿地系统中种植的植物会像农作物一样感染病虫害。虽然植物表观的损坏不会对处理效果产生显著影响，但会影响人工湿地的美观。因此，病虫害的防治也非常重要，可以在湿地附近营造一些鸟巢，吸引麻雀或燕子等鸟类入住，这些天然的捕食者可以在控制昆虫中发挥积极作用。

7.7　人工湿地监测

　　为保证人工湿地系统正常运行和处理效果，要及时发现异常现象。人工湿地应定期进行监测，对湿地系统各进出水环节进行监测，确定进出水水质是否符合工艺要求，以保证湿地系统的处理能力并用于指导运行管理。

　　其监测对象包括进出水、填料基质、植物等，监测内容包括处理水质、水量、基质和植物的各项理化及生物指标等。监测项目有水位、水温、电导率、溶解氧、pH、氧化还原电位、COD_{Cr}、BOD_5、TN、NH_3-N、TP、总悬浮物、藻类、浮游动物、总细菌、总大肠杆菌、粪大肠菌等，取样频率根据分析项目不同而异，从每周1次至每月1次。人工湿地的监测可为人工湿地的运行维护管理提供依据，以判断人工湿地出水是否达标。

　　除上述监测内容外，还包括定期观察和记录各工程设施(泵、管、渠、流量计等)的运行情况，以便调整运行工艺。

　　对植物的监测主要是为了监测植物对营养元素、毒物及盐分的去除效果，分析项目有植株生物量、总有机氮、TP、重金属等，每年收获植物时对上述项目进行测试。

　　根据实际需要可增加基质监测项目，如基质有机质、氧化还原电位、微量元素浓度、微团聚体或其他基质理化指标。

　　当有些湿地系统使用的污水含有较多的病毒或有机毒物时，采用喷洒补水系统往往会增加这些毒物经空气扩散传播的危险性。因此，需要对湿地系统边缘地带一定距离内的空气进行监测。

第8章　典型人工湿地生态恢复案例

8.1　城镇污水处理厂尾水水质提升

8.1.1　项目总体概况

某污尾水人工湿地属于水质净化型湿地(图8.1),主要目的是改善出水水质。其建设地址位于污水处理厂用地范围内,结合污水处理厂建设湿地,工程规模为 4.0 万 m³/d,占地面积为 5.52hm²,尾水湿地总投资约 1.2 亿元。该湿地采用"垂直潜流-水平潜流-滤布滤池-消毒池-表流"湿地工艺,进水水质为一级 A 标准,出水水质标准按照Ⅳ类水设计。湿地公园分区造景,造型别致,富有特色,构建了垂直潜流、水平潜流、表流三条景观带,串联起每个特色景观区,营造了"园在池上,景在园中"的意境。通过打造景观水系、湿地植被、游憩步道、亲水平台等,形成服务于周边居民的湿地公园。该湿地项目应用自主创新技术 5 项,获省级工法 1 项,著作 1 部,实用新型专利 6 项,依托该项目开展浙江省重点研发项目 1 项,获全国水利行业建筑信息模型(BIM)应用大赛金奖、国家级 QC 成果 3 项、省级 QC 成果 4 项。

图 8.1　某污尾水人工湿地实景鸟瞰

8.1.2　总体设计介绍

1. 工艺流程

综合考虑污水处理厂尾水水质特征、人工湿地区域用地条件和地形高差特征,为保证出水稳定达到地表水Ⅳ类水,湿地工艺采用"垂直潜流+水平潜流"组合湿地工艺,以满足不同种类微生物生长需要,进一步净化尾水中残留有机物、氮、磷等营养物质。同时,考虑到尾水中含有工业废水成分,潜流型人工湿地出水增加消毒工艺,消毒后出水再通过表流型人工湿地净化改善其生态性状,最大程度降低湿地出水对水体生态系统的干扰,其工艺流程见图8.2。

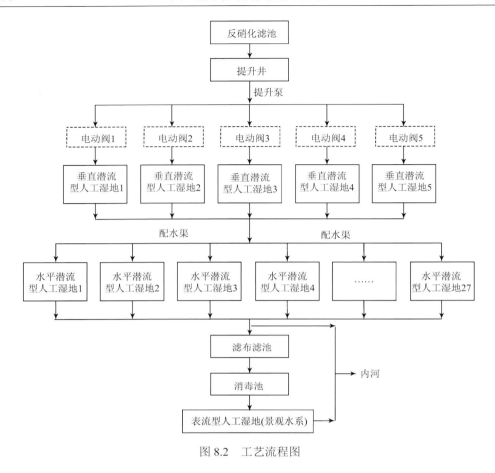

图 8.2 工艺流程图

2. 总平面布置

拟建人工湿地公园位于污水处理厂北侧，东西长 370～450m，南北长 230～350m，合围面积约 11hm²。现状南侧地势较高，小山头最高处高程约 48m；北侧地形平坦，多为农田菜地，高程为 31～33m，靠北侧有一条排水沟，两侧地势略低洼，高程为 29～31m。结合人工湿地的工艺组合及处理水量，本次设计湿地合计 5.88 万 m²，垂直潜流型人工湿地合计 2.40 万 m²，水平潜流型人工湿地合计 2.20 万 m²，表流型人工湿地合计 1.28 万 m²。该污尾水人工湿地功能区分布见图 8.3，总平面图及鸟瞰效果图分别见图 8.4 和图 8.5。

本次方案结合当地景观山水资源，凸显区域文化特色。以"人与自然之融合，术与素材之灵用"为主题，从"自然融合""巧变多用""元素融合""技术融合""广取善用"等多个角度阐述湿地公园的核心理念(图 8.6)。把当地文化、制药文化、竹文化、生态污水处理核心思想等有机结合在一起，与当地的自然环境和现状场地条件相协调，形成鲜明的文化特征，在保证区域内良好生态环境的同时，达成三项目标，遵从五项设计原则，以湿地公园的形式打造一个能够同时为人类和自然双方提供休憩空间的场所。

图 8.3 某污尾水人工湿地功能区分布

图 8.4 某污尾水人工湿地总平面图

图 8.5　某污尾水人工湿地鸟瞰效果图

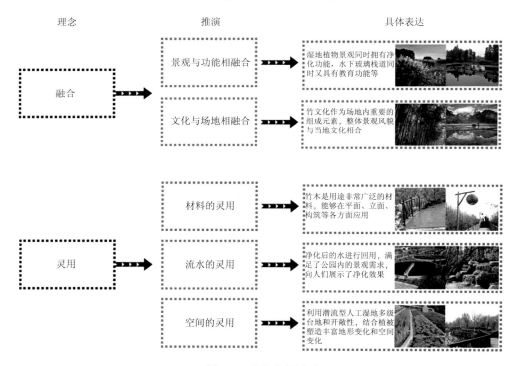

图 8.6　理念应用说明

3. 主要工艺参数

潜流型人工湿地设计：该项目湿地面积采用 BOD 负荷法计算，具体计算采用以下公式：

$$A = LW = \left[Q \ln \left(\frac{C_0}{C_e} \right) \right] \bigg/ k_T y n \tag{8.1}$$

式中，A 为湿地表面积，m^2；y 为滤池深度；n 为孔隙率；对于潜流型人工湿地，K_{20} 一般采用 $1.104d^{-1}$，k_T 则根据 $k_T=K_{20}×1.06T^{-20}$ 计算。该项目设计水平潜流型人工湿地单元面积约为 $800m^2$，垂直潜流型人工湿地独立单元面积约为 $1500m^2$。潜流型人工湿地总停留时间为 11.0h。

表流型人工湿地设计：表流型人工湿地的底坡取值一般不宜大于 0.5%，潜流型人工湿地的底坡宜为 0.5%～1%，该设计取值 0.5%。该湿地的表面有机负荷为 $34.7kg/hm^2$，NH_3-N 表面负荷为 $13.0kg/hm^2$，TP 表面负荷为 $1.74 kg/hm^2$。主要设计参数汇总见表 8.1。

表 8.1　主要设计参数汇总表

参数	规范、规程要求	设计值
垂直潜流+水平潜流型人工湿地面积/万 m^2	—	4.60
BOD 表面负荷/[g/(m^2·d)]	8～12	3.47
NH_3-N 表面负荷/[g/(m^2·d)]	3.0～4.5	1.30
TP 表面负荷/[g/(m^2·d)]	0.3～0.5	0.17
潜流型人工湿地底坡坡度/%	0.5～1	0.5
滤料孔隙率/%	35～40	40
停留时间/h	24～72	11.04

注：该项目进水浓度远低于设计规范所设定的浓度，在满足各污染物表面负荷的前提下，适当减少湿地水力停留时间，节省占地面积和投资。

湿地填料级配组成：人工湿地填料基质设计需综合考虑以上条件及对污染因子的去除效果。由于该项目建设地点附近盛产优质的缙云沸石，沸石除了能为微生物提供较好的生长环境，还对 N、P 有着良好的吸附、富集能力，吸附速率较快、吸附容量较高，因此该项目主滤层采用易于就地取材的轻质滤料沸石及砂石。根据各层填料不同功能和要求确定人工湿地填料级配组成，具体如表 8.2 和表 8.3 所示。

表 8.2　垂直潜流型人工湿地填料级配组成

分层	功能	厚度/mm	材料	注意事项
排水层	汇集排出的已处理污水	300	粒径 16～32mm 砾石	需洗净
滤料层	核心处理区	500	特殊级配 5～10mm 沸石填料	必须符合级配曲线范围
覆盖层	防砂面表面冲蚀	200	粒径 8～16mm 砾石	根据喷流距离铺设

表 8.3　水平潜流型人工湿地填料级配组成

分层	功能	厚度	材料	注意事项
进水端	汇集排出的已处理污水	800mm	粒径 8～16mm 砾石	需洗净
主滤区	核心处理区	根据湿地长度确定	特殊级配 5～10mm 沸石填料	必须符合级配曲线范围
出水端	防止上层砂粒堵塞下面排水层	800mm	粒径 5～10mm 砾石	需洗净

　　潜流型人工湿地配水设计：污水处理厂区出水通过提升泵进入垂直潜流型人工湿地公园区的配水主管，同时通过电动调节阀控制轮流进入 5 个垂直潜流型人工湿地单元，每块湿地按进水 12min、停水 48min 的配水频率控制；当其中一块湿地需要轮歇"落干"时，单个垂直潜流型人工湿地按进水 15min、停水 40min 频率控制。控制阀采用 5 套 DN700 手、电两用蝶阀，分散安装于阀门井内，通过可编程控制器（PLC）控制。垂直潜流型人工湿地出水通过配水渠重力自流入 27 个表流型人工湿地单元，再通过收集主管进入后续滤布滤池[398]。

　　二级配水为每个湿地单元设置 6~9 个布水环路，并联运行，有利于减小湿地内部管道尺寸，以及更有利于配水均匀，单个环路设置 40~50 根进水立管，进水立管间距为 3.0m×3.0m，每根立管上端开 Φ20mm 孔，孔口流速≥2.5m/s，孔中心高于湿地滤料面层 1~5cm。

　　垂直潜流型人工湿地出水通过重力流收集管道一次配水至 4 个水平潜流型人工湿地分区。每个分区通过配水渠，二次配水至 27 个面积大致相等的水平潜流型人工湿地单元。被处理水从水平潜流型人工湿地的进水端在重力作用下渗流至湿地出水端，出水端设置水位调整槽，调整水平潜流内液位，水平潜流型人工湿地最终出水通过收集主管汇流至滤布滤池。

　　湿地防渗系统设计：考虑到该项目处理尾水含有工业废水成分，湿地系统防渗要求进一步提高，整体系统均采用"两布一膜"柔性防渗做法。湿地采用砖混 HDPE 防渗复合结构，侧墙采用钢筋混凝土、砖混结构，湿地底部设置 100mm 厚细砂保护层，防渗结构采用"两布一膜"的形式，其中防渗膜厚度选用 1.5mm 厚，土工布厚度选用 1.0mm 厚。

8.1.3　设计特点解析

1. 功能滤料级配显著节约占地

　　通过优化尾水湿地的功能滤料级配、潜流组合、挺水植物配置等措施，显著提高人工湿地处理效率，同时结合场地原有高程差合理布置垂直潜流型人工湿地与水平潜流型人工湿地，实现无动力复氧，有效减小工程占地面积，进一步提高工程综合经济效益。

2. 植物驯化筛选强化净化能力

　　该污水处理厂污水中有超过 1/3 的水量为工业废水，其中主要为原药制药工业。污水处理厂尾水中残留的微量有机物将对水生植物的正常生长产生显著影响。设计阶段通过文献调研、试验筛选，以适应性和耐药性较强的再力花、芦竹、旱伞草等挺水植物为主，强化尾水湿地对工业废水尾水的净化能力。

3. 融合当地文化民俗

　　古窑遗梦造型优美，古色古香，结合当地文化底蕴，凸显老城记忆；玻璃栈道样式新颖，庄重大方；池壁涂鸦环保主题鲜明，内容生动，细部构造精雕细琢，为传统工程带来时代气息，如图 8.7 所示。

图 8.7　民俗文化融合体现

4. BIM 三维设计提高出图质量

该项目运用 BIM 技术，实现了三维数字化协同设计—三维出图—对外协作设计—设计交底及指导施工等，工艺单元、整体系统管线布置、场地平整各个环节均利用 BIM 技术，实现了 BIM 技术在该项目的全面应用（图 8.8）。

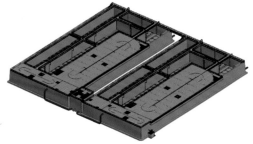

图 8.8　BIM 设计成果

5. 布置海绵措施促进生态循环

尾水人工湿地以及污水处理厂厂区，充分运用海绵城市理论，在厂区道路周边设置生态植草沟、透水路面、雨水花园等基本元素消纳雨水，过滤污染物，改善地表水水质，更好地净化区域空气，在尾水湿地的配合下，将建设一座会呼吸的公园（图 8.9）。

6. 布设光伏发电实现节能减排

整个光伏面板面积为 8500m^2，装机容量为 0.88MW，年平均发电 100 万 kW·h，每月 10 万 kW·h 左右，能够满足整个厂区和尾水人工湿地满负荷运行 1/3 的用电需求，也迈出了污水处理厂 3.0 版、能源自给的第一步（图 8.10）。光伏发电 4～5 年能够实现投资回收，持续产生利润。

图 8.9　海绵措施应用

图 8.10　场地光伏利用

8.1.4　建成效果及总体效益

1. 建成效果

　　该污尾水人工湿地与污水处理厂同步设计、施工、运行，整体系统于 2019 年 6 月完成建设。人工湿地系统已进入稳定运行阶段，湿地植物长势良好，现状主要出水指标已稳定达到项目设计要求标准（图 8.11～图 8.13）。

图 8.11　潜流型人工湿地建成效果

图 8.12　表流型人工湿地建成效果

图 8.13　湿地主入口

2. 总体效益

该污尾水人工湿地对污水处理厂尾水进一步净化提升，出水稳定达到地表水Ⅳ类水标准。工程实施运行能够促进永安溪水质提升改善，响应了国家"五水共治"的决策部署，推进生态治水，实现从"清"到"美"的提升。

湿地公园铺装线性流畅，广场铺装齐整；有玻璃栈道、观景台、长廊、弧形廊架等，景观小品造型优美；配套照明、音响等运行良好，亮化效果美轮美奂；游人不断，赢得了广泛的社会赞誉，为当地人民提供了一座滨水宜人的湿地园林景观公园。

该污尾水人工湿地与污水处理厂同步设计、建设、运行，实现整体系统协同优化提升，结合光伏发电利用，充分落实水质永续、能量自给、环境友好、资源回收、数字孪生等污水处理厂 3.0 版本要求，将污水处理与湿地公园、光伏发电相结合，既提升了污水处理能力，又兼顾了亲水休闲功能以及能源自给探索。

8.2 农村生活污水生态净化处理

8.2.1 项目总体概况

伴随着我国新农村建设发展，农村居民整体生活水平有了较为明显的提升，生活环境有了比较大的改善，但随之而来的一些环境污染问题也日益凸显，尤其是农村生活污水污染问题，未经处理的生活污水直接排放污染河道和土壤，破坏原有生态环境，如何有效地治理农村生活污水已经成为当前迫切需要解决的问题。而人工湿地在农村生活污水处理中表现出较好的应用效果，同时人工湿地以其成本低、污染物去除效率高、维护方便等特点，得到较广泛的应用，成为目前农村生活污水生态净化处理的主要工艺措施。本节以福建省厦门市同安区莲花镇后埔村农村生活污水治理为例，具体介绍人工湿地在农村生活污水生态净化处理中的应用。

1. 村庄基本情况

后埔村隶属于福建省厦门市同安区莲花镇，位于厦门市同安区西北部，东邻同安区汀溪镇，南通集美区，北邻安溪县，下辖 8 个自然村。

后埔村自然与生态资源十分丰富和优越。后埔村属南亚热带季风性气候区，光热资源丰富，霜期短，常年平均气温 20.8℃，月平均气温最高 28.4℃、最低 12.2℃，年日照 2138.2h，年积温 7681℃，年降水量 1600～1800mm，全年无霜期 300 天以上(山下平原村为 350 天以上)，适宜发展亚热带、热带气候特色的农业生产和园林作物培育，对农业生产综合发展十分有利。

2. 后埔村农村生活污水治理总体概况

后埔村地处莲花水库上游莲花溪，是厦门市小流域综合整治示范段村庄之一。为推动小流域综合整治示范段农村生活污水的治理，后埔村生活污水治理项目采取分散式就地处理方式，在污水收集管网末端建设生态净化湿地，对莲花溪小流域综合整治起到典范作用，也带动同安区农村污水治理工程的全面推进。

后埔村农村生活污水治理工程共建设污水收集管网 17825m，管道工程造价 449 万元，日生活污水排放量约 160m³，全部采用雨污分流的方式收集污水，用户污水经化粪池后排入污水管道中，通过污水管道送至分散式污水处理设施，经处理达标后排入附近水体；配套建设污水处理设施 2 座，分别为新店处理设施(日污水处理量为 10m³)，以及后埔中心村处理设施(日污水处理量为 150m³)。

8.2.2 总体设计介绍

1. 污水水量、水质及出水标准

1)污水水量

后埔村污水收集采用雨污分流设计，居民人均生活用水量参照福建省地方标准《行

业用水定额》(DB35/T 772—2013),见表 8.4。后埔村经济条件较好,居民生活基础设施
(如厨房洗涤池、冲水马桶)的普及率都很高。居民人均用水量取 120L/d,折污系数取 0.8,
设计居民人均排水量为 100L/d。

表 8.4　福建省居民生活用水量

行业代码	类别名称	产品名称	人均用水量/(L/d)
ED101	城市居民	城市居民生活用水	120～180
ED102	农村居民	农村居民生活用水	90～150

资料来源:福建省地方标准《行业用水定额》(DB35/T 772—2013)。

因此,后埔村生活污水总量约 160m³/d,其中新店片(莲花溪以南)污水总量约 10
m³/d,后埔中心村等村庄(莲花溪以北)污水总量约 150m³/d。本节以莲花溪以北片的后
埔中心村等村庄集中建设生态净化处理设施为例进行介绍,设计污水水量为 150m³/d。

2)污水水质

参照福建省住房和城乡建设厅颁布的《福建省农村生活污水处理技术指南》,在同安
区周边村庄污水管道收集污水,进一步确定设计进水水质(表 8.5)。

表 8.5　福建农村居民生活污水水质参考取值

水质指标	pH	悬浮物/(mg/L)	COD/(mg/L)	BOD$_5$/(mg/L)	NH$_3$-N/(mg/L)	TP/(mg/L)
建议取值范围	6.5～8.5	100～200	100～300	60～150	20～60	1.5～6.0

资料来源:《福建省农村生活污水处理技术指南》。

生态湿地出水将排入莲花水库水源地上游莲花溪河道,根据《厦门市水污染物排
放标准》(DB35/322—2011),应执行该标准中一级标准,进出水水质具体指标如表 8.6
所示。

表 8.6　设计进出水水质

序号	项目名称	进水水质	出水水质
1	悬浮物/(mg/L)	200	60
2	BOD$_5$/(mg/L)	250	20
3	COD/(mg/L)	300	60
4	NH$_3$-N/(mg/L)	45	10
5	TP(以 P 计)/(mg/L)	5	0.5
6	粪大肠菌群数/(个/L)	—	100

2. 生态湿地工艺流程

后埔中心村生态湿地工艺流程如图 8.14 所示。

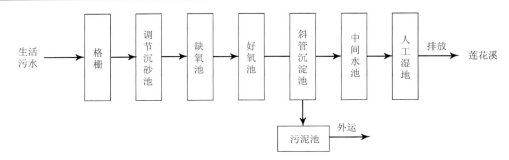

图 8.14　生态湿地工艺流程

　　经化粪池预处理后的村庄居民生活污水，通过后埔村污水收集管网统一接入调节沉砂池，通过调节沉砂池前端设置的粗、细两道格栅，将污水中的杂质及大颗粒固体物分离，防止其进入后续污水处理单元，造成后续工艺单元的堵塞。

　　去除大颗粒固体杂质后的污水经过调节沉砂池的调质、调量后进入二级生化处理阶段，分别在缺氧和好氧条件下，通过微生物作用降解污水中的有机物及部分 NH_3-N；同时，在好氧池末端预留混凝加药系统，通过化学除磷的方式在下一级沉淀池中去除污水中的 TP。

　　生化池出水自流进入沉淀池进行泥水分离，上清液进入中间水池，下层污泥定期抽至污泥池浓缩后外运。

　　斜管沉淀池出水自流进入中间水池，再通过提升泵均匀投配至人工湿地，利用人工介质、植物、微生物的物理、化学、生物三重协同作用，对污水进行深度处理(主要去除氮、磷)，确保水质稳定。

　　人工湿地出水与次氯酸钠混合后实现消毒，出水达标后排入莲花溪。

3. 主要处理单元及设计参数

1)调节沉砂池

由于村庄居民排水量具有高峰浮动的特点，设置调节沉砂池可起到调节水量、均衡水质的作用，保证后续处理单元能稳定运行。

水量：150m^3/d；

有效停留时间(平均流量)：8.0h；

平面尺寸(长×宽)：7.5m×5.0m；

有效水深：1.6m；

有效池容：50m^3；

结构形式：地下钢筋混凝土结构；

提升泵：12m^3/h。

2)缺氧池

调节沉砂池的污水经提升后进入缺氧池，缺氧池的作用主要是将大分子有机物转化为小分子有机物，同时将部分不溶性有机物转化为可溶性有机物，以提高污水的可生化性；同时，缺氧池还能实现反硝化的功能。

设计停留时间：6.0h；

平面尺寸：5.0m×3.0m；

有效水深：2.5m；

有效池容：37.5m³；

结构形式：地下钢筋混凝土结构；

Φ160PP 组合填料：30m³。

3）好氧池

好氧池内安装有填料、布水装置、曝气装置。其工作原理为：在池中设置填料，将其作为生物膜的载体。待处理的废水经充氧后以一定流速流经填料，与生物膜接触，生物膜与悬浮的活性污泥共同作用，达到净化废水的作用[399]。本池除了有较高的 COD、BOD_5 去除率，同时还能较为彻底地去除水中的 NH_3-N。

设计停留时间：13.0h；

平面尺寸：5.0m×6.1m；

有效水深：2.5m；

有效池容：77.5m³；

结构形式：地下钢筋混凝土结构；

Φ160 PP 组合填料：64m³；

微孔曝气系统：115 套；

鼓风机：2 台（1 用 1 备）；

供气量：1.67m³/min。

4）斜管沉淀池

接触氧化池出水自流排入斜管沉淀池，该水中含有较多的脱落生物膜和部分悬浮状活性污泥，相比于传统的活性污泥法，该工艺中污水所含污泥的特点是较为松散、浓度较低，一般沉淀效果较差，采用斜管沉淀池能极大地提高沉淀效率，同时不会导致斜管堵塞。沉淀池底部的污泥通过污泥回流作为系统的生物补充，多余的剩余污泥排放至污泥池。

表面负荷：0.51m³/(m²·h)；

有效表面积：12.5m²；

有效水深：2.5m；

平面尺寸：5.0m×2.5m；

结构形式：地下钢筋混凝土结构；

PP 斜管（含支架）：18m²；

PVC 进水布水装置：1 套；

PVC 出水装置：1 套；

气提泵：2 台（10m³/h）。

5）污泥池

污泥池作为该处理站剩余污泥的最终出口，具有污泥储存、浓缩等功能。浓缩产生的剩余污泥通过吸粪车定期外运，上清液自流回流至缺氧池。

平面尺寸：3.0m×2.5m；

有效水深：2.5m；

有效池容：18.8m³；

结构形式：地下钢筋混凝土结构。

6）中间水池

斜管沉淀池上清液自流进入中间水池，通过提升泵均匀地投配至人工湿地。

平面尺寸：3.0m×2.6m；

有效水深：2.5m；

有效池容：195m³；

结构形式：地下钢筋混凝土结构；

湿地进水提升泵：2台（1用1备）；

流量：60m³/h。

7）人工湿地

该项目人工湿地采用垂直潜流型人工湿地，该湿地为间歇式进水，介质定期处于满水、排空状态，以实现其充氧。湿地植物选择具有氧气输送功能的植物（西伯利亚鸢尾）及常年绿生灌木，使湿地在净化水体的同时兼具观赏性。

有效面积：300m²；

结构形式：地下砖混墙体+HDPE防渗膜。

A. HDPE防渗膜

数量：450m²；

膜厚：2mm。

B. 人工湿地配水系统

数量：1套；

配水量：60m³/h；

材质：管道UPVC、不锈钢配件。

C. 湿地植物

数量：300m²；

植物种类：旱伞草、西伯利亚鸢尾等。

8）植物选择

该项目人工湿地在地埋式污水处理构筑物及垂直潜流型人工湿地上方铺设土工材料后覆盖种植土，基于对同安区、莲花镇当地本土湿地植物的调查，选择美人蕉、鸢尾、香蒲、花叶芦竹、石菖蒲等作为湿地工程的挺水植物，同时结合湿地公园建设需求选用荷兰铁、狼尾草、马缨丹、细叶芒等景观植物，进行湿地整体绿化打造（表8.7），同时湿地内部园路、检查井、管理房等构筑物除外的留白部分用马尼拉草满铺。

表 8.7　湿地植物选用一览表

序号	苗木名称	规格/cm		单位	数量	土球/cm	树穴/cm	基肥厚度/cm	备注
		高度	冠幅						
1	荷兰铁	220～250	180～200	株	5	80×60	100×70	10	3 分叉以上，造型优美，冠幅饱满
2	黄纹万年麻	100～120	100～120	株	6	40×30	60×40	6	造型优美，冠幅饱满
3	狼尾草	40	30	m²	18	袋苗	30×30	3	30～36 株/m²
4	紫叶狼尾草	40	30	m²	19	袋苗	30×30	3	30～36 株/m²
5	细叶芒	40	30	m²	8	袋苗	30×30	3	30～36 株/m²
6	大花美人蕉		30	m²	40	袋苗	30×30	3	30～36 株/m²
7	花叶芦竹	40	30	m²	5	袋苗	30×30	3	30～36 株/m²
8	金边石菖蒲	30	20	m²	26	袋苗	20×15	3	36～40 株/m²
9	蓝花鼠尾草	30	20	m²	44	袋苗	20×15	3	36～40 株/m²
10	紫花马缨丹	30	20	m²	58	袋苗	20×15	3	36～40 株/m²
11	鸢尾	30	20	m²	44	袋苗	20×15	3	36～40 株/m²
12	马尼拉草			m²	610			2	满铺

8.2.3　设计特点解析

1. 村庄洼地实施净化生态湿地建设

该项目污水自然处理湿地对土地的形状、地质、地势等条件要求不高，考虑到后埔村土地利用条件、村庄污水收集管网走向及水量情况，选择在莲花溪旁低洼处进行湿地设计和建设，减少"优质"地块土地占用，最大化发挥低洼地土地价值。

2. 污水生态治理融合进美丽乡村建设

该项目生态湿地在满足污水处理工艺要求的基础上，结合美丽乡村的建设，利用自然地形、处理设施形状的设计、四季植物的配置等措施，在保护莲花溪水源地的前提下，做到污水自然处理与自然景观的有机融合，使其成为一道靓丽景观，为广大村民提供了便捷和良好的休闲环境，为同安区及莲花镇的美丽乡村和污水治理融合建设提供了样板。

3. "微动力+人工湿地"组合减少运维管护

该项目生态湿地充分利用现有场地地形和地势，通过预处理提升和湿地提升配水两次低扬程加压，在满足湿地工艺正常运行的前提下降低水能耗，减少村庄污水处理的运行负担。此外，湿地日常运维仅需秋冬季植物收割及水泵等电器维护，运维管护简便且易实施。

8.2.4 建成效果及总体效益

湿地工程于 2017 年 5 月竣工(图 8.15),总投资为 182 万元,基建成本为 1.2 万元/m³; 至今运行效果稳定,经过长期运行统计,吨水处理成本约 0.26 元/m³,处理量按 54750m²/a 计,则运行费用为 2.85 万元/a。

图 8.15　后埔中心村生态湿地秋季、冬季景象

湿地工程的实施可减少 BOD_5 排放量 12.59t/a、COD 排放量 13.14t/a、NH_3-N 排放量 1.92t/a、P 排放量 0.25t/a,从而改善了莲花水库(莲花溪)上游水质,具有良好的生态环境效益。

8.3　城市主题湿地公园建设

8.3.1　茅洲河燕罗湿地公园

1. 项目总体概况

茅洲河燕罗湿地公园工程是茅洲河流域水环境综合整治项目中重要的生态工程,对恢复茅洲河原有水生生态系统多样性发挥至关重要的作用。湿地公园主体位于茅洲河原有已遭侵占破坏的河滩地上，占地面积 6.50hm²，湿地净化处理设计规模 1.40 万 m³/d，进水水质为一级 B 标准，设计出水水质标准为地表水Ⅳ类，自 2018 年湿地公园建成运行后湿地出水基本稳定在地表水Ⅲ类。

燕罗湿地公园是茅洲河畔的新生网红公园，不仅可以服务周边居民亲水嬉戏和休闲游憩，更是野鸭、白鹭等禽鸟的栖息地，而且成为茅洲河畔兼具水质净化提升、生态修复保护、景观休闲游憩、生态科普宣教等综合功能的滨水人工湿地公园(图 8.16 和图 8.17)，为我国城市流域生态环境治理过程中平衡国土空间生态修复、滨水景观构建、水质净化提升等多方面需求的难题提供了创新解决方式。该工程先后荣获深圳市环境教育基地、深圳市市级湿地公园、广东省首届国土空间生态修复十大范例提名奖、2020 年度杭州市建设工程西湖杯奖(优秀勘察设计)和 2020 年度浙江省勘察设计行业优秀勘察设计成果奖等荣誉。

图 8.16　茅洲河燕罗湿地公园全景鸟瞰　　　图 8.17　茅洲河燕罗湿地公园——表流型人工湿地

2. 总体设计介绍

1) 工艺流程

结合湿地公园处理水体——大截排2#应急处理设施出水水质特征以及远期可能调整为茅洲河河道水等相关情况，充分考虑湿地工艺系统的运行稳定性、污染负荷冲击抵抗能力和潜流型人工湿地运行寿命期，燕罗湿地公园的水质处理工艺流程采用预处理和湿地工艺组合净化措施(图 8.18)。其预处理主要包括生态氧化池+高效沉淀池，湿地工艺主要包括垂直潜流型人工湿地+表流型人工湿地。预处理区产生的污泥经过污泥浓缩池浓缩后外运至松岗水质净化厂进行统一处理处置。

2) 总平面布置

燕罗湿地公园位于深圳市宝安区燕罗街道、松岗水质净化厂北侧、洋涌桥大闸上游，工程区主要为茅洲河两岸滩地。根据现场实际情况，燕罗湿地公园的取水设施、提升泵站布置于2#应急处理设施的场地内，通过输水管道将出水依次通过生态氧化池、高效沉淀池、垂直潜流型人工湿地和表流型人工湿地。垂直潜流型人工湿地和表流型人工湿地布置于茅洲河流域水环境综合整治-中上游段干流综合整治工程的洋涌河水闸景观节点内，南侧紧挨茅洲河防洪大堤，北侧和东侧为洋涌河水闸景观节点的护岸，西侧(下游侧)

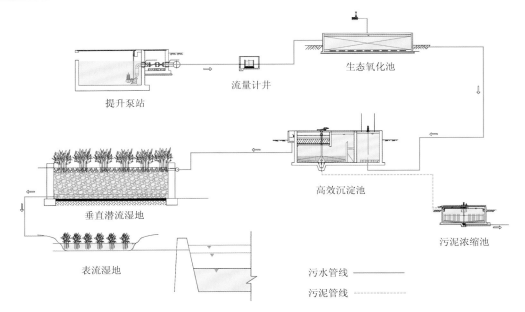

图 8.18　燕罗湿地公园的水质处理工艺流程

紧邻荷花池,属于狭长形地块,垂直潜流型人工湿地出水进入表流型人工湿地(即荷花池),然后流入茅洲河(图 8.19)。为实现湿地处理系统的顺利运行,各处理系统之间采用管道或渠道等方式连通,各处理构筑物之间需留足水力高差,保障水力条件,使整个系统水流顺畅,以达到湿地处理工艺的流程要求[295]。

图 8.19　燕罗湿地公园总平面布置图

3)主要工艺参数

提升泵房:设计规模 1.40 万 m³/d(考虑到进水水质较好的工况,提升泵站最大处理规模按 1.8 万 m³/d 设计），平面尺寸为 5.9m×5.5m，采用潜水泵流量=375m³/h，扬程=6m，功率=11kW，3 台，2 用 1 备，采用变频。

生态氧化池：设计流量为 Q=0.162m³/s，分两格，单格流量为 Q=0.081m³/s，水力停留时间为 2h，设计有效水深为 3.5m，尺寸为 20m×17m×4.0m（H），填料层高度为 2.5m，填料上水深 0.5m，配水区高度为 0.5m，超高 0.5m。

高效沉淀池：采用集泥水分离与污泥浓缩功能于一体的沉淀工艺。设计流量为 Q=0.208m³/s；尺寸为 12.7m×10m×6m（$H^{①}$）+4.7m×5.2m×6m（H），澄清区直径为 D=9.0m；快速搅拌器 1 套，规格为 Φ=1400mm，设备功率为 7.5kW；刮泥机 1 套，D=8000mm，刮泥器的刮刀高度=6000mm，转速为 0.02～0.1rpm^{②}，设备功率为 0.55kW；搅拌器 1 套，D=1000mm，搅拌器的搅拌深度=4000mm，转速为 57rpm，设备功率为 5.5kW。

垂直潜流型人工湿地：垂直潜流型人工湿地系统的占地面积为 1.77hm²，配水管以东西方向布置在场地南北侧，将场地分为南北两个区块，南北侧区块各设置 7 个垂直潜流型人工湿地单元格，设计表面水力负荷 q_{hs}=0.79m³/(m²·d)，水力停留时间 t=0.74d。

湿地填料设计：该工程填料以自然砾石为主，综合考虑填料来源、对污染因子的去除效果、价格水平等因素。该项目主滤层同时采用轻质滤料沸石、火山岩、陶粒三种功能填料，除能为微生物提供较好的生长环境外，还对 N、P 有着良好的吸附、富集能力，具有吸附速率较快、吸附容量较高等优点。垂直潜流型人工湿地填料总厚度为 1.3m，具体填料组成见表 8.8。

表 8.8　垂直潜流型人工湿地填料组成

分层	功能	厚度/mm	材料	粒径/mm
覆盖层	防砂层表面冲蚀	200	砾石	5～8
滤料层	去除污染物核心功能区	700	沸石/陶粒/火山岩	2～5
过渡层	防止上层砂粒堵塞下面排水层	200	砾石	8～16
排水层	汇集排出的已处理污水 防止堵塞出水管	200	砾石	16～32

集配水系统设计：垂直潜流型人工湿地地块配水系统分别采用环形布置穿孔管配水系统，配水环管管径 DN200，管道穿孔，配水支管 DN75，孔径 8mm，孔距 0.5m，错向 45°开孔。集水系统使用高密度聚乙烯（HDPE）双壁波纹管（凹槽人工割缝），为防止集水管堵塞，在集水管前放置的填料不宜采用易碎材料，可选用大块卵石放置在集水管周围。集水管从垂直潜流型人工湿地底部收集出水汇流到集水井中，利用隐蔽式人工湿地出水位连续调节装置对出水位进行调节控制后排入表流型人工湿地。

表流型人工湿地：表流型人工湿地分为两部分，一部分布置在垂直潜流型人工湿地中间，保留场地原有排水沟渠，模拟自然河流；另一部分依托原洋涌河景观节点工程中的荷

---

① H 指沉淀池的深度。

② 1rpm=1r/min。

花池，在其基础上提升改造而成，表流型人工湿地面积为 1.6hm²，水深为 0.5～1.0m，底坡坡度为 0.1%。

湿地防渗系统：该区域地质、防渗不能满足要求，在湿地底部设置防渗结构。其中，垂直潜流型人工湿地区域采用"两布一膜"柔性防渗系统，由下至上依次铺设 200g/m² 土工布、1.5mm PE 防渗膜和 600g/m² 土工布，以保证整体场地防渗系统稳定可靠。表流型人工湿地采用夯实黏土生态防渗做法，黏土层厚度为 300～500mm。

湿地植物配置：燕罗湿地公园位于茅洲河畔，光照充足，两侧垂直潜流型人工湿地设置灯心草、千屈菜、黄菖蒲、水葱、水芹、香根鸢尾、再力花、纸莎草等湿地植物。中间表流型人工湿地两侧和荷花池周围设置挺水植物，如芦苇、芦竹、旱伞草等，表流型人工湿地和荷花池中间可设置苦草、狐尾藻等沉水植物(图 8.20)。风车草、菖蒲、再力花等能够有效吸收去除污水中的 COD、N、P 等营养物质，去除率可达到 60%以上。芦苇不仅利用根系渗入输氧作用促进有机物氧化，同时能够与风车草、再力花等共同作用去除水体中 50%以上的 P 等污染物。

4) 湿地公园景观设计

设计思路及主题意向：设计以"燕罗"所寓意的良好生态环境为出发点，提取出符合其特色的流线形式为场地内主导肌理，加之燕罗街道有全国最大的琥珀交易中心，便以琥珀为场地内独特的设计元素，结合场地现状设置花田草滩、滨水休闲空间、活动广场、架空栈道、生态水泡和湿地绿岛，打造以湿地生态景观休闲游憩为特色的滨河绿地(图 8.21)。

主要内容包括：在现有建成的工程基础上，结合表流型人工湿地和垂直潜流型人工湿地进行景观改造提升，建设内容包括园路体系打造绿地节点，局部打造滨水广场、栈道、亲水平台，充分利用现状滨水资源，结合当地琥珀文化特色，重现燕罗湿地公园生态、自然、活力的景象，使之成为燕罗片区休闲、活动的目的地(图 8.22)。

交通分析设计：该工程的交通体系为 3 级交通游览体系，分别为主园路、次园路和三级园路，同时结合入口和集散空间，完善交通功能。

主园路：宽度 3m，在利用现状抛石护岸的基础上贯通主要出入口，保证全线游览需求。次园路：主要以 2.5m 栈道形式，结合景观游览需求布置，带领游人深入花海湿地等各个景观节点。栈道：架空于湿地与景观水面之上，增加游览体验。集散空间：根据场地活动需求，设置滨水空间、入口广场和跌水大广场等，在文化性、休闲性和集散性方面使燕罗湿地公园整体功能性得到提升，游览体验也更加丰富。入口：场地共设置三个入口，以满足人行出入需求。停车场：该项目共设置 28 个公共停车位，以满足游人的停车需求(图 8.23)。

设计高程在现状高程的基础上，因地制宜，局部开挖和填土，在满足防洪功能的同时，使场地节点高程与周边路网高程自然衔接；滨水栈道设计高程保持在常水位 0.5m 以上；场地高程自东向西由高到低，保证水流从垂直潜流型人工湿地到表流型人工湿地顺畅贯通。同时，局部抬高栈道，巧妙利用垂直潜流型人工湿地与路面的高差，形成全场制高点，其在成为标识物的同时也引导游人向上攀登，带来丰富的视觉变化和空间体验(图 8.24)。

图 8.20 湿地主要植物配置

图 8.21　设计意向

图 8.22　现状荷花池改造效果图

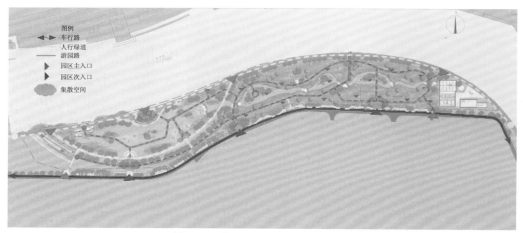

图 8.23　燕罗湿地公园交通分析图

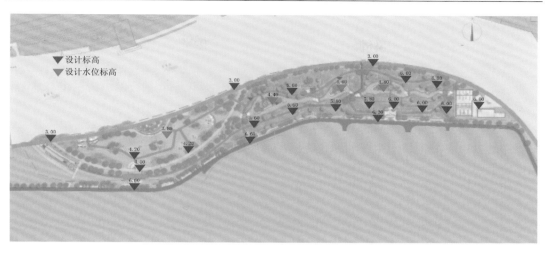

图 8.24　燕罗湿地公园高程分析图

景观小品节点：作为景观设计中的画龙点睛之笔，景观小品是游客在游赏过程当中直接接触的部分。该设计小品采用与场地元素相符合的形状，达到整体的统一性。同时，小品采用的形态十分有亲和性，能使游客在游赏过程中获得最好的体验(图 8.25)。

图 8.25　湿地小品节点

3. 设计特点解析

1)场地总体布局融合洪涝水位变化

燕罗湿地公园整体位于茅洲河滩地范围，巧妙利用原有场地地形高差，结合外侧河道水位及行洪要求，合理布置湿地公园各个功能区。利用开放式表流型人工湿地设计，巧妙实现水位涨落淹没适应，连通茅洲河与湿地中心水系。通过不同功能区构筑物高程衔接设计，燕罗湿地公园能够满足 50 年一遇洪水，不影响整体水质净化功能，公园内相关的景观服务设施能够耐受超标洪水淹没影响。

2)滩地修复融合海绵城市

滩地水系连通、地形重塑、生境构建等措施充分融合海绵城市植草沟、雨水花园、透水铺装等设施，充分结合滩地原有地形特征，采用相适宜的海绵措施，协同提升区域滩地修复效果和抗冲击能力。

3）水质净化融合城市公园

燕罗湿地公园应用旁路生态湿地，结合人工湿地、生态湿地综合功能来净化提升水体水质，改善水体生态性状。湿地公园中功能净化湿地建设充分融合区域居民生态休闲、亲水游乐需求，生态净化修复与生态体验展示相结合。

4）材料研发融合资源回用

湿地内部主要铺装应用茅洲河底泥厂河道底泥资源再生的透水铺装，实现河道底泥清淤资源再生利用，提高底泥处理整体经济性。此外，垂直潜流型人工湿地核心功能填料中的陶粒部分采用底泥再生陶粒，利用底泥再生陶粒辅助提高垂直潜流型人工湿地净化效果。

5）湿地系统联动调控

整体工艺处理系统设置在线自动水质监测和中控数据集成，结合实时水质监测数据反馈，预处理各单元、功能湿地各单元能够进行实时联合调控，通过控制不同单元的进水量、进水规律、出水位等条件来改善湿地系统运行工况，保障系统处理效果及稳定性。

4. 建成效果及总体效益

1）建成效果

茅洲河燕罗湿地公园于2018年5月完成主体工程建设，作为广东省2018年世界环境日"美丽中国，我是行动者"公益宣传活动主会场暨茅洲河龙舟邀请赛开幕会场，正式向周边居民开放。同时，作为广东省碧道建设首批示范点，经过后续的调试运行和精细管理，燕罗湿地公园水质稳定达标，水体清澈见底，景观休闲服务设施齐备，成为周边居民亲水休闲的重要场地（图8.26～图8.29）。

图8.26 垂直潜流型人工湿地建成效果

2）总体效益

水质净化公众监督体验：燕罗湿地公园将大截排出水深度净化处理后，通过敞开式融合河道滩地形式汇入茅洲河，出水水质直观展现在周边群众面前，与茅洲河本身水体形成鲜明对比。出水节点也是周边市民嬉水活动的重要场所，出水水质能够得到公众的及时监督(图 8.30)，促进湿地公园加强系统运行管理。

图 8.27　表流型人工湿地建成效果

图 8.28　海绵措施建成效果

图 8.29　燕罗湿地公园管理维护

图 8.30　水质净化效果公众监督体验

生态优势节点：对茅洲河原状荒废滩地进行修复重建的燕罗湿地公园，恢复了河滩地植物、水生动物多样性。利用表流型人工湿地营建丰富的异质生境，逐步实现茅洲河滩地健康生态系统的构建。燕罗湿地公园成为茅洲河沿线重要生物多样性聚集的优势节点，能够进一步辐射带动沿线河道生态系统多样性恢复提升。

民生福祉公园：燕罗湿地公园完善的公共服务配套设施、优美的湿地生态环境成为周边居民亲近茅洲河、亲近大自然、体现湿地生态多样性的重要场所。周边居民生态休闲、亲子游乐、健身运动、大学生实践活动等一系列公众自发组织的活动在湿地公园开展，成为茅洲河沿线最具活力的公园节点(图 8.31)。

图 8.31　居民休闲健身及大学生社会实践活动

治水示范窗口：茅洲河治理成效及经验借鉴，成为中央部委、省市各级领导、全国治水系统同行、生态环境领域从业者以及国际治水同行调研的重要窗口，同时也是广东省碧道建设示范点。茅洲河作为 2018 年第 47 个世界环境日全民环保活动暨茅洲河龙舟文化节举办地，成功展示了茅洲河流域综合整治工程建设效果及治理经验(图 8.32)，极大地丰富了周边居民亲水休闲活动，进一步提高了群众生态环境保护意识。

生态文明理念：中华人民共和国成立 70 周年，茅洲河参加中华人民共和国发展成就巡礼展示，展现了习近平新时代中国特色社会主义思想和生态文明理念在茅洲河治理中的贯彻践行成果(图 8.33)。

图 8.32　世界环境日龙舟赛活动　　　图 8.33　中华人民共和国发展成就巡礼展示

8.3.2　深圳鹅颈水湿地公园

1. 项目总体概况

鹅颈水湿地公园位于深圳市光明区凤凰街道，鹅颈水与茅洲河干流交汇处，是鹅颈水汇入茅洲河前最后一处具备调蓄净化的生态绿色基础设施。作为鹅颈水流域重要的功能节点，鹅颈水湿地公园对保证流入茅洲河水质的稳定达标、区域雨洪调蓄净化、河口生态系统修复保护起到至关重要的作用。鹅颈水湿地公园是以生态修复保护、生态景观和游憩休闲功能为主的生态景观湿地节点，兼顾水质净化功能(图 8.34)。其湿地处理对象为鹅颈水河道来水。鹅颈水湿地公园占地面积为 7.05hm^2，水设计处理规模为 1.0 万 m^3/d，出水水质标准按照《地表水环境质量标准》(GB 3838—2002)中Ⅳ类水(TN 除外)。

2. 总体设计介绍

1) 工艺流程

鹅颈水湿地公园的处理水源主要为鹅颈水河道来水，随着鹅颈水河道综合整治等一系列水环境治理工程的实施，河道水体水质逐步改善并趋于稳定，水质相对较好，能够基本达到地表水Ⅴ类水。但需要注意的是，河道水体悬浮物往往相对较高，雨季径流汇入悬浮物增加显著，因此，鹅颈水湿地公园水质处理环节需要重点考虑对河道水体悬浮

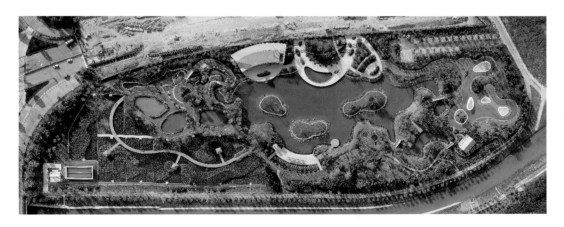

图 8.34　鹅颈水湿地公园实景鸟瞰

物的影响。结合鹅颈水湿地公园出水地表水Ⅳ类水的目标，该工程湿地主体工艺采用"垂直潜流型人工湿地+水平潜流型人工湿地+表流型人工湿地"，针对河道悬浮物较高的问题，单独增加预处理沉淀池工艺。因此，鹅颈水湿地公园的整体工艺流程主要为"沉淀池+垂直潜流型人工湿地+水平潜流型人工湿地+表流型人工湿地"（图 8.35）。

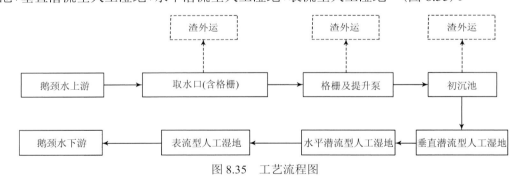

图 8.35　工艺流程图

2）总平面布置

鹅颈水湿地公园位于东长路、鹅颈水和光明大道围成的三角地块内，属于低丘盆地与平原地貌单元，地势起伏不大，现状地面高程为 13～15m。该地块现状为绿地、苗圃等，杂草丛生。鹅颈水湿地公园大体上布置取水设施、提升泵房、预处理设施、垂直潜流型人工湿地、表流型人工湿地以及辅助设施等。依据现场地形条件、设计进出水水质、工艺选择，将鹅颈水湿地公园分为预处理区、垂直潜流型人工湿地区及表流型人工湿地区三个区块。预处理区内布置取水设施、提升泵站、初沉池，它们主要位于地块的南部（靠近鹅颈水上游侧），垂直潜流型人工湿地区紧邻预处理区布置，垂直潜流型人工湿地出水进入水平潜流型人工湿地，表流型人工湿地区位于场地北侧，湿地出水最终进入场地东侧的鹅颈水内(图 8.36)。

01 入口水景	06 亲水平台	11 公园次入口	16 景观水系	21 垂钓平台	26 组合滑滑梯	31 健身场地
02 公园造型铭牌	07 儿童压力水枪	12 景观叠水	17 亲水广场	22 亲水休闲平台	27 多功能儿童活动区	32 遮遮活动器材
03 主入口旱喷	08 湿地科普中心	13 水生植物科普区	18 亲水栈道(群鸟雕型)	23 主园路(兼慢跑道)	28 动物雕型	33 停车场
04 景观小喷泉	09 集散广场	14 垂直潜流型人工湿地	19 水生动物科普区	24 厕所	29 地面弹跳床	
05 亲水栈道	10 植物迷宫	15 观鸟亭	20 已占用地块	25 儿童象棋盘	30 彩色台地攀爬凳	

图 8.36　鹅颈水湿地水流方向及水位高程分析图

鹅颈水湿地公园所在地的常水位为 11.02m，按照 50 年一遇($P=2\%$)防洪标准设计，防洪水位为 13.58m；设计取水口通过提升井，水位提升为 18.15m，设计潜流型人工湿地水面为 15.00m，表流型人工湿地水面常水位为 13.70m，出水口为 13.50m。表流型人工湿地出水口设计标高为 13.50m，潜流型人工湿地顶部设计标高为 15.20m，潜流型人工湿地水面标高为 15.00m(图 8.37)。

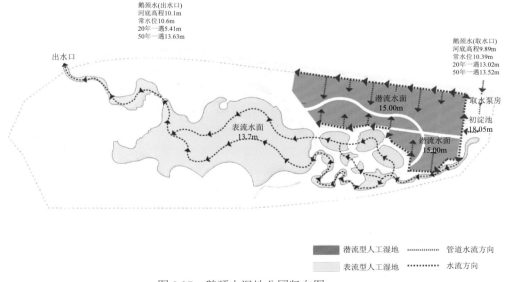

图 8.37　鹅颈水湿地公园竖向图

3）主要工艺参数

河道取水井：取水井尺寸为 $\Phi1500$，设置 2 个进水口，进水口尺寸为 500mm×500mm，进水口外侧焊接粗格栅，粗格栅采用不锈钢材质，规格为 700mm×700mm，格栅间隙 30mm。取水井出口焊接不锈钢材质的粗格栅，规格为 600mm×600mm，取水后引一根 DN600 管道至提升泵房。

取水提升泵房：泵站与细格栅合建，平面尺寸为 9.6m×8.6m，采用潜污泵 Q=210m³/h，H=12m，N=11.0kW，3 台，2 用 1 备，变频控制。

初沉池：该工程初沉池设计水力停留时间为 1.0～2.0h，设计有效水深为 2m，总高为 2.78m，初沉池有效容积为 392m³。

垂直潜流型人工湿地：垂直潜流型人工湿地是该项目污水处理系统的核心部分。结合现状地形和景观布置要求，表流型人工湿地南侧区块垂直潜流型人工湿地有效面积为 8424m²，分成 7 个面积基本相等的湿地单元，表面水力负荷为 1.20m³/(m²·d)，水力停留时间为 t=0.5 天。

水平潜流型人工湿地：结合现状地形、景观布置要求，水平潜流型人工湿地相邻垂直潜流型人工湿地布置，有效面积为 4008m²，分成 6 个面积基本相等的湿地单元，表面水力负荷为 2.48m³/(m²·d)，水力停留时间为 t=0.23 天。潜流型人工湿地区域整体表面水力负荷为 0.80m³/(m²·d)，水力停留时间为 t=0.73 天。

湿地填料设计：主要采用砂石填料，该填料为沸石和砾石级配填料，不同粒径的填料分层回填，保证湿地系统的孔隙率保持在 45%左右，部分采用生物活性填料。垂直潜流型人工湿地填料总厚度为 1.3m（表 8.9）。

表 8.9　垂直潜流型人工湿地填料组成

分层	功能	厚度/mm	材料	粒径/mm
覆盖层	防砂层表面冲蚀	200	砾石	5～8
滤料层	去除污染物核心功能区	700	沸石	2～5
过渡层	防止上层砂粒堵塞下面排水层	200	砾石	8～16
排水层	汇集排出的已处理污水；防止堵塞出水管	200	砾石	16～32

集配水系统设计：每个垂直潜流型人工湿地单元进水配水系统分别采用 DN300 环管 -DN100 支管配水系统，管材采用 PE 管，同时配水支管设置三通立管，立管管道穿孔，孔径为 8mm，180°开孔，配水形成"目"形配水系统。垂直潜流型人工湿地集水管采用"丰"形集水系统，集水主管采用 De200（HDPE 双壁波纹管），集水支管采用 De150（HDPE 双壁波纹管），集水支管管面采用人工割缝，缝宽 2mm，缝面朝下，防止泥沙掉入管道造成管道淤积。垂直潜流型人工湿地集水主管道坡降 0.3%。

表流型人工湿地：整体位于湿地北侧，兼作湿地公园景观水面，种植湿地植物，采用狐尾藻、金鱼藻等沉水植物，提高表流型人工湿地的水体净化能力。正常运行时，水深为 0.50～0.8m，底坡为 0.1%，占地面积约 2.06hm²，出水汇入鹅颈水。

湿地防渗设计：潜流型人工湿地区域采用"两布一膜"柔性防渗系统，由下至上依次铺设 200g/m² 土工布、1.5mm PE 膜防渗和 600g/m² 土工布，保证整体场地防渗系统稳定可靠。表流型人工湿地采用夯实黏土生态防渗做法，黏土层厚度为 300～500mm。

　　水生植物设计：潜流型人工湿地挺水植物以灯心草、千屈菜、黄菖蒲、茭白、水葱、水芹、香根鸢尾、梭鱼草、再力花、纸莎草等为主。表流型人工湿地周边设置挺水植物，如芦苇等，表流型人工湿地水下种植苦草等沉水植物(表 8.10)。

表 8.10　水生植物表

序号	植物名称	适应水温度/℃	生长月份
1	矮生耐寒苦草	−10～30	全年
2	苦草	0～30	10℃以上萌芽生长
3	轮叶黑藻	4～30	3～11 月
4	大茨藻	−10～30	3～11 月
5	金鱼藻	0～30	3～11 月
6	菹草	−10～30	全年
7	穗状狐尾藻	0～30	3～11 月
8	马来眼子菜	−5～30	全年
9	水生美人蕉	5～30	3～12 月
10	水生鸢尾	5～35	3～11 月
11	千屈菜	−10～35	3～11 月
12	黄菖蒲	5～35	3～11 月
13	花叶芦竹	−10～35	3～12 月
14	香蒲	−10～35	3～12 月
15	芦苇	−10～35	3～12 月
16	雨久花	5～35	3～11 月
17	睡莲	0～30	3～11 月

4)湿地公园景观设计

　　鹅颈水湿地公园位于光明凤凰城内，是"光明绿环"的重要节点，是促进光明新区建设"绿色新区"，形成生产空间集约高效、生活空间宜居舒适和生态空间山清水秀的城市发展布局的重要组成部分。通过对用地基底的分析，融合周边华星光电等大型电子工业的产业文化，响应"光明绿环"高端的城市规划，鹅颈水湿地公园成为城市滨水休闲、科普、活力空间。鹅颈水湿地公园提取华星光电液晶面板的产业特色，以像素、光斑为元素，将其应用在廊架、栏杆等景观设施设计中，利用新兴技术形成水幕喷泉、光影科普墙、互动投影等具有科普教育功能的节点空间。因此，鹅颈水湿地公园的景观定位为"彩色的光斑"，体现自然生态与电子产业文化的融合(图 8.38)。

　　湿地公园功能区分析：鹅颈水湿地公园的表流型人工湿地与潜流型人工湿地融合在一起(图 8.39)，考虑潜流型人工湿地的整体性，将潜流型人工湿地放置在场地东南侧。而表流型人工湿地贯穿整个湿地公园，表流型人工湿地区为主要的景观造景、观赏、游览、游憩和科普教育区域，也是全园最为重要的水景区块。表流型人工湿地南侧结合潜流型人工湿地构成湿地科普游览区，通过园路的布置，游人进入园区后通过入口科普馆初步了解湿地情况，沿园路进入植物迷宫、水生植物科普区等表流型人工湿地，进行观赏学习，随后通过栈道的引导与架设进入潜流型人工湿地区，更进一步地了解湿地知识。表流型人工湿地北侧是湿地活动区，通过布置不同的游乐设施满足儿童和成人在此游乐的需求。儿童游乐区主要提供组合滑梯、弹簧床、沙坑、攀爬丘等设施，在游玩的过程中增加感统训练。成人区则提供了闹、静两个区域，满足看护成人和精心养气的不同需求。

图 8.38　光斑长廊效果图

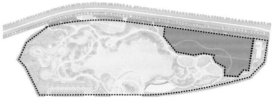

潜流型人工湿地
表流型人工湿地

图 8.39　鹅颈水湿地公园功能分布图

高程设计分析：鹅颈水湿地公园取水自东侧鹅颈水河道，设计取水口通过提升井，水位提升为 18.15m，设计潜流型人工湿地水面为 15.00m，表流型人工湿地水面常水位为 13.70m，出水口为 13.50m。在表流型人工湿地湖体景观造景中，基于原地形高程(平均约 14.50m)开挖 1~2m，近水岸水深控制在 0.5~1m，仅在湖底中心部位挖深，水深达到 2m 左右，为各类动植物营造不同水深环境。同时，在湖中小岛堆土造景，消化场地内开挖土方，营造丰富的竖向变化。在表流型人工湿地的景观设施设计中，亲水平台是为了更好地亲近湖体常水位，亲水平台高程在常水位高程的基础上抬高 0.3~0.5m。栈道高程在潜流型人工湿地高程的基础上根据景观需求抬高 0.3~0.8m，达到 15.75~16.30m。鹅颈水湿地公园设施高程分析详见图 8.40。

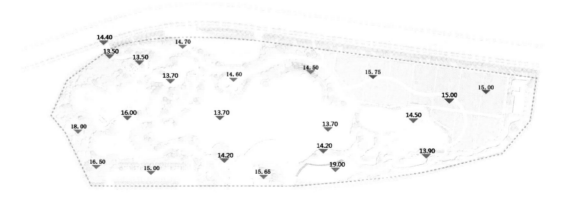

表流型人工湿地标高
潜流型人工湿地标高

图 8.40　鹅颈水湿地公园设施高程分析图(单位：m)

交通设计分析：湿地西侧规划东长路、南侧为光明大道、东侧为鹅颈水堤顶道路，依托规划道路及现状道路，场地东西两侧设置出入口，西侧设 1 个广场出入口及 2 个次要出入口连接规划东长路，东侧设 2 个出入口连接堤顶道路，场地南侧为湿地预处理区，不设出入口(图 8.41)。

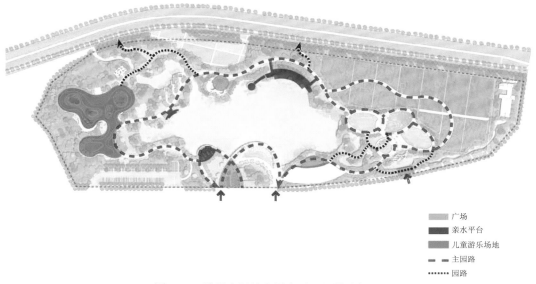

图 8.41　鹅颈水湿地公园交通及设施分析图

湿地主栈道 3m，串联 5 个出入口，环形贯通，次栈道 2m。主次栈道均架于潜流型人工湿地之上，形成科普游览栈道(图 8.42)。考虑潜流型人工湿地有部分气味，南侧栈道处不设过多停留平台。亲水平台及景观亭廊设置在水质较好、观景条件较好的表流型

图 8.42　湿地公园园路步道效果图

人工湿地附近。景墙、科普简介牌、锻炼健身器材根据景观节点需求进行布置，其他设施按常规需求设置，休憩座椅≥20 个/hm²，垃圾桶 50～100 个/m，指示牌布置在出入口、园路交叉口、景观节点及湖岸四周，各类数量在此基础上按游客需求进行相应调整。

湿地公园建筑设计：鹅颈水湿地公园管理科普综合用房位于鹅颈水湿地内（图 8.43）。该建筑物整体呈半月状面向湿地湖面，不仅作为沿湖富有特色的景观节点，还是从湿地东岸西望湿地对岸的一处重要的建筑对景。其占地面积为 869m²，总建筑面积为 1369m²，建筑高度为 7.65m，共两层。管理科普综合用房一层以大厅为中轴线，北侧主要设置为整个湿地公园服务的公共服务区，包括游客茶室、小型餐饮及小制作间。大厅东南侧主要设置展示厅，内部主要展示体现鹅颈水湿地公园文化的科普知识，为方便进行大型科普展览，展示厅通高二层。大厅西南侧一、二层主要为湿地管理用房。紧邻科普馆南侧，布置有为整个鹅颈水湿地公园西部区域服务的单层公共卫生间。二层除西南侧设置内部后勤用房外，整个二层只设置了大开间的陈列厅，方便后期运营中能够灵活分隔二层，以适应不同要求的陈列布置。二层对应一层北侧的服务区及南侧的公厕，设置为开敞式的景观观景平台，一方面满足综合建筑单体消防疏散的要求，另一方面能使游客在不同平面观赏立体湿地景观。

光明新区于 2011 年 10 月被住房和城乡建设部正式批复列为国家低冲击开发（低影响开发）雨水综合利用示范区。2016 年 4 月，深圳市成功入选第二批"国家海绵城市建设试点城市"，其中，光明新区的光明凤凰城作为试点区域。鹅颈水湿地公园（图 8.44）位于光明凤凰城内，设计中充分落实"海绵城市"的相关建设要求。本次工程中，通过对地表径流方向进行设计，地表径流进入潜流型人工湿地、表流型人工湿地进行水质净化，景观硬质设施选用透水性材料，增加土壤的下渗，具体有透水混凝土、透水铺装和木材。

图 8.43　鹅颈水湿地公园管理科普综合用房效果图

图 8.44　鹅颈水湿地公园效果图

3. 设计特点解析

1）海绵城市措施充分融合

城市湿地公园作为海绵城市建设重要的综合措施，能够有效实现对城市区域降雨径流的"渗、滞、蓄、净、用、排"作用。鹅颈水湿地公园在建设过程中充分融合多种海绵城市低影响开发技术设施，包括功能净化湿地（垂直潜流型人工湿地、水平潜流型人工湿地——挺水植物、功能滤料、微生物作用净化水体）、调蓄湿地（表流型人工湿地大水面，调蓄降雨汇流)、植草沟(局部场地条件构造植草沟，疏导汇流场地降雨)、植被缓冲带(表流型人工湿地周边、公园外侧与道路绿化带衔接构造)、透水园路(整体园路采用透水混凝土)、生态卵石沟(局部水景节点将生态卵石沟作为输水通道)、透水铺装(儿童活动广场)等。湿地区域能够有效滞蓄周边区域降雨汇流，发挥滞蓄洪水功能，缓解区域内涝风险。整体场地及周边散排雨水，通过湿地区域截留净化，提升河道补水水质，改善水体生态性状。鹅颈水湿地公园可有效降低区域降水内涝风险，净化降水汇流、河道水体，实现河道生态补水品质提高的目标。鹅颈水湿地公园是一个践行海绵城市理念和生态文明理念的生态湿地修复保护项目。该公园不仅为公众提供了科普教育的机会，还是一个休闲游憩的公共活动场所。

2)生物多样性提升显著

湿地公园植物种类 100 余种，包括乔木、灌木、地被以及 30 余种挺水植物、沉水植物和浮叶植物。目前，湿地表流区域已逐渐成为周边白鹭觅食活动的主要生态节点。

3)"生态+"理念赋能工程价值与效益

鹅颈水湿地公园在城市水环境治理中综合应用"海绵+""生态+"，以现状问题、目标需求为导向，充分考虑生态工程的生态修复、水质净化、景观营造、居民休闲体验的综合功能需求，并征求各有关部门单位、周边社区老百姓的建议和意见，实现"生态+"赋能项目建设，提升项目综合功能价值和综合效益。

4. 建成效果及总体效益

1)建成效果

鹅颈水湿地公园于 2020 年 3 月建设完成(图 8.45~图 8.47)。湿地公园水处理系统完成试运行，整体系统水流通畅，各个工艺单位出水能够稳定达到设计要求。

图 8.45　潜流型人工湿地建成效果

2)总体效益

鹅颈水湿地公园作为茅洲河支流鹅颈水汇入茅洲河的最后一道污染处理保障措施，可以进一步提升河道水质，改善水体生态性状，结合海绵城市建设，有效削减雨水径流污染 40%，促进鹅颈水以及干流考核断面水质稳定达标。

图 8.46　表流型人工湿地建成效果

图 8.47　鹅颈水湿地公园主入口建成效果

　　鹅颈水湿地公园极大地丰富了周边居民的亲水休闲活动和良好生态基础产品体验，进一步提高了群众生态环境保护意识；利用湿地系统的净化水质功能实现水体水质进一步改善提升，湿地水生植物能够作为堆肥原材料、经济植物带来附加经济价值；旁路湿地的建设实现了水质净化、生境营造、滩地修复、水生植被修复、水陆交错带修复等综合生态效益。

8.4　河道滩地湿地生态修复

8.4.1　项目总体概况

　　西源溪位于福建省厦门市同安区北部，地处同安区汀溪镇一带，为厦门市东西溪二级支流汀溪的主要支流，东西宽约 6km，南北长约 11km，流域总面积为 39.5km²。2012年西源溪流域范围内的行政区域包括同安区汀溪镇的褒美、隘头、路下、古坑和西源共5 个行政村，49 个自然村。

　　西源溪流域属南亚热带海洋性季风气候，全年雨量充沛，气候温和，冬无严寒，夏无酷暑，受台风的影响，7～9 月为台风季节，平均每年受台风影响 5～6 次，造成影响的台风主要是在厦门正面登陆和在厦门到汕头之间登陆的台风，台风风力一般为 7～10级，最大风力可达 12 级以上。

据同安气象站观测资料统计，全年平均气温为21.0℃，最低 1 月的平均气温为12.8℃，最高 7 月的平均气温为 28.4℃，极端最高气温为38.3℃，极端最低气温为–1℃。区域平均日照时间达 2233h，无霜期一般为 330 天以上。流域年降水丰富，多年平均降水量为1700～2100mm，上游为暴雨区。西源溪作为山溪性河流，流域降水年内分配不均：3～4 月春雨占全年的 17%，5～6 月梅雨占全年的 31.3%，7～9 月台风雨占全年的 37.7%，10 月至翌年 2 月降水占全年的 14%。

治理河段位于西源溪下游，起点位于褒美村西坑自然村西坑桥处，终点为西源溪、汀溪交汇口，河段总长度约 1.3km，两侧共有 3 条主要支流，总集雨面积约 3.1km²。西源溪河道现状如图 8.48 所示。

图 8.48　西源溪河道现状

流域内涉及路下村(六路、新厝、路下)、褒美村(南洋、西坑)、隘头村(坤泽洋)的 6 个自然村，总人口约 2663 人。

1. 水环境污染问题

汀溪是厦门市同安区西溪最大的一级支流，汀溪上游有中型水库汀溪水库，中游有西源溪汇入，且西源溪为汀溪的主要水源，下游有厦门市唯一的国控断面隘头潭断面，水质控制指标为地表水Ⅲ类水。

近年来，受两岸生活与生产污染的影响，隘头潭断面在部分月份出现了 TP 超标的现象。通过对同安区水利局提供的第三方长系列检测数据分析发现，西源溪汇入前，汀溪河道水质中 TP 浓度维持在地表水Ⅲ类水以上，同时位于西源溪中下游的西坑桥断面水质中的 TP 也长期维持在地表水Ⅲ类水以上，可知西源溪来水的汇入导致汀溪隘头潭国控断面水质超标，而西坑桥断面至西源溪河口的坤泽洋段河道两岸污染汇入是西源溪河道水质超标的主因。

坤泽洋段污染源众多，总体上可以分为外源性污染和内源性污染两部分。外源性污染主要包括农田面源污染、畜禽养殖污染、农村生活污水污染以及农村生活垃圾污染，内源性污染主要以底泥淤积造成污染物释放而污染水体。

1)农田面源污染

西源溪坤泽洋段周边农田密布，流域范围内农田总面积为 1409.22 亩，占该河段流域面积的 27.63%。现状农田以水田和旱田为主，种植结构相对单一，耕作方式粗犷，农业生产过程中大量化肥、农药的使用导致 N、P 等污染物随初雨径流形成面源污染直排入河，造成周边水体污染，但是尚未采取任何有效的工程措施或非工程性措施从源头及过程中对污染物进行削减。

2)畜禽养殖污染

根据厦门市同安区《汀溪镇国控点周边畜禽养殖退养工作方案》，汀溪镇国控点涉及的褒美、隘头 2 个行政村辖区内，只要每场(户)饲养的家禽超过 50 只、牛超过 3 头、羊超过 5 只，都必须实施清退。2017 年 3 月启动畜禽退养工作，2017 年 6 月底前完成退养任务。目前，村内有鸡放养，部分小水塘有鸭养殖，河道两岸有数头牛羊散养，牛羊的排泄物会被雨水冲刷入河。

3)农村生活污水污染

西源溪坤泽洋段流域范围内有 6 座自然村，均已在 2018 年完成生活污水截污纳管工作，污水直接进入市政污水管网，或经由汀溪污水处理站，流向同安区汀溪镇污水处理厂。村庄内少数房屋地势较低，无法自流纳管，改用化粪池处理污水。

部分灌溉渠与水沟流经村庄，具备雨水排放功能，因截污不彻底，部分生活污水会被排入渠道，流入西源溪。坤泽洋村地热资源丰富，每家每户使用地下温泉洗衣、沐浴，村庄内还有一座经营性温泉泳池，容积约 150m³。该村生活污水排入雨水沟的现象尤为显著，且具有时序性，夜间雨水沟的水量显著增大。

4)农村生活垃圾污染

根据《厦门市农村生活垃圾治理三年提升专项行动实施方案》，到 2017 年，全市所有村(县)应实现生活垃圾密闭收集转运。现场踏勘发现，流域内生活垃圾收运情况较好，未发现明显裸露的垃圾收集设施，西源溪河道内未见大量垃圾漂浮，但村庄内部水沟及农田排水沟边仍发现有少量垃圾漂浮情况。生活垃圾污染量少，建议有关部门加强对村庄及农田内部沟渠环境卫生的监管，减少垃圾入河对河道造成影响，本次污染物计算不对生活垃圾污染进行考虑。

内源性污染主要为底泥污染。在西源溪坤泽洋段范围内，坤泽洋村西南侧猪肚坝前存在淤积现象，淤积面积约 300m²。在隘头潭断面以上的其他河段内，多处堰坝前也存在着淤积现象。因西源溪上游曾有一些鳗鱼养殖场、牛蛙养殖场和养猪场，底泥中含有大量畜禽排泄物的沉积物，含磷量较高，在一定环境条件下会从底泥中释放，重新进入水体中。

通过对流域内的外源性污染(农田面源污染、畜禽养殖污染、农村生活污水污染)，以及内源性污染进行分析计算，西源溪坤泽洋段 TP 的年入河量总计 555.62kg。其中，农村生活污水污染 TP 的入河量为 293.87kg/a，占比 52.88%；农田面源污染 TP 的入河量为 230.12kg/a，占比 41.42%；畜禽养殖污染 TP 的入河量为 18.20kg/a，占比 3.28%；内源性污染 TP 的入河量为 13.43kg/a，占比 2.42%。农田面源污染与农村生活污水污染是该项目范围内的主要污染来源。其中，农田面源污染受耕作节令影响，季节性波动较大，农村生活污水污染受村民用水习惯影响，每日时序性波动较大(图 8.49)。

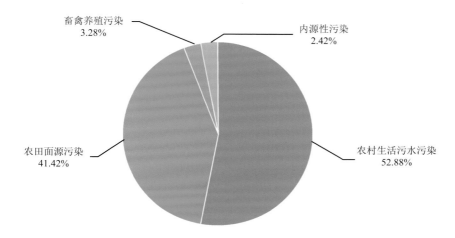

图 8.49　西源溪坤泽洋段 TP 入河污染负荷构成

2. 水生态破坏问题

近年来，随着西源溪两侧开发强度持续增大，加之水质恶化，原有自然生态环境也遭到破坏，河床垃圾淤积、岸坡杂填土稳定性差、岸边围垦、水生植物群落消失、大藻及粉绿狐尾藻等外来物种入侵等现象也日益严重，昔日"水清岸绿，鱼翔浅底"的景象也不复存在(图 8.50)。

图 8.50　滩地退化，杂草丛生

8.4.2　总体设计介绍

1. 生态修复总体方案

为提升西源溪坤泽洋的水质，改善河道生态环境，从现有支流排口污染严重、上游河道来水不稳定以及内源性污染等一系列问题造成的河道水质不达标现状出发，提出治理措施和解决方案，建设西源溪坤泽洋湿地(图 8.51)。

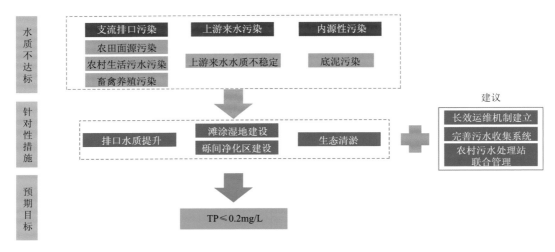

图 8.51　总体思路图

湿地在对坤泽洋段水域采取生态清淤后，采用"砾间净化区+滩涂湿地+生态植物塘+生态植草沟"组合工艺对西源溪水体水质进行提升。

河道上游来水以砾间净化区净化为主，辅以滩涂湿地、生态堰坝等措施，针对河道内污染较为严重且水量大的排口，采用"生态植物塘+砾间净化区"组合工艺。

2. 砾间净化区 1#设计

1)工艺介绍

砾间净化区以吸磷滤料作为湿地内床体的填充基质，并以梯田形状分布，保证该区域具有良好的除磷效果及景观效果。净化区床体底部设有反滤层，可以防止底部泥沙反冲，保证砾间净化区稳定运行。

2)净化机理

水体在人工湿地基质中流动时，磷通过扩散作用而被吸附在基质的表面，并沿基质表面孔道进一步向内部迁移。此外，水体中的可溶性磷酸盐与基质中的铝、铁、钙等金属离子、金属氧化物和氢氧化物通过配位体交换发生吸附和沉淀作用，从而使磷酸盐固定下来。砾间净化区种植水生植物，通过水生植物吸收和同化水体及滤料中的磷酸盐，合成为三磷酸腺苷(ATP)、脱氧核糖核酸(DNA)和核糖核酸(RNA)等有机成分，通过定期收割植物而去除磷酸盐。吸磷基质能够快速吸附水中的磷酸盐，植物吸收磷酸盐的速度较为缓慢，但通过收割植物削减水体 TP 含量，植物的种植可延缓基质的饱和，进而延长基质的使用年限。

3) 工艺流程及说明

该项目湿地以沉淀区、多级砾间净化区为核心，通过"自然沉降+生态净化"的模式，以实现全流域的水质提升，湿地平面布置图见图 8.52，具体工艺流程包括以下几个方面(图 8.53)。

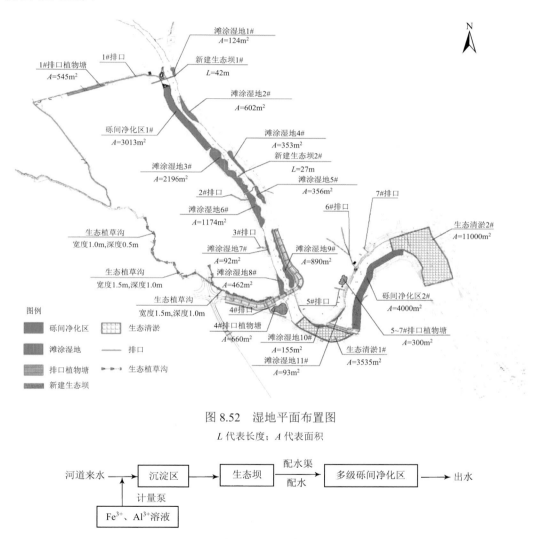

图 8.52　湿地平面布置图

L 代表长度；A 代表面积

图 8.53　工艺流程图

(1) 利用新建生态坝将上游河道稳定在一定水位。

(2) 河道水体经过格栅进入砾间净化区前端沉淀区，对河水中的泥沙及悬浮物进行沉降，降低悬浮物浓度。

(3) 通过设置取水口，将经沉淀区处理后的河水引入配水渠，通过配水渠将来水均匀布置至砾间净化区进行处理。

(4)沉淀区通过管道与配水渠连通,河道水体有控制地进入砾间净化区。

(5)砾间净化区主要去除水中 TP 污染物,砾间净化区采用三级形式,通过砾间吸磷滤料进行吸附、富集,同时植物源源不断吸收后进行定期收割,从而将磷从砾间及水体中除去,达到该项目除磷的目的。

(6)砾间净化区出水渗流排入河道。

(7)结合现有河道水质波动情况,考虑设置水质监测系统与应急加药系统,强化砾间净化区对磷的去除,保障下游河道水质提升的效果。

4)平面设计

该项目为河道建设工程,其平面布局设计应综合考虑河道行洪、防冲刷、植物收割管理等因素。通过对沉淀区和砾间净化区面积进行确定,以及根据现场地形条件的特点,该项目砾间净化区 1#平面布置如图 8.54 所示。

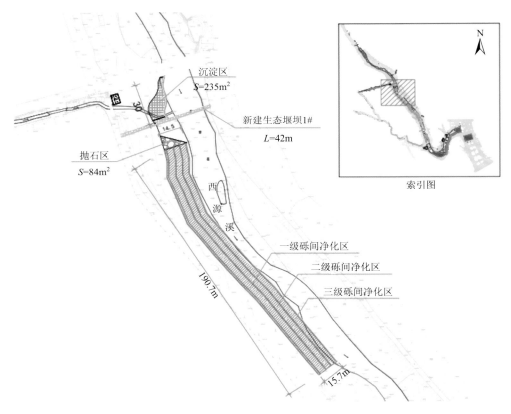

图 8.54　砾间净化区 1#平面布置图

S 代表面积；L 代表长度

5)主要工艺参数

A. 规模确定

综合考虑河道行洪及壅水高度,结合现状场地情况,设计采用河滩的最大利用率,确定砾间净化区 1#的核心处理区面积为 3013m²、沉淀区面积为 308m²，配套配水渠为 244m（图 8-55）。

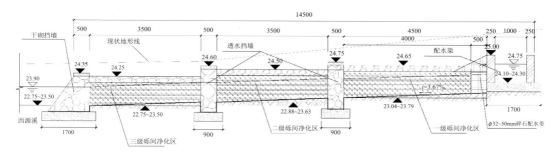

图 8.55　砾间净化区 1#核心处理区断面设计

白三角表示水位，单位 m；黑三角表示高程，单位 m；i 表示坡度；其余数据表示宽度，单位 mm

B. 过水量设计

填料渗透系数取 2000m³/(m²·d)，根据达西定律可求得砾间净化区最大过水量为 25000m³/d。

考虑运行一段时间后，湿地出现堵塞现象，为了防止水从表面溢流，设计过水量取初期最大过水量的 50%，则砾间净化区 1#的设计过水量为 12500m³/d。

C. 主要参数

a. 砾间净化区核心处理区

设计水量：21750m³/d；

总面积：3013m²；

总长：195m；

水力停留时间：27min；

填料孔隙率：47%。

(1) 一级砾间净化区。

宽度：4.5m；

填料平均高度：1.3m。

(2) 二级砾间净化区。

宽度：3.5m；

填料平均高度：1.15m。

(3) 三级砾间净化区。

宽度：3.5m；

填料平均高度：0.96m。

b. 沉淀区（图 8.56）

设计水量：21750m³/d；

池面面积：308m²；

有效水深：1.1～1.8m；

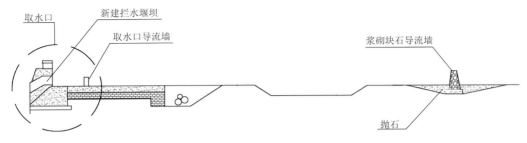

图 8.56　沉淀区断面图

有效池容：374m³；

停留时间：24min。

c. 配水渠（图 8.57）

宽度：1.98m；

高度：0.9m；

结构：砖混；

长度：244m；

坡度：0.001。

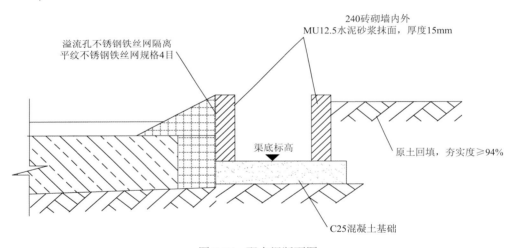

图 8.57　配水渠断面图

D. 高程设计

（1）本次设计在砾间净化区上游设置堰坝，堰顶标高 25.00m，将河道水面提高至 25.00m，设置堰坝的目的是稳定河道水位，保证砾间净化区的引水量。

（2）沉淀区通过 D630×8（指管的外径 630mm，壁厚 8mm）的螺旋焊管与配水渠连通，将河水引流至配水渠，设计连通管为非满管流，配水渠设计水位标高 24.70m。

（3）水体通过配水渠均匀配水后进入砾间净化区，一级砾间净化区填料顶标高 24.65m，二级砾间净化区填料顶标高 24.50m，三级砾间净化区填料顶标高 24.25m。

（4）砾间净化区出水渗流直接排入河道，下游河道设计水位标高 23.90m。

6) 滤料设计

砾间净化区填料基质设计需综合考虑以上条件及对污染因子的去除效果。由于该项目河道的主要污染物是 TP，生物质混合填料是很好的除磷填料，其孔隙率大，既能吸附河水中的磷酸根离子，又能与污水中的磷酸盐形成沉淀。其吸附与沉淀作用不受季节和温度的影响，因此，该项目主滤层采用生物质混合填料，防冲层采用碎石填料。滤料需经过筛选、水洗，各项指标应均符合《水处理用滤料》(CJ/T 43—2005)标准规定。生物质混合填料主要技术指标如表 8.11 所示。

表 8.11　生物质混合填料主要技术指标

检测指标	单位	生物质混合填料(平均值/区间值)
粒径	mm	10~20、20~32
堆积密度	g/cm³	0.9~1.2
比重	g/cm³	1.4~1.7
比表面积	m²/g	5~15
含泥量	%	≤3

为避免洪水期砾间净化区受到冲刷和淤积，砾间净化区顶部敷设 100mm 厚 Φ50~60mm 碎石防冲层及 100mm 厚 Φ10~24mm 碎石防冲层，中间采用生物质混合填料。砾间净化区 1# 的一级砾间净化区厚度为 620~1500mm，二级砾间净化区厚度为 520~1420mm，三级砾间净化区厚度为 420~1320mm；砾间净化区 2# 的一级砾间净化区厚度为 790~1400mm，二级砾间净化区厚度为 720~1320mm，三级砾间净化区厚度为 620~1240mm，具体滤料设计见图 8.58 和图 8.59。

7) 植物设计

A. 植物竖向空间设计

植物的竖向设计可以丰富景观空间，遮挡不良景观，创造优异小环境。在植物的选择上要注意各植物对光、土壤、局部小环境等的要求，合理搭配植物种植竖向空间，结

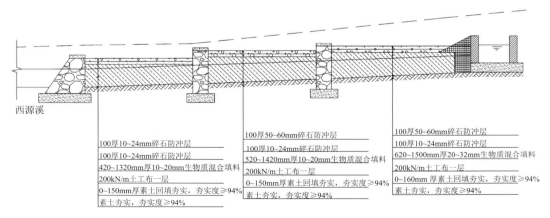

图 8.58　砾间净化区 1# 滤料设计(单位：mm)

图 8.59　项目现场滤料铺设

合场地整体地形地势走向，创造优美的植物天际线。砾间净化区植物种植在竖向设计中，一级砾间净化区以芦苇、南水葱等高株植物为主，二级砾间净化区以灯心草、香蒲等中株植物为主，三级砾间净化区以石菖蒲、泽泻等低株植物为主。通过植物的合理配置，更好地构建砾间净化区台阶式设计，进而提高河道空间艺术质量，增加美感，优化空间。

B. 植物配置

根据项目区域特点，优先选择当地先锋植物品种。经调查，该项目区域土壤营养物质丰富，生物种类繁多，因此该项目选择植物的原则主要考虑植物对 TP 污染物的吸附能力，着重选用常绿冬季生长旺盛的水生植物类型，综合考虑美化景观效果，具体植物配置见表 8.12。

表 8.12　砾间净化区 1#植物配置表

序号	名称	规格/cm		数量	单位	备注
		高度	冠幅			
1	芦苇	60～80	15～20	229	m²	袋苗，10 株/m²
2	南水葱	60		78	m²	15 芽/丛，8 丛/m²
3	茭白	50～60	20～30	276	m²	袋苗，16 株/m²
4	香蒲	45～60	20～25	258	m²	袋苗，16 株/m²
5	灯心草	50～60		121	m²	15 芽/丛，8 丛/m²
6	再力花	35～45	25～30	70	m²	袋苗，16 株/m²
7	鸢尾	30～35	20～30	246	m²	袋苗，16 株/m²
8	石菖蒲	25～30	20～25	108	m²	袋苗，16 株/m²
9	泽泻	25～30	20～25	113	m²	袋苗，16 株/m²

3. 滩涂湿地设计

1) 总体布置

河道滩涂湿地建设于河道两侧岸边(图 8.60、图 8.61)，工程将河道的复式断面进行了优化调整，保留原河槽，对河道两侧的滩地进行适当开挖和平整，在河岸边设置抛石，抛石起到稳定结构、防止冲刷的作用。中间深水区为河道主要输水通道，在深水区两侧，结合地形情况设置浅水区，填筑吸磷滤料并且在填料上方种植水生植物，通过滤料快速吸附、植物缓慢吸收等共同作用来去除河水中的 TP，完成水质净化。

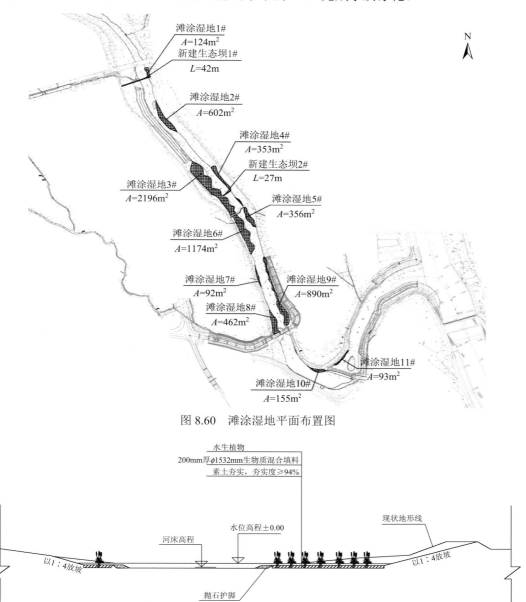

图 8.60 滩涂湿地平面布置图

图 8.61 滩涂湿地断面示意图

滩涂湿地主要在现状杂乱滩地进行开挖，并利用生物质混合填料进行换填，换填厚度 200mm，并种植芦苇、泽泻、再力花等水生植物，通过收割植物来削减水体中 TP 的含量。

在距离湿地中部的河道窄口处修建一座生态堰坝，生态堰坝的设置，在一定程度上壅高上游水位、扩大植物的吸收面积、提高河道水力停留时间的同时，可以有效地降低洪水风险，并控制河道湿地的平均水深，为湿地植物的生长与微生物的活动营造更适宜的环境，从而提高 TP 污染物的去除效果和河道湿地对污染物的净化效果。

2）主要设计参数

设计水量：2.2 万 m³/d；

湿地面积：6500m²；

湿地滤料：陶制生物滤料；

滤料厚度：200mm 防冲层+200mm 主滤层；

水力停留时间：1.3h；

水力负荷：3.38m³/(m²·d)。

由于该项目河道的主要污染物是 TP，陶制生物滤料是很好的除磷填料，其孔隙率大，既能吸附河水中的磷酸根离子，又能与污水中的磷酸盐形成沉淀，其吸附与沉淀作用不受季节和温度的影响，因此滩涂湿地的填料采用陶制生物滤料。滤料经过筛选、水洗，各项指标应均符合《水处理用滤料》（CJ/T 43—2005)标准规定。

虽然滩涂湿地长期受河道冲刷，考虑滩涂湿地植物的防冲作用，滤料选用 Φ15～32mm 陶制生物滤料。场地平整及滤料铺筑前准备如图 8.62 所示。

图 8.62　场地平整及滤料铺筑前准备

3）滤料设计

由于该项目河道的主要污染物是 TP，生物质混合填料是很好的除磷填料，其孔隙率大，既能吸附河水中的磷酸根离子，又能与污水中的磷酸盐形成沉淀，其吸附与沉淀作用不受季节和温度的影响，因此滩涂湿地的填料采用生物质混合填料。滤料经过筛选、水洗，各项指标应均符合《水处理用滤料》（CJ/T 43—2005)标准规定。

虽然滩涂湿地长期受河道冲刷，考虑滩涂湿地植物的防冲作用，滤料选用 Φ15～32mm 生物质混合填料。

4) 植物选择设计

滩涂湿地植物的竖向设计需根据水生植物的生态习性选择适宜的深度栽植，植物的配置应高低错落、疏密有致，保留一定的滩涂水面面积，增强景观透视线。

根据该项目区域特点，优先选择当地先锋植物品种。据调查，该项目区域土壤营养物质丰富，生物种类繁多，因此该滩涂湿地选择植物的原则主要考虑植物对 TP 污染物的吸附能力，着重选用常绿冬季生长旺盛的水生植物类型，综合考虑美化景观效果，具体植物配置见表 8.13。

表 8.13　滩涂湿地植物配置表

序号	名称	规格/cm		数量	单位	备注
		高度	冠幅			
1	芦苇	60~80	15~20	1431	m²	袋苗，10 株/m²
2	南水葱	60		368	m²	15 芽/丛，8 丛/m²
3	茭白	50~60	20~30	434	m²	袋苗，16 株/m²
4	香蒲	45~60	20~25	264	m²	袋苗，16 株/m²
5	灯心草	50~60		873	m²	15 芽/丛，8 丛/m²
6	再力花	35~45	25~30	418	m²	袋苗，16 株/m²
7	鸢尾	30~35	20~30	317	m²	袋苗，16 株/m²
8	石菖蒲	25~30	20~25	117	m²	袋苗，16 株/m²
9	泽泻	25~30	20~25	658	m²	袋苗，16 株/m²

5) 防冲设计

通过冲刷深度成果计算，滩涂湿地外部设置大块石抛石护脚，基础埋深为 0.5m（图 8.63）。

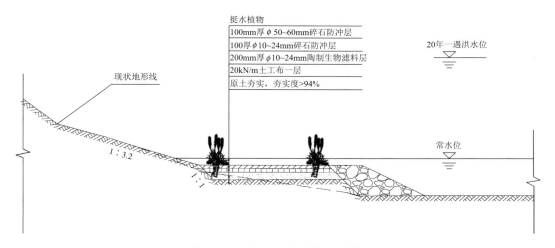

图 8.63　滩涂湿地防冲做法大样图

8.4.3　设计特点解析

1. 滩地修复与水质净化结合

重新梳理现有杂乱的河滩地,在水陆交界面打造一定弯曲度和高低起伏的滩地,在垂直水体方向,通过开挖和地形重塑形成浅滩、浅水区、深水区、急流带和滞水带等不同类型的地形,恢复生态系统多样性;同时,通过结合滩地修复增加滩地与水流接触面,滩地内部砌筑填料滤床来构建微生物生长空间,使上游来水与滩地内部填料充分接触,从而达到水质净化的效果,改善西源溪上游水质,保障隘头潭国控断面水质达标。

2. 滤料型生态湿地河道原位应用

人工砌筑滤料型湿地(水平潜流、垂直潜流)一般在需要强化净化功能的污水处理中使用,如农村污水深度处理、污水处理厂尾水深度处理或河道旁路生态净化等,该类型湿地需要一定的土地,一般结合公园进行打造。该项目在构建湿地的过程中,岸坡和滩地的地形得到了重塑,滩地内部填充了滤料。滤料的多孔隙结构,为微生物提供了生长空间,并发挥了吸磷功能。同时,结合水生植物的种植,并根据河道滩地和水流情况,采取因地制宜的方式,在西源溪河道原位构建了条带状滤料型生态湿地。这样做不仅保证了处理效果,还减少了工程占地和投资。

3. 水源地保护与湿地开发协调开展

隘头潭作为厦门市备用水源地,位于西源溪与汀溪交汇处下游 1.2km。西源溪作为汀溪最大的支流,其水质改善对于保护隘头潭水源地起着重要的作用。该项目通过各种措施组合,改善了上游河道及周边沟渠来水水质,有效保障了下游水源地水质;工程结合西源溪下游段安全生态水系建设,打造水清岸绿景美的河道带状生态公园,协调开展水源地保护与湿地开发,构建区域人与自然和谐相处的典范。

8.4.4　建成效果及总体效益

该工程于 2020 年 1 月通过完工验收,随后便投入正常运行使用。运行以来,下游汀溪隘头潭国控断面水质已持续达标,2020 年 2 月,隘头潭国控断面水质排名全国第六;3 月排名全国第三,排名创历史新高,也是福建省唯一进入前 30 位的国控断面(图 8.64)。河道内的污染物一方面通过湿地填料吸附进行削减,另一方面大量挺水植物自身的生长吸收水体中一定量的 TP(图 8.65),通过对植物的收割,可以去除水中污染物,为下游隘头潭断面水质达标做出贡献。

同时,湿地系统重塑也为西源溪下游诸多生物提供了适宜生长的生境,在增加生物多样性及生态系统的复杂性和稳定性、维持自然平衡方面起着非常重要的作用。坤泽洋湿地中的滩涂湿地通过芦苇、灯心草、泽泻、再力花等挺水植物立体搭配的优化配置,建立了生物多样性和稳定性良好的湿地生态系统,不仅为水禽提供了丰富的食物来源,其繁茂的植物群丛也为水禽提供了栖息繁殖所必需的安全空间,同时,湿地水质生态净

图 8.64　隘头潭国控断面　　　　　　图 8.65　河道上游实景

化工程的建成也给河道景观带来了巨大的改善，游鱼戏水、苇影婆娑形成了令人赏心悦目的景色(图 8.66)。

(a) 初期

(b) 10个月后

图 8.66　砾间净化区建成后实景

8.5　湖库水源地水质保障

8.5.1　项目总体概况

厦门市位于福建省东南沿海，属亚热带海洋性季风气候区，温暖湿润，日照充足，雨量充沛。流域受锋面雨和台风雨的影响，降水集中在 4～10 月，年平均降水量为 1500～1900mm。根据厦门市气象局统计，多年平均气温为 21.8℃，极端最高气温为 38.5℃，极端最低气温为–1.0℃，水面蒸发量为 1478mm，全年近于无霜。

石兜水库前置库湿地工程位于福建省厦门市集美区后溪流域，石兜水库是厦门市重要的水源地，承担着防洪、灌溉、供水与养殖等功能，是一座多年调节型中型水库。其始建于 1958 年，1959 年完工，是一座集防洪、灌溉、供水和养殖于一体的多功能水库。2010 年开工建设石兜水库除险加固工程，该工程设计坝高从 53.86m 提高至 55.86m，正常蓄水位从 49.26m 提高至 54.26m，库容从 6143 万 m³ 提高至 8822 万 m³。

　　为保障石兜水库向厦门市供水，福建省长泰枋洋水利枢纽工程通过拦河坝拦蓄九龙江流域龙津溪的水，在满足自身流域各类用水中长期需求的前提下，经溪口—许庄引水隧洞跨流域调水到厦门市后溪流域的石兜水库中。

　　2017 年 8 月～2018 年 8 月对调水区水质监测数据进行分析发现，龙津溪流域溪口闸坝上游的 TN、TP 等指标基本处于超标状态，TN 平均值处于劣Ⅴ类水状态，TP 平均值处于Ⅴ类水状态；同期受水区石兜水库监测数据显示，石兜水库水质达到Ⅲ类水标准，TP 基本为Ⅱ类水标准、TN 基本为Ⅱ和Ⅲ类水标准。相比受水区石兜水库水质情况，龙津溪 TP、TN 存在较大差距，调水区水质远劣于受水区水质，需对调水区水质进行提升。

　　针对这一问题，"福建省长泰枋洋水利枢纽工程环境影响报告书及批复"提出了运行期各项水环境保护措施，包括长泰境内龙津溪溪口闸坝以上河段水质保护措施和石兜水库水质保护措施，其中石兜水库前置库湿地工程就属于石兜水库水质保护措施，工程通过净化上游溪口—许庄引水隧洞来水(龙津溪跨流域调水)，改善入库水质。该湿地的建设不但可以有效提升入库水质，而且通过前置库湿地的建设，可以净化上游来水水质，削减入库 TN、TP 等污染负荷；同时，湿地通过修复生态系统结构，增加生物多样性，恢复湿地健康的生态系统，因此该项目是一项将水质净化与生态保护融于一体的水源地保护项目。

8.5.2　总体设计介绍

1. 水质、水量确定

1) 来水量分析

湿地来水主要包括福建省长泰枋洋水利枢纽工程引水来水和上游入库溪流来水两部分，以引水来水为主。

福建省长泰枋洋水利枢纽工程主要通过溪口—许庄引水隧洞，从龙津溪跨流域引水至石兜水库，向厦门市供水。根据《福建省长泰枋洋水利枢纽工程初步设计报告》，溪口—许庄引水隧洞调水平均流量为 6.70m³/s，核算远期引水量为 58 万 m³/d。根据福建省长泰枋洋水利枢纽工程及《福建省长泰枋洋水利枢纽工程石兜水库前置库工程初步方案》专家评审会意见，近期溪口—许庄引水隧洞来水量为 30 万 m³/d。

此外，该项目区域范围内涉及其余三条溪流，分别为位于石兜水库库尾上游的苎溪以及苎溪右岸的两条支流。根据水文分析结果，三条溪流的水量总计约 5.46 万 m³/d。该项目用地情况及溪流水质情况较优，因此本次工程仅通过引水渠将溪流来水引至湿地末端，最终进入石兜水库。

2) 进出水水质分析

本次湿地来水为福建省长泰枋洋水利枢纽工程跨流域调水，由于该工程在建设中，上存水库尚未蓄水，因此，当时无法对蓄水后的水质情况进行分析。而本次湿地进水经溪口上游长泰段污染综合整治等工程实施后，至少达到水环境功能区划中地表水Ⅲ类标准的要求，以保证石兜水库前置库湿地正常发挥作用。湿地进水水质设置为《地表水环境质量标准》(GB 3838—2002)Ⅲ类水标准(湖库标准，其中 TN≤0.55mg/L，TP≤

0.027mg/L）。

在溪口—许庄引水隧洞出口来水量为 30 万 m^3/d、来水水质优于地表水环境Ⅲ类水质标准的条件下，总体出水水质要求 TN 总去除率≥10%，TP 总去除率≥10%。

2．工艺流程设计

石兜水库前置库湿地工程采用"沉淀塘+表流型人工湿地+深水厌氧塘"三级组合工艺(图 8.67)，来水首先进入沉淀塘，通过沉淀作用，对水体进行初步净化，降低水体中的悬浮物；表流型人工湿地主要通过大量水生植物的种植来吸收水体中氮、磷，同时为微生物提供附着环境，进一步去除污染物；深水厌氧塘则可以创造缺氧厌氧环境，为微生物生长提供适宜条件，保障出水水质。

图 8.67　湿地工艺流程图

(1)湿地来水首先进入沉淀塘，通过对悬浮物的初步沉淀，去除水体污染物。

(2)沉淀塘净化后的水体经过拦水堤进入表流型人工湿地中，表流型人工湿地通过地形塑造与水生植物的大量种植，为微生物生长创造附着条件。表流型人工湿地主要通过植物与微生物的共同作用，实现污染物的大部分去除，形成本次湿地设计的核心净化区。

(3)表流型人工湿地出水经过渗滤墙进一步过滤后进入深水厌氧塘，在深水厌氧塘中，可以形成好氧—缺氧—厌氧交替的水体环境，为脱氮除磷提供条件，保障入库水质。来水经过处理后，最终通过拦水堤进入石兜水库。

3．平面布置

石兜水库前置库湿地工程总占地面积为 48.40hm²，分为湿地核心区建设、水工构筑物建设和管护设施建设等。其中，湿地核心区面积为 41.26hm²，分为沉淀塘、表流型人工湿地和深水厌氧塘三个单元，沉淀塘处理来自溪口—许庄引水隧洞的来水，面积为1.40hm²；沉淀塘中的水体经初步处理后进入表流型人工湿地，表流型人工湿地主要设置于现状地形较高区域，面积为 17.86hm²；深水厌氧塘用来处理表流型人工湿地出水和入库溪流来水，深水厌氧塘设置在湿地最后一级，现状地形相对较低，总面积为 22.00hm²(有效利用面积 9.15hm²)。水工构筑物设施包括 2 座拦水堤、1 座生态堤、1 处渗滤坝、4 座导流墙和 5 座格宾挡墙。湿地管护设施包括管理用房、管护道路、防护栅栏和警示牌等，管护道路与湿地周边现状道路衔接，设置于湿地周边(图 8.68)。

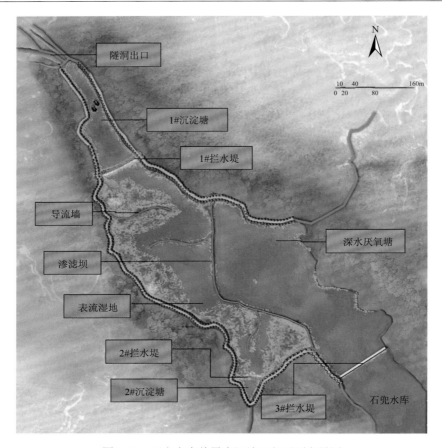

图 8.68　石兜水库前置库湿地工程平面布置图

4. 主要工艺单元设计

1）沉淀塘

沉淀塘的主要作用是使来水中泥沙颗粒物及悬浮物得到初步沉淀，降低来水的悬浮物负荷及含砂量，提高水力停留时间，降低后续工艺污染负荷（图 8.69）。该功能区块水深最深处为 4.0m，平均有效水深为 3.0m，仅在边坡适生区域种植少量植物。

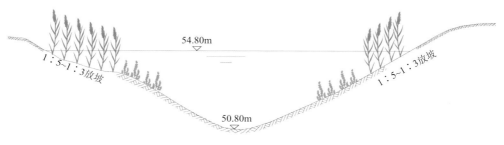

图 8.69　沉淀塘剖面图

设计水量：30 万 m³/d；

水面面积：1.4hm²；

平均有效水深：3.0m；

有效容积：4.2 万 m³；

设计水力停留时间：0.14d；

设计水力负荷：21.43m³/(m²·d)；

沉砂库容：0.7 万 m³。

2）表流型人工湿地

表流型人工湿地与自然湿地最为接近，污染物的去除主要通过物理、化学和生物的三重协同作用来完成。微生物对污染物的去除主要在好氧状态下完成，表流型人工湿地水深较浅，大气复氧快、水体光照充足，使好氧菌、根区生物膜得以快速增长，有利于污染物的去除；大面积、高生物量的水生植物大量吸收水体中的污染物，通过收割植物而去除；自然土基质也能通过拦截、化学反应去除一部分污染物。表流型人工湿地剖面图如图 8.70 所示。

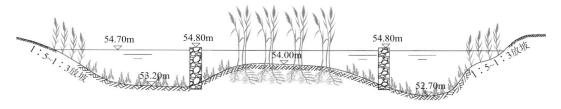

图 8.70　表流型人工湿地剖面图

其主要工艺参数包括以下几个方面。

水面面积：17.86hm²；

平均有效水深：1.96m；

边坡：1∶5～1∶3；

有效容积：35.0 万 m³；

设计水力停留时间：1.17d；

设计水力负荷：1.68m³/(m²·d)。

3）深水厌氧塘

深水厌氧塘一般水深较深，水体中溶解氧很少，基本处于厌氧状态，深水厌氧塘通过水体中厌氧微生物的作用达到污染物去除的目的。深水厌氧塘剖面图如图 8.71 所示。

水面面积：22.0hm²；

平均有效水深：7.85m；

有效容积：71.80 万 m³；

设计水力停留时间：2.00d；

设计水力负荷：3.88m³/(m²·d)。

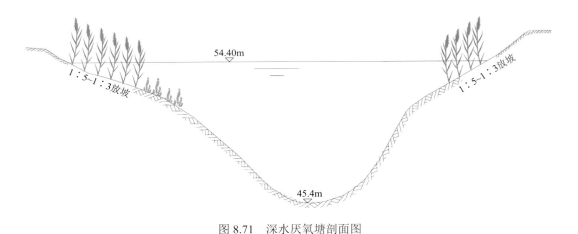

图 8.71　深水厌氧塘剖面图

5. 湿地植物配置

1) 水生植物配置

在湿地净化水体的过程中，植物作用可以归纳为三个重要的方面：①直接吸收利用污水中可利用的营养物质，吸附、富集重金属和一些有毒有害物质；②为根区好氧微生物输送氧气；③增强和维持介质的水力传输。此外，水生植物的生长和生理活动受到工程区气候、温度、光照影响较大，因此，湿地中水生植物要根据不同项目建设区域的气候条件以及湿地形式来选择。

选择原则：本次湿地植物选择应结合项目区的气候特点，综合考虑各方面因素，优先选择具有以下特点的水生植物。

(1) 耐污能力强。

(2) 污染物去除效率高。

(3) 具有较高的经济效益和景观价值。

(4) 易于后期管护。

水生植物选择：本次湿地水生植物包括挺水植物、沉水植物和浮叶植物三种类型，挺水植物以当地比较常见的芦苇为主，同时配置香蒲、菖蒲、水葱、美人蕉、茭白、千屈菜、水芹、荷花等净化能力较强、景观效果较好的挺水植物(图 8.72)；浮叶植物以睡莲、萍蓬草、菱角等为主(图 8.73)；沉水植物主要选用苦草、马来眼子菜、轮叶黑藻等(图 8.74)。其中，茭白、水芹和睡莲是比较受当地欢迎的经济物种。

(a) 芦苇

(b) 菖蒲

(c) 水葱

(d) 美人蕉

(e) 千屈菜

(f) 茭白

图 8.72 挺水植物

(a) 睡莲　　　　　　　　　　　　　　　　　(b) 萍蓬草

图 8.73　浮叶植物

(a) 苦草　　　　　　　　　　　　　　　　　(b) 轮叶黑藻

图 8.74　沉水植物

　　水生植物布置：该项目的水生植物主要布置在沉淀塘和深水厌氧塘岸坡处以及表流型人工湿地内部，以表流型人工湿地为主。沉淀塘区域主要布置挺水植物，表流型人工湿地则将挺水-沉水-浮叶植物进行综合配置，深水厌氧塘则仅在岸坡适生区域种植挺水植物、沉水植物等。根据各种植物的生长特性，该项目挺水植物主要布置于水深 0.5m 以内的区域，其中，芦苇耐受性较强，布置区域相对广泛，控制在水深 1m 以内的水域；沉水植物和浮叶植物则主要布置在水深 0.5～1.5m 的区域。水生植物布置，在保证净化效果的同时，还要兼顾景观效果。

　　该项目的植物种植密度可以根据植物种类与工程的要求进行调整，挺水植物的种植密度宜为 2～36 株/m^2，沉水植物的种植密度宜为 16～30 丛/m^2，浮叶植物的种植密度宜为 1～5 丛/m^2，植物种植的时间宜为春季。在植物移植初期，进行水位控制和遮阴处理，以保证足够的成活率，以便将来形成较高的覆盖率，提高净化效率（表 8.14）。

表 8.14　湿地水生植物配置种类及面积表

植物种类		高度/cm	种植密度	面积/m²
挺水植物	芦苇	50～60	9 丛/m²，20～30 芽/丛	57391
	香蒲	50～60	9 丛/m²，20～30 芽/丛	2940
	菖蒲	30～50	36 丛/m²，3～5 芽/丛	351
	水葱	20～30	20 丛/m²，6 芽/丛	2759
	美人蕉	30～50	20 丛/m²，5 芽/丛	549
	茭白	30～50	20 丛/m²，5 芽/丛	2175
	千屈菜	50～60	36 丛/m²，3～4 芽/丛	257
	水芹	30～50	9 丛/m²，20～30 芽/丛	1622
	荷花	30～50	2～4 丛/m²，1 株/丛	4614
浮叶植物	睡莲	30～50	3～4 丛/m²，3～4 株/丛	3377
	萍蓬草	20～30	1～2 丛/m²，1～2 芽/丛	5267
	菱角	30～50	3～5 丛/m²，2～4 芽/丛	5731
沉水植物	轮叶黑藻	30～50	16 丛/m²，3～4 芽/丛	23512
	马来眼子菜	5～19	20～30 丛/m²，3～4 芽/丛	18503
	矮生苦草	20	30 丛/m²，3～4 芽/丛	30529
合计				159577

2）滨岸植物配置

滨岸植物种植区主要在生态湿地沿岸以及管护道路两侧，总面积约 2.23hm²。

滨岸植物选择：植物多选择厦门当地的常见物种，其既具有一定的耐湿性，又兼顾景观效果。乔木以水杉、垂柳、枫杨、池杉等为主，灌木以高杆女贞等为主，地被以狗牙根、马尼拉草、红花酢浆草为主，多样的植物丰富了岸线，同时也加强了水陆空间的联系（图 8.75）。

(a) 水杉　　　　　　　　　　　　　(b) 垂柳

(c) 枫杨　　　　　　　　　　　　　　(d) 池杉

(e) 高杆女贞　　　　　　　　　　　　(f) 狗牙根

(g) 马尼拉草　　　　　　　　　　　　(h) 红花酢浆草

图 8.75　滨岸植物

滨岸植物配置：滨岸植被搭配手法主要以乔灌木+地被的形式来体现湿地植物群落，在林下空间种植耐阴、喜湿植物，增加景观层次。多样丰富的乔灌木和地被结合水生植物展现湿地植物群落结构的多样性(表 8.15)。

表 8.15　湿地滨岸植物配置种类及面积表

序号	名称	胸(地)径/cm	高度 H/cm	冠幅 P/cm	数量	单位	备注
1	香樟	Φ12	450 以上	350 以上	2	株	全蓬种植，形态优美，枝叶茂盛，忌截头
2	黄花风铃木	Φ10	450 以上	350 以上	3	株	全蓬种植，形态优美，枝叶茂盛
3	垂柳	Φ11	400 以上	300 以上	6	株	全蓬种植，形态优美，枝叶茂盛
4	火焰树	Φ12	400 以上	300 以上	4	株	全蓬种植，形态优美，枝叶茂盛
5	红花三角梅	Φ2	200 以上	150 以上	5	株	全蓬种植，形态优美，枝叶茂盛
6	四季桂	Φ4	200 以上	150 以上	5	株	全蓬种植，形态优美，枝叶茂盛
7	池杉	Φ10	350 以上	250 以上	112	株	全蓬种植，形态优美，枝叶茂盛，忌截头
8	黄金叶		30 以上	20 以上	35	m²	36 株/m²
9	巴西野牡丹		40 以上	30 以上	43.2	m²	25 株/m²
10	毛杜鹃		40 以上	30 以上	14	m²	25 株/m²
11	鹅掌柴		40 以上	30 以上	25	m²	25 株/m²
12	红花酢浆草				1140	m²	自然高，多年生播种，15g/m²
13	马尼拉草				8559	m²	播种，10g/m²
14	狗牙根				22511	m²	播种，15g/m²

　　行道树以景观树种枫杨、垂柳、水杉等乔木为主，同时在空间较开敞区域辅以灌木高杆女贞，林下空间与湿地滨岸周边满铺地被植物，其在增加植物多样性的同时起到固岸护堤的作用。生态岛则选取对水位变化耐受性较强的池杉，并搭配红花酢浆草丰富空间景观色彩。

　　6. 湿地运行维护

　　1)湿地运行维护范围

　　湿地的运行维护管理包括水生植物日常管护、巡库道路维护、水工构筑物维护、水质自动监测等方面。

　　A. 水生植物日常管护

　　水生植物日常管护包括植物病虫害的防治、定期收割、回收再利用；碎屑和残体的及时清理；及时对部分死亡植物进行补栽。

　　收割季节可根据该项目实际选择秋冬季或是早春。7~8 月，植物的营养生长和生殖生长最为旺盛，生长对养分的需求很高，可增大对水体中氮、磷的吸收，收割后生长恢复的速度很快，不影响水生植物的生物量。秋冬季，植物生长停滞，趋近枯萎，应及时收割，防止枯枝落叶进入水体，形成二次污染。早春时节，应对枯死的水生植物实施更新补种，保证群落结构的稳定。

B. 巡库道路维护

巡库道路维护工作包括保持路面清洁、美观、完好无损，及时清除路面垃圾杂物，修补破损路面并保持完好；做到无垃圾杂物、无石砾石块、无干枯树枝、无粪便暴露、无鼠洞和蚊蝇孳生地。

C. 水工构筑物维护

对拦水坝等水工构筑物进行日常巡视，并定期检修。

D. 水质自动监测

在湿地内部设置水质自动监测设备，实时掌握湿地进出水水质情况，做好防护措施。

2) 运维费用

运维费用包括职工薪酬、分析监测费、植物处置费、常年维护的材料消耗和植物种苗补充费以及检修、事故处理和不可预见费等。

A. 职工薪酬

职工薪酬包括职工工资、福利费、社会保险费等。按年人均基本工资 4 万元，福利费及社会保险费为基本工资的 62%，因此，职工每人的年薪酬约为 6.48 万元。根据《水利工程管理单位定岗标准(试点)》(水办〔2004〕307 号)和《水利工程维修养护定额标准(试点)》的相关规定，本次工程新增定员人数为 2 人，则职工年薪酬共需约 12.96 万元。

B. 分析监测费

分析监测费为 4 万元/a。

C. 植物处置费

植物处置费包括植物收割费和植物运输费，该项目水生植物面积约 15.96hm²，费用按照每平方米 2 元计，则植物处置费为 31.92 万元/a。

D. 常年维护的材料消耗和植物种苗补充费

常年维护的材料消耗和植物种苗补充费为 5 万元/a。

E. 检修、事故处理和不可预见费

检修、事故处理和不可预见费为 5 万元/a。

F. 总费用

综合以上费用，该工程正常运行期年运维费用合计约 58.88 万元。

8.5.3　设计特点解析

1. 外来引调水调蓄及强化湿地的应用

该项目前置库湿地蓄滞对象为客水，主要来自长泰枋洋龙津溪引调水，前置库总库容为 111 万 m³，总停留时间为 3.34d，在前置库湿地内设置沉淀塘、表流型人工湿地和深水厌氧塘等工艺单元，实现引调水来水强化净化后排入石兜水库，以保障石兜水库水质安全。

2. 工艺单元设计充分利用场地地形

该项目区地形呈西北高东南低的趋势，高差较大，最大高程为 58.63m，最小高程为 41.96m；而水库除险加固工程实施后，库区常水位将升至 54.26m，工程区场地现状大部分较低，位于常水位以下，场地适建区有限，比例约 23%。

工程设计从工艺需求出发，结合现有场地条件，通过沉淀塘、表流型人工湿地、深水厌氧塘工艺单元搭配组合，合理利用地形和材料进行场地内地形重塑，实现场地内土石方平衡。

3. 水源地保护的同时恢复生物栖息地

石兜水库作为厦门市重要的饮用水水源地，前置库湿地工程实施后，对长泰枋洋龙津溪引水进行储蓄和调蓄，同时生态净化后进入石兜水库，可以有效保障厦门市供水的水质安全；此外，湿地的建设可以有效提升水库库尾水源保护区内的生态环境，恢复生物多样性，保障生态系统多样性。

8.5.4 总体效益

1. 工程效益

1）供水效益

石兜水库是厦门市重要的饮用水水源地，该工程实施后，可以为厦门市的供水安全提供保障，供水量得以保证，同时供水处理成本下降，初步估计每年创造的供水效益约 892.06 万元。

2）灌溉效益

石兜水库前置库湿地工程建设可以增加石兜水库供水量，保障供水安全，其还影响到水库周围约 277 亩的农田，间接提高灌区农业产品产量。灌溉效益采用分摊系数法，在建成后可达到 122.34 万元/a。

2. 生态效益

石兜水库前置库湿地工程属于社会公益性项目，具有显著的生态效益。湿地的建设可以有效地保护区域湿地生态系统完整性，充分发挥湿地在降解污染物、提供生物栖息地、调节气候、涵养水源等方面的功能，全面提高湿地的生态服务价值。湿地工程建设效果图如图 8.76 所示，建成实景如图 8.77 和图 8.78 所示。

1）直接价值

湿地植被价值：湿地建成后，种植大量水生植物，种类丰富，包括芦苇、香蒲、菱白、水葱等，生物量大。参照湿地芦苇单位面积平均生产量进行核算，湿地种植面积约 15.96hm^2，湿地植被价值为 11.10 万元。

科研文化功能价值：湿地公园具有独特的生态环境，造就了其天然的生物多样性，为生态系统的科学研究提供基础。根据我国单位面积湿地生态系统的平均科研文化功能

隧洞出口　沉淀塘　导流墙　　生态堤　　渗滤坝　　深水厌氧塘

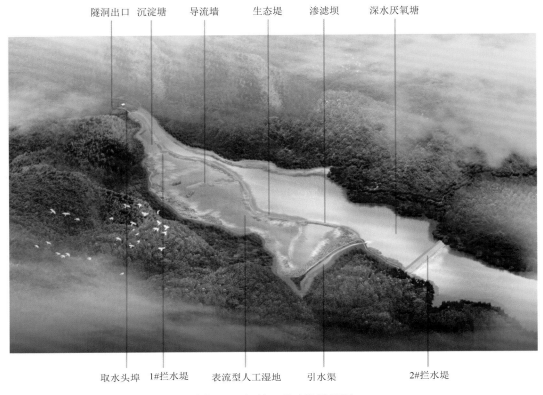

取水头埠　1#拦水堤　　表流型人工湿地　　引水渠　　2#拦水堤

图 8.76　湿地工程建设效果图

图 8.77　湿地进水口实景

价值与 Costanza 等对全球湿地生态系统科研文化功能价值的平均值 3897.8 元/hm² 进行计算，本次湿地建成后科研文化功能价值约 18.87 万元。

2)间接价值

降解污染物价值：湿地由于自身的理化和生物特性，对污染物具有物理净化和生物净化功能。根据 Costanza 等对全球湿地降解污染物的研究成果，湿地降解污染物的平均价值是 4177 元/hm²，计算出湿地降解污染物价值为 20.22 万元。

图 8.78　湿地建设实景

提供生物栖息地价值：湿地建成后，生态环境良好，可成为多种动植物生存的栖息地，根据 Costanza 等的研究成果，全球湿地生物栖息地价值为 304 美元/hm^2，根据湿地面积核算本次湿地建设产生的生物栖息地价值为 10.30 万元。

调节气候价值：湿地植物通过光合作用吸收 CO_2、释放 O_2，调节大气平衡。根据光合作用原理，湿地生产 1g 干物质可吸收 1.62g CO_2，释放 1.2g O_2。根据湿地植物的生产量，折算湿地吸收 CO_2 价值为 2.71 万元，释放 O_2 价值为 0.77 万元。

涵养水源价值：涵养水源价值为湿地常水位时水源涵养量与单位蓄水库容成本之积，单位蓄水量库容成本以全国建设投资计算，每建设 1m^3 库容需年投入成本 0.67 元。根据湿地的蓄水量，均化洪水和涵养水源价值总计 128.64 万元。

该工程实施后将产生生态环境效益。水库生态保护工程的建设可以改善现有荒地、林地的群落结构，减少水库消落带的群落退化和水土流失，重新构建水库水生生态系统，能够提高区域生态系统稳定性，恢复生态系统功能。综合以上，本次湿地建设产生的生态效益为 192.61 万元。

8.6 小湖塘库等小微水体治理

8.6.1 深圳宝安区小湖塘库整治提升

1. 项目总体概况

鱼塘、风水塘、小湖泊、小山塘等小微水体不但有生态涵养价值，而且大多在群众身边，与群众的生产生活关系最为密切，因此小微水体污染也是群众反映强烈的环境问题之一。为了深入贯彻落实习近平生态文明思想，2020年生态环境部"十四五"规划编制工作推进会提出，"十四五"期间重点完成生态功能遭到破坏的河湖逐步恢复水生动植物，形成良好的生态系统，对群众身边的一些水体，进一步改善水环境质量，满足群众的景观、休闲、垂钓、游泳等亲水要求。水利部在2019年的全国农村水系综合整治工作会上提出要全力打通农村水系治理的"最后一公里"。这意味着水利部将加大力度，通过综合整治、改善农村水系设施、提高治理水平等措施，着力解决农村地区水系治理中存在的"最后一公里"问题，确保农村地区水资源的有效利用和管理。这一举措旨在改善农村地区的水资源环境，提高农民的生活质量，促进农村经济的可持续发展。小微黑臭水体整治已成为改善城市人居环境工作的重要内容。近年来，我国在水环境质量提升上做出了诸多努力，深圳、浙江等省市也将区域内小微水体的整治纳入主要工作之一。

深圳市于2018年明确提出全面根治市域黑臭水体，陆续制定《深圳市小微黑臭水体整治技术指南(征求意见稿)》《深圳市面源污染整治管控技术路线及技术指南(试行)》等指导性文件。2019年，深圳市宝安区全面消除黑臭水体工程项目中小湖塘整治工程共涉及四个街道管辖范围的38个小湖塘，合计水面总面积302743m²。其中，水面面积小于5000m²的小湖塘有24个，占比63%。

小湖塘治理基本目标为实现全面消除黑臭水体。同时，小湖塘作为与社区居民生活最密切相关的水体，其生态修复工程整治目标为：重点提升水体透明度，削减控制小湖塘面源污染，促进水体自净能力恢复，丰富小湖塘生物多样性。

2. 总体设计介绍

1)治理思路及技术路线

鉴于小湖塘环境容量小、自净能力低下，小微水体生态修复应构建健康的水生生态系统，其前提是要周边截污，避免污水直排超负荷运行，更要注重水面保洁等精细化管理。确定该项目小湖塘生态修复治理边界如下：周边完成控源截污相关的雨污分流、正本清源等工程内容，无点源污染排入小湖塘；农贸市场类、垃圾中转站类、汽修/洗车类、餐饮一条街类等重点面源污染在重点区域污染源治理子项内解决。在主要污染负荷得到有效控制的基础上，利用生态强化净化措施、水生植物修复、水生动物修复等生态修复手段，构建小湖塘健康的水生生态系统。

2)现状调查分析

小湖塘治理技术路线如图8.79所示。对所有小湖塘水体进行取样检测水质，主要检测指标包括透明度、DO、ORP、TP、NH₃-N、COD 等。水质检测结果如图 8.80 所示。按照基本治理目标中消除黑臭水体的要求，主要超标水质指标为 TP、NH₃-N 和 COD。

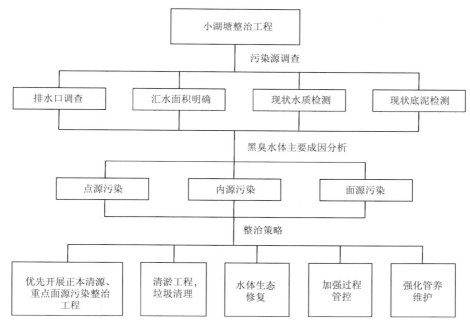

图 8.79 小湖塘治理技术路线

根据图 8.80 所示，小湖塘黑臭水体整体表现为透明度超标，少数几个塘 NH₃-N、ORP、DO 严重超标。这说明深圳市多数小湖塘截污纳管工程已较完善，小湖塘黑臭水体评价标准多为引发周边群众不适的感官指标，需要进一步通过生态修复等手段解决水环境水生态问题，还老百姓"一池绿水"。

根据现场踏勘调研及图 8.80 水质检测结果分析，现状小湖塘主要分为三类：一般型小湖塘、藻类暴发型小湖塘和黑臭型小湖塘。

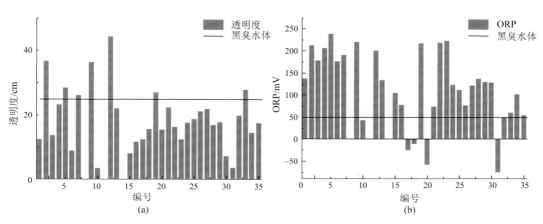

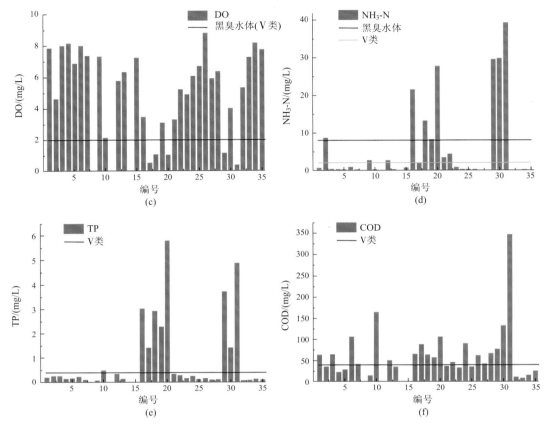

图 8.80　小湖塘水质检测结果图

　　一般型小湖塘：一般型小湖塘水质相对较好，NH$_3$-N、TP 浓度低，主要存在水体透明度低、水生动植物单一等问题。此类小湖塘主要为水面面积较大、周边环境较好的公园水体等景观性水体(图 8.81)。

图 8.81　一般型小湖塘

　　藻类暴发型小湖塘：藻类暴发型小湖塘的典型特征是水体颜色呈蓝绿色，白天 DO 高，水体 COD 较高。此类小湖塘主要位于城中村，周边面源污染严重，水域面积小，水体流动性差，自净能力低下（图 8.82）。

图 8.82　藻类暴发型小湖塘

黑臭型小湖塘：黑臭型小湖塘的水体感官极差，各项指标超标严重，水体发黑发臭，除罗非鱼外基本无水生动植物存活。此类小湖塘主要存在污水偷排漏排现象，底泥淤积情况严重，周边环境脏乱差，面源污染严重（图 8.83）。

图 8.83　黑臭型小湖塘

部分小湖塘已做过景观提升工程，但其设计和构建未遵从自然生态理念。小湖塘封闭性较强，护岸和池底硬化，水生生物种类稀少，流动性较差且生态结构较为单一，环境容量小，基本丧失水体自净能力，受外界污染物影响大，因此，极易出现水质浑浊、透明度下降、藻类暴发等现象，严重时会造成水体黑臭，丧失生态景观功能。小湖塘水体污染的原因主要有以下几点。

点源污染：部分小湖塘周边污水管网不完善，存在错接漏接、管道渗漏、化粪池渗漏等问题，有些紧邻湖塘的楼房、公厕等，其污水直接排入水体。小湖塘环境容量小，自净能力相对薄弱，污染物汇入量大于自降解量，导致水质不断恶化。

面源污染：小湖塘大多位于城中村，部分排水小区内包含一些面源污染较严重区域，如农贸市场类、垃圾中转站类、汽修/洗车类、餐饮一条街类等，这些区域地面污染非常脏乱，污染物以各种形式积蓄在街道、阴沟和其他不透水地面上。小湖塘一般位于地势低洼处，汇水面积较大，降雨后，汇水分区内的初雨径流会将一部分污染物带入池塘，增加水体污染负荷。另外，降雨初期，雨水溶解了空气中大量酸性气体、汽车尾气、工厂废气等污染性气态物质，其降落地面后，又冲刷屋面、道路等，使得前期雨水中挟带大量的有机物、病原体、重金属、油脂、悬浮固体等污染物，这些污染物使得初期雨水的污染程度较高，初期雨水污染也是小湖塘的一大重要污染源。

内源污染：小湖塘因长期污染，污染物日积月累，通过沉降作用或随颗粒吸附作用进入水体底泥中，底泥营养物质的释放将加速水质恶化，厌氧发酵产生的甲烷及氮气导致底泥上浮也是水体黑臭的重要原因。此外，部分老百姓在池塘内搭建简易养殖棚，养殖鸡、鸭、鹅等家禽，也有池塘被承包作为养鱼塘，家禽的排泄物、鱼类饲料等直接进入水体，污染水质。

3）小湖塘治理综合分类

小湖塘数量较多，将小湖塘分类整治、精准施策就显得极为重要，本章主要从污染预测、社会服务需求两个角度将小湖塘进行分类，针对不同类型小湖塘分别采取对策。

按污染预测分类：点源污染、重点类面源污染已由其他相关工程解决，小湖塘主要外源污染为初期雨水污染，初期雨水污染程度主要由汇水范围内用地性质决定。综合参考深圳市不同土地利用类型初期雨水中的污染物浓度，小湖塘汇水范围内不同土地利用类型初期雨水污染物浓度如表 8.16 所示。

表 8.16　不同土地利用类型初期雨水污染物浓度表　　　　　（单位：mg/L）

用地分类	COD	氨氮	TP	悬浮物
老城区	249	3.56	1.51	470
居民区	85	—	—	162
绿地、道路	45	—	—	67

根据李明远等对深圳市初期雨水特征分析及研究，发现深圳市初期雨水的主要污染物为悬浮物和 COD，且两者呈较好的线性相关性[400]。本章根据水塘面积、汇水范围内不同土地利用类型面积、汇水面积内产生的径流量、初期雨水污染物汇集总量等计算单位水塘面积 COD 负荷。根据 COD 负荷将水塘分为高污染负荷水塘、中污染负荷水塘和低污染负荷水塘（图 8.84）。

COD 负荷＜1.0g/(m²·d) 为一类，属于低污染负荷；COD 负荷 1～2g/(m²·d) 为二类，属于中污染负荷；COD 负荷＞2g/(m²·d) 为三类，属于高污染负荷。

按社会服务需求分类：小湖塘除具有涵养水源、保护生物多样性等基本功能外，部分小湖塘还可充分挖掘公众休闲娱乐、文化保留、科普教育等功能，因地制宜地将小湖塘小微湿地的属性发挥到极致。本章从小湖塘地处位置、社会服务需求等角度，将小湖塘分为基本要求型小湖塘、综合功能型小湖塘和重点打造型小湖塘（表 8.17）。

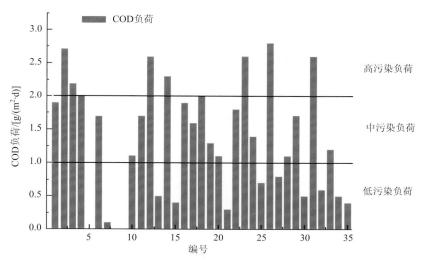

图 8.84 小湖塘污染预测负荷分类图

表 8.17 综合分类治理措施指引

类型	低污染负荷	中污染负荷	高污染负荷
基本要求型	水生植物恢复、生物操纵	水生植物恢复、生物操纵、挺水植被带	水生植物恢复、生物操纵、挺水植被带、强化净化措施
综合功能型	水生植物恢复、生物操纵、挺水植被带	水生植物恢复、生物操纵、挺水植被带、喷泉曝气、强化净化措施	水生植物恢复、生物操纵、挺水植被带、喷泉曝气、强化净化措施
重点打造型	水生植物恢复、生物操纵、景观提升	水生植物恢复、生物操纵、挺水植被带、喷泉曝气、强化净化措施、景观提升	水生植物恢复、生物操纵、挺水植被带、喷泉曝气、强化净化措施、景观提升

基本要求型小湖塘：此类小湖塘主要为自然水塘，地处偏远地区，社会服务需求较弱，主要功能需求为恢复小湖塘生态功能，涵养水源，保护生物多样性，调节微气候，美化环境。

综合功能型小湖塘：此类小湖塘一般为街道、社区内的小湖泊、景观塘，以满足人的需求功能为主，在解决小湖塘黑臭问题的基础上，提升水体感观效果，提高周边老百姓幸福指数。

重点打造型小湖塘：此类小湖塘主要为街道社区的景观塘等，往往位于街道社区公园内或重要建筑物附近，人流量密集，景观要求较高，结合当地文化要素，征求街道社区意见，对此类小湖塘进行重点打造。

4) 主要措施详细设计

清淤疏浚及底质改良：结合底泥污染特征分析成果，对污染底质进行生态清淤及底质改良。生态清淤综合考虑水体底栖生物生境需求，根据底质不同深度污染物分布，合理清运一定深度的底质淤泥；底质改良采用天然矿石、石灰、缓释氧剂等对底质环境进行改造，改善底栖微生物生长环境。

生态强化净化措施：小湖塘因封闭性强、水体流动性差且生态结构单一而导致环境容量小、自净能力较差、生态系统较为脆弱、受外界污染物影响大，需要采用强化净化措施进一步削减面源污染，以应对水质恶化突发情况、维持水质稳定、保障生态系统常态化健康良好运转。

目前，国内小湖塘常用的治理设施包括气浮等一体化设备、微生物菌剂、曝气设施、生态浮岛等。气浮等一体化设备一般需占用岸上空间，运行能耗高，后期运维难度大，需要有专人管养；微生物菌剂存在生物入侵风险，对小湖塘生态环境的安全问题存在较大的不确定性和潜在风险；曝气设施、生态浮岛应用于小湖塘人工痕迹过重，且后期管养麻烦，已出现较多工程实施后因无人管养而废弃在河道水塘，造成二次污染。

本章研究本着生态化原则，选择水下生态滤床湿地和滨岸湿地作为强化净化技术，两者原理类似，均通过人工构建生态滤床湿地，为微生物提供生存空间，主要利用微生物的活动及滤床的物理过滤、截留、吸附等作用削减水体污染物，均有无二次污染、能耗低、水质净化效果好等优点。

周边有绿地空间的小湖塘可结合绿地空间打造滨岸湿地，通过滨岸湿地的过滤净化，削减小湖塘污染负荷，同时通过水泵提升，实现小湖塘内循环，提高水体流动性。此外，跌水形式创意优化和多样生境的构建，可以提升小湖塘景观异质性。

大部分小湖塘位于城中村，用地紧张，周边无足够空间构建滨岸湿地，为进一步保障小湖塘水质，在不缩减小湖塘水面的前提下，构建水下生态滤床湿地。水下生态滤床湿地主要通过人工构建微生物、浮游动物载体(生存空间)，采用低功率水泵实现封闭或有外源污染的水体与水下生态滤床湿地之间的交换，达到污染物降解及藻类控制的目的。水下生态滤床湿地上部种植水生植物，可溶性有机物也可通过植物根系生物膜的吸附、吸收及微生物代谢降解过程而被分解去除，进一步提升水质、恢复生物多样性。水下生态滤床湿地结合水下森林构建，其工作原理如图8.85所示。

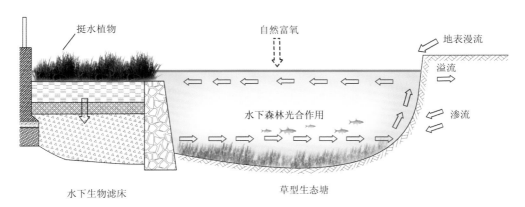

图 8.85　"水下生态滤床湿地+草型生态塘"工作原理

水生植物群落构建：水生植物根系形成的微生物膜对有机质有较好的降解作用，植物本身也可以吸收部分营养盐，同时通过与藻类竞争营养、光能和生长空间，植物根系分泌化感物质等方式有效抑制藻细胞的生长。水生植物群落恢复后，可为水生动物的栖息与觅食提供场所，促进了"生产者—消费者—分解者"食物链的完整性。水生植物群落的恢复对湖塘生态系统的构建极其重要，主要包括沉水植物、挺水植物和浮叶植物。

沉水植物主要种植于水深小于 2m 小湖塘，其不仅为附着生物提供基质，还为浮游动物提供避难所，是使水体从以浮游植物为优势的浊水态转换为以大型植物为优势的清水型的关键。沉水植物占优势的小湖塘水质清澈，水体透明度高。在沉水植物系统里，沉水植物以群丛的方式占领某一个独立的区域，一个稳定的群丛应有 1～2 个优势种，3～4 个伴生种和若干个偶见种。工程配置矮生苦草为优势种，眼子菜科的篦齿眼子菜、尖叶眼子菜及马来眼子菜等洁净种为伴生种(占比 30%左右)，刺苦草、小茨藻和金鱼藻为偶见种(占比 5%～10%)。

挺水植物主要种植于自然岸坡带，构建挺水植被带将硬质挡墙生态化处理，提升小湖塘景观效果，同时通过植物拦截吸收初期雨水削减面源污染。挺水植被带边坡采用抛石处理，为微生物提供附着环境，为浮游动物、底栖生物提供生存活动环境，选择鸢尾、美人蕉、芦苇、旱伞草、花叶芦竹、再力花、梭鱼草等适应性强、水质净化效果好的本土植物。浮叶植物主要配置睡莲，定点分散点缀。

生物操纵：生物操纵是利用食物链摄取原理，通过改变水体生物群落结构，增强种间相互作用，从而减少浮游植物生物量，恢复生态平衡。其主要通过放养滤食性鱼类、螺类、贝类、虾类等，构建健康良好生态系统。水生动物品种及其生态学特性如表 8.18 所示。

表 8.18　水生动物品种及其生态学特性

序号	名称	生态学特性
1	鲢鱼	属于鲤科鲢属鱼类；生性活泼，善于跳跃；以浮游植物为主食，但是鱼苗阶段仍以浮游动物为食，稚鱼期以后鲢鱼主要以滤食浮游植物(藻类)为生，兼食浮游动物、腐屑和细菌聚合体等，是一种典型的浮游生物食性的鱼类
2	鳙鱼	属于鲤科鳙属鱼类；为温水性鱼类，适宜生长的水温为 25～30℃，能适应较肥沃的水体环境；性情温驯，行动迟缓；从鱼苗到成鱼阶段都是以浮游动物为主食，兼食浮游植物，是典型的浮游生物食性的鱼类
3	乌鱼	属于辐鳍鱼纲鲈形目鳢科；是生活在静水水体或水流缓慢水体中的一种凶猛肉食性鱼类，可有效控制罗非鱼；具有生长快、适应性和抗病力强特点
4	锦鲤	属于鲤科；杂食性鱼类，锦鲤生性温和，喜群游，易饲养，对水温适应性强；可生活于 5～30℃水温环境，生长水温为 21～27℃；适于生活在微碱性、硬度低的水质环境中
5	鲃鱼	属于鲤科；在江河的上游地带生活；主食植物、腐败的植物碎片和丝状藻类；产卵期约在 4 月
6	青虾	属于节肢动物门甲壳纲十足目游泳虾亚目长臂虾科沼虾属；杂食性动物；幼虾阶段以浮游生物为食，自然水域中成虾的主要食料是各种底栖小型无脊椎动物、水生动物的尸体、固着藻类、多种丝状藻类、有机碎屑、植物碎片等
7	环棱螺	属于田螺科环棱螺属动物；常栖息于河沟、湖泊、池沼、水库及水田内；喜松软底质、饵料丰富、水质清鲜的水域，特别喜群集于有微流水之处；食性杂，以水生植物嫩茎叶、细菌和有机碎屑等为食，夜间活动和摄食

待沉水植物生长稳定后，投放水生动物，鱼类、虾类采取人工投放的方式在水体中心投放，螺类、贝类在岸边以人工抛撒形式投放。

景观服务提升：重点打造小湖塘并将其作为街道社区的风水塘、景观塘，对景观要求较高，结合街道社区意见，融入当地文化要素，对小湖塘进行景观提升，主要包括栏杆修复、小湖塘及周边绿化园整治、休闲娱乐设施打造、景观小品打造等，为周边老百姓提供休闲健身场所，提升群众幸福感。

3. 设计特点解析

系统治理技术体系构建：完成系统治理技术体系的构建，该技术体系能够基于对小微水体的水污染负荷预测和来源边界分析，利用污染控制削减模块有效控制小微水体点源污染汇入，削减区域降水径流面源污染；进一步利用生态修复构建和长效管理模块实现小微水体水生生态系统的修复构建，提高城市以小湖塘为代表的小微水体对外界冲击的抗干扰能力，恢复水体自净能力，改善城市小微水体生态景观，提高其生态综合服务功能价值。

工程应用因地制宜模块集成：系统技术体系按照不同阶段和目标定位进行模块化集成，实现技术组合和集成的应用，加强技术应用的适宜范围；同时，还能够根据不同污染负荷、不同区域综合特征和不同目标定位，灵活、高效和科学合理地配置和组合相应的技术模块，从而形成针对性的工程解决方案。

关键核心技术措施创新研发：研发创新兼具水质净化和生态修复等多功能综合的生态强化净化措施，包括滨岸湿地、水下生态滤床湿地、多功能生态渗滤堰、滨岸梯级湿地；进一步提升目标生物生境构建工程技术和生物操控目标定向控制技术水平，为整体系统技术实施和可持续目标实现提供有力保障。

4. 建成效果及总体效益

1）建成效果

深圳市宝安区小湖塘整治项目于 2020 年 8 月基本完成所有生态修复治理工程措施，各个水塘逐步进入试运行维护管养阶段。水体水质逐步稳定达到地表水Ⅳ类及以上，水下沉水植物生长良好，可构建整体水下森林。生物操纵投放不同鱼类、底栖动物，逐步形成稳定的食物链。即使在大雨、暴雨等恶劣天气下，径流面源污染大量汇入，也未能对水塘已经建立的生态系统产生破坏影响，水体透明度基本在雨后 3 天左右即可恢复，初雨污染得到高效净化(图 8.86)。

2）总体效益

显著改善水塘生态环境：通过小湖塘系统治理，整个宝安片区的小湖塘在成功实现全面消除黑臭水体基本目标的基础上，进一步提升了整个片区范围内小湖塘水体生态环境，水体清澈见底，水下沉水植物生长茂盛，不同种类的水生动物分布在各个区域。

提高居民亲水体验满意度：分布在居住区的各个小湖塘不仅有效地对周边区域汇流初雨进行净化调蓄，还改变了原有的水体藻类暴发甚至黑臭的不良感观情形，逐渐成为周边群众聚集休闲和社交活动的重要场所，丰富周边群众亲水休闲体验选择，提高生态修复的重要性和良好水生态服务功能价值的重要性。

图 8.86　治理提升后小湖塘实景

　　生态修复技术积累及探究：工程实践积累以小湖塘为代表的小微水体生态治理经验，同时帮助明确未来重点攻关方向，主要包括：小微水体系统自稳定自平衡水平提升，降低运维成本投入；生态系统构建定量化、动态化、智慧化控制调控技术，提高技术应用效果；水体生态系统强化定向目标生物操控技术；结合景观生态学、风景园林工程、生态环境工程等学科技术，提高生态修复治理技术在城市景观水体打造、居住小区水体营建等领域的应用。

8.6.2　华东院西溪院区水系生态治理

1. 项目总体概况

华东院有限公司西溪院区水系总体水量为 $9500m^3$，院区范围排水系统建设完备，海绵措施应用布置相对完善，水系无明显污染负荷汇入。但是水系构建初期一直存在较为严重的水体浑浊问题，严重影响了水系观感(图 8.87)。为改善院区湖塘水系水质，以期提高院区水体透明度，改善水生生态系统状况，恢复健康的水生生态系统，华东院有限公司立项"城市自循环水系综合治理技术及应用研究"等课题，同步进行技术攻关和工程实施研究。

图 8.87　水系生态治理前状况

该项目系统研究了河湖水质生态净化技术，并通过集成技术进行综合实践应用。水质净化措施包括滨岸湿地、生态渗滤堰、沉砂池等，这些措施可进一步改善水质，利用水生植物恢复构建、水下森林群落构建、底栖生境修复技术等修复水生生态系统，并使生态系统实现整体协调、自我维持、自我演替的良性循环。经过系统治理和精细管理，院区水系逐步由浊变清，鱼虾活跃，为广大员工工作之余提供了良好的休闲体验自然环境(图 8.88)。

图 8.88　院区水系治理效果

2. 总体设计介绍

西溪院区水系治理重点结合华东院有限公司"城市自循环水系综合治理技术及应用研究"课题研究成果，保证各项技术措施的适用性，同时为未来推广应用提供支撑。以水生生态系统现状调研和评估为基础，重点利用水生生态系统生境数据和生态系统结构数据，进行水生生态系统评估与诊断。相关治理措施重点关注雨水面源污染控制和净化，雨水是河湖重要的外源污染源，同时也是河道重要的补水水源，采用的技术方法主要是植草沟-滞留塘技术、初雨弃流设施。植被缓冲带、水生植被带、生态护岸等将雨水净化后再引入河湖。此外，湖泊水动力条件的改善、环湖植被带的设置结合水下森林的构建和生物操纵实现水生生态系统的恢复和构建。西溪院区水系治理技术路线详见图 8.89，水系治理平面布置见图 8.90。

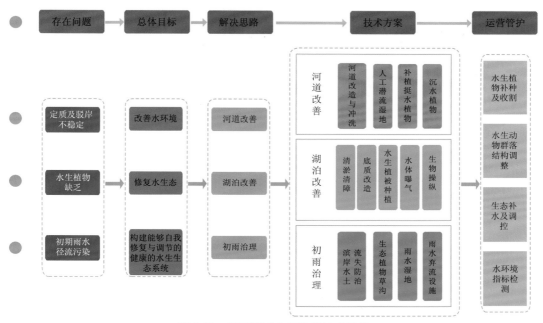

图 8.89 西溪院区水系治理技术路线

3. 设计特点解析

1) 科研成果工程应用

该课题专项研究结合华东院有限公司西溪院区整体场地特点，系统研究水质净化措施，改善水质，修复生水生态系统，强化水生生态系统的主要功能；集成河湖水质净化技术，并通过集成技术进行综合，配合以工程案例进行研究实践。

2) 基于生境诱导的水生生物群落构建技术

通过构建河床和河滩微生境，可以营造不同的微环境，并通过人工辅助生境诱导来实现特定的目标，利用植物群落自我恢复和自我设计的能力，促进湿地植物群落的演替，形成沿河链式复合结构与生物群落连续体，恢复水体健康。

① 湖底改造: 清淤清障、底质改良、沉水植被种植　　④ 沼泽湿地构建: 利用清淤的湖底淤泥, 种植水生植物　　⑦ 水土流失防治: 滨水植被带修复
② 生物操控: 沉水植生毯铺植、水生动物和微生物投放　　⑤ 初雨治理: 生态植草沟、雨水湿地建设　　　　　　　⑧ 植物棚: 密植挺水植物, 拦截和吸收污染物
③ 复氧曝气: 曝气造流, 提高水中溶解氧, 增强水体好氧微生物活性　　⑥ 水生植物群落构建: 挺水植物、浮叶植物、沉水植物种植

图 8.90　西溪院区水系治理平面布置

3) 浅水湖沼型水生态修复技术

浅水湖沼型水生态修复技术实施的关键在于微生境构建及水环境调控, 研发微生境调控关键技术, 如水生植被空间差异性配置、微地形局部水流调控等, 改善受损湖沼的环境流状况, 恢复水生生态系统功能。

4) 海绵城市构建技术

该治理工程系统应用海绵城市措施, 实现场地雨水资源的收集利用, 降低面源污染, 构建生态植草沟、截留井、下凹式绿地等海绵城市基础设施, 起到海绵城市建设示范效应。

4. 建成效果及总体效益

1) 建成效果

西溪院区水系通过面源污染控制、河道原位水质净化等技术处理后, 水质得到了改善, 随着生态系统的完善及水生植物等去污能力的逐渐发挥, 示范区域的水体水质尤其是透明度将得到进一步提升。

由图 8.91 可知, 西溪院区水系整治后, 院区水质得到明显改善, 高锰酸盐指标达到Ⅱ类水标准, 高锰酸盐指数从水系整治前的 4.17mg/L 平均降低到 2.53mg/L, 去除率达到 39.3%。

由图 8.92 可知, 西溪院区水系整治后, 院区水质浊度得到明显提升, 水系整治前断面浊度为 377NTU, 水系整治后监测断面浊度基本稳定在 100NTU 左右。

由图 8.93 可知, 西溪院区水系整治后, 氨氮指标基本能够达到地表水Ⅱ类水标准(小于 0.5mg/L)。

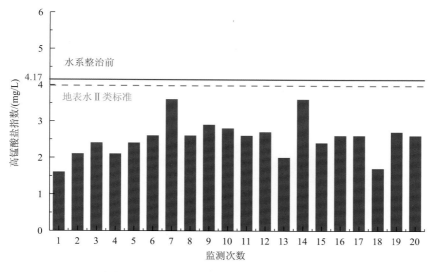

图 8.91　水系整治后断面高锰酸盐监测数据

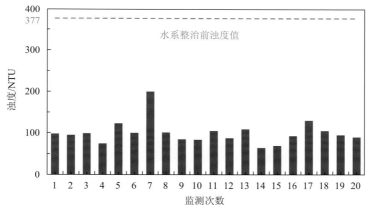

图 8.92　水系整治后断面浊度监测数据

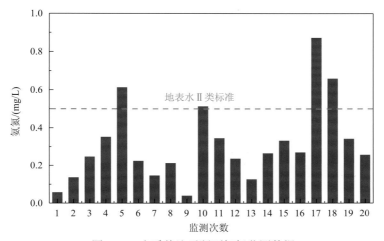

图 8.93　水系整治后断面氨氮监测数据

2）总体效益

显著改善院区生态环境：通过该项目治理，西溪院区水体环境得到极大改善，整体水面清澈见底，营造的"水清岸绿、鱼翔浅底"的水系生态环境，可以为院区员工的工作之余提供优良的休闲环境，舒缓各位员工紧张工作的心情和压力，使其更好地投入各项工作当中（图 8.94）。

图 8.94　西溪院区水系治理效果（实景照片）

系统的集成技术与示范：该项目集成并示范海绵城市构建的理念与具体措施，示范基于微生境构建的水生态调控技术和基于生境诱导的植被及水生生态系统修复技术，实现水生生态系统的修复。在基于微生境构建的水生态调控技术方面，特别是通过地形重塑，设计不同水深的微地形，形成具有不同且可调控的微生境。在基于生境诱导的植被及水生态系统修复技术方面，充分利用湿地植物群落的自然恢复与自我设计，辅以人工种植手段，促进湿地生物群落的自然恢复。基于工程实例进一步促进核心技术的推广应用。

市场营销展示平台：水系生态修复治理是院区生态与环境建设业务领域的主要业务方向。院区自身水系生态修复成果能够为到访的合作方、潜在业主提供更直观和可信的生态修复核心技术展示实例平台。

参 考 文 献

[1] 殷书柏, 李冰, 沈方. 湿地定义研究进展[J]. 湿地科学, 2014, 12(4): 504-514.

[2] 魏巍. 华北地区城市湿地公园设计研究: 以北京地区为例[D]. 北京: 北京林业大学, 2009.

[3] 田信桥, 伍佳佳. 对我国湿地概念法律化的思考[J]. 林业资源管理, 2011, (4): 9-15.

[4] 马学慧. 湿地的基本概念[J]. 湿地科学与管理, 2005, 1(1): 56-57.

[5] 赵德祥. 我国历史上沼泽的名称、分类及描述[J]. 地理科学, 1982, 2(1): 83-86.

[6] 王站付. 太湖亮河湾人工湿地修复区域浮游动物群落结构研究[D]. 上海: 上海师范大学, 2013.

[7] 徐琪. 湿地农田生态系统的特点及其调节[J]. 生态学杂志, 1989, 8(3): 8-13, 23.

[8] 孙登勇, 丁建萍. 认知湿地 保护湿地[J]. 农业装备技术, 2012, 38(1): 63-64.

[9] 王宪礼. 我国自然湿地的基本特点[J]. 生态学杂志, 1997, 16(4): 4.

[10] 陆健健, 何文珊, 童春富, 等. 湿地生态学[M]. 北京: 高等教育出版社, 2006.

[11] 唐小平, 黄桂林. 中国湿地分类系统的研究[J]. 林业科学研究, 2003, 16(5): 531-539.

[12] 庞云祥. "地球之肾": 我国湿地的现状与生态恢复[J]. 科技信息(学术研究), 2007, (24): 393, 395.

[13] 张永泽, 王烜. 自然湿地生态恢复研究综述[J]. 生态学报, 2001, 21(2): 309-314.

[14] Mitsch W J, Gosselink J G. Wetlands[M]. 4th ed. New York: John Wiley & Sons, 2007.

[15] 李冬林, 王磊, 丁晶晶, 等. 水生植物的生态功能和资源应用[J]. 湿地科学, 2011, 9(3): 290-296.

[16] 章光新, 张蕾, 冯夏清, 等. 湿地生态水文与水资源管理[M]. 北京: 科学出版社, 2014.

[17] 徐金英, 陈海梅, 王晓龙. 水深对湿地植物生长和繁殖影响研究进展[J]. 湿地科学, 2016, 14(5): 725-732.

[18] 姚鑫, 杨桂山, 万荣荣, 等. 水位变化对河流、湖泊湿地植被的影响[J]. 湖泊科学, 2014, 26(6): 813-821.

[19] 杨娇, 厉恩华, 蔡晓斌, 等. 湿地植物对水位变化的响应研究进展[J]. 湿地科学, 2014, 12(6): 807-813.

[20] Fu H, Lou Q, Dai T, et al. Hydrological gradients and functional diversity of plants drive ecosystem processes in Poyang Lake wetland[J]. Ecohydrology, 2018, 11(4): e1950.

[21] 祖笑艳, 李冠衡. 人工湿地植物影响因素研究进展评述[J]. 绿色科技, 2020, (2): 28-29.

[22] 李莉, 王晓燕, 张方方. 浅析水文要素对湿地生态系统的影响[J]. 山东水利, 2014, (2): 32-33.

[23] Costanza R, d'Arge R, de Groot R, et al. The value of the world's ecosystem services and natural capital[J]. Nature, 1997, 387(15): 253-260.

[24] 徐明华, 冯树丹, 孟祥楠, 等. 三江平原湿地生态服务功能重要性[J]. 国土与自然资源研究, 2012, (1): 59-60.

[25] 胡建军. 无锡市生态城市建设研究[D]. 上海: 同济大学, 2007.

[26] 谢永宏, 王克林, 任勃, 等. 洞庭湖生态环境的演变、问题及保护措施[J]. 农业现代化研究, 2007, 28(6): 677-681.

[27] 曹昀. 江滩湿地植物恢复的影响因子与技术研究[D]. 南京: 南京师范大学, 2007.

[28] 周益平, 邹菊香, 刘寿东, 等. 溱湖湿地生态系统服务价值评估研究[J]. 气象与环境学报, 2010, 26(2): 16-20.

[29] 戚登臣. 黄河上游玛曲县湿地退化现状、成因及保护对策[D]. 咸阳: 西北农林科技大学, 2006.

[30] 施恩. 组合潜流人工湿地处理污染河水的研究[D]. 青岛: 中国海洋大学, 2012.

[31] 潘科, 杨顺生, 陈钰. 人工湿地污水处理技术在我国的发展研究[J]. 四川环境, 2005, 24(2): 71-75.

[32] 王蓓. 人工湿地两种植物根际效应对六氯苯降解的影响研究[D]. 昆明: 云南大学, 2017.

[33] 彭思琪. 一种梯级式人工湿地——生态塘系统深度处理尾水技术研究[D]. 长沙: 中南林业科技大学, 2019.

[34] 张桢. 人工湿地的绿色结构设计初探[J]. 城市道桥与防洪, 2019, (11): 202-203, 23.

[35] 陈蓉. 基于绿色设计的里下河湿地观光景观规划[J]. 现代农业研究, 2021, 27(9): 96-97.

[36] 张耀宗. 人工湿地技术的研究进展[J]. 西南给排水, 2016, 38(3): 12-17.

[37] 吴树彪, 董仁杰. 人工湿地生态水污染控制理论与技术[M]. 北京: 中国林业出版社, 2016.

[38] Vymazal J, 卫婷, 赵亚乾, 等. 细数植物在人工湿地污水处理中的作用[J]. 中国给水排水, 2021, 37(2): 25-30.

[39] 陈永华, 吴晓芙. 人工湿地植物配置与管理[M]. 北京: 中国林业出版社, 2012.

[40] 肖尊东. 利用人工湿地处理采油废水的研究与实践[D]. 长春: 吉林大学, 2008.

[41] 庞长泷. 组合型潜流人工湿地净化效能及微生物强化作用分析[D]. 哈尔滨: 哈尔滨工业大学, 2016.

[42] 崔理华, 卢少勇. 污水处理的人工湿地构建技术[M]. 北京: 化学工业出版社, 2009.

[43] 叶捷. 潮汐流人工湿地处理污染河水研究[D]. 长沙: 湖南大学, 2011.

[44] 葛媛, 郑于聪, 王怡雯, 等. 复合人工湿地在水处理中的应用进展[J]. 环境科学与技术, 2018, 41(1): 99-108.

[45] 白峰青, 李冲, 朱文敏, 等. 秋冬季节复合人工湿地系统对污水净化效果研究[J]. 河北工程大学学报(自然科学版), 2009, 26(2): 45-47.

[46] 杨长明, 马锐, 山城幸, 等. 组合人工湿地对城镇污水处理厂尾水中有机物的去除特征研究[J]. 环境科学学报, 2010, 30(9): 1804-1810.

[47] Kinsley C B, Crolla A M, Kuyucak N, et al. Nitrogen dynamics in a constructed wetland system treating landfill leachate[J]. Water Science and Technology, 2007, 56(3): 151-158.

[48] Vymazal J. Removal of nutrients in various types of constructed wetlands[J]. Science of the Total Environment, 2007, 380(1-3): 48-65.

[49] von Felde K, Kunst S. N- and COD-removal in vertical-flow systems[J]. Water Science and Technology, 1997, 35(5): 79-85.

[50] 刘志平, 李国婉, 范家豪, 等. 复合人工湿地对新农村生活污水的净化效果[J]. 安徽农业科学, 2013, 41(13): 5872-5874, 5953.

[51] Vymazal J. Horizontal sub-surface flow and hybrid constructed wetlands systems for wastewater treatment[J]. Ecological Engineering, 2005, 25(5): 478-490.

[52] 崔理华, 楼倩, 周显宏, 等. 两种复合人工湿地系统对东莞运河污水的净化效果[J]. 生态环境学报, 2009, 18(5): 1688-1692.

[53] 陆琳琳. 人工湿地组合工艺处理污染河水研究[D]. 南京: 河海大学, 2007.

[54] 陈德强, 吴振斌, 成水平, 等. 人工湿地-氧化塘工艺组合对氮和磷去除效果研究[J]. 四川环境,

2004, 23（6）：4-6, 109.

[55] 梁冠亮, 赵庆良. 化学强化一级处理-人工湿地处理生活污水效果[J]. 环境科学与技术, 2009, 32（8）：134-138.

[56] 张勤, 周兴伟, 周健. 强化生物絮凝/三级人工湿地处理高浓度生活污水[J]. 中国给水排水, 2009, 25（1）：1-4.

[57] 王正芳, 张继彪, 郑正, 等. 物理强化复合人工湿地处理污水厂尾水实例[J]. 中国给水排水, 2013, 29（2）：75-77.

[58] 唐占一, 周利. 强化型人工湿地处理污水的研究进展[J]. 市政技术, 2015, 33（5）：130-134, 149.

[59] 廖波, 林武. 强化型垂直流人工湿地用于污水处理厂尾水深度处理[J]. 中国给水排水, 2013, 29（16）：74-77.

[60] 成水平, 王月圆, 吴娟. 人工湿地研究现状与展望[J]. 湖泊科学, 2019, 31（6）：1489-1498.

[61] Ding Y, Wang W, Liu X P, et al. Intensified nitrogen removal of constructed wetland by novel integration of high rate algal pond biotechnology[J]. Bioresource Technology, 2016, 219: 757-761.

[62] Seidel K. Abbau von bacterium coli durch höhere wasserpflanzen[J]. Naturwissenschaften, 1964, 51（16）：395-395.

[63] Seidel K. Reinigung von Gewässern durch höhere Pflanzen[J]. Naturwissenschaften, 1966, 53（12）：289-297.

[64] 冯培勇, 陈兆平, 靖元孝. 人工湿地及其去污机理研究进展[J]. 生态科学, 2002, 21（3）：264-268.

[65] Seidel K. Macrophytes and Water Purification[M]//Biological Control of Water Pollution. Philadelphia: University of Pennsylvania Press, 1976.

[66] 白晓慧, 王宝贞, 余敏, 等. 人工湿地污水处理技术及其发展应用[J]. 哈尔滨建筑大学学报, 1999, （6）：88-92.

[67] 张婷. 中国人工湿地工程建设的发展[J]. 引文版：工程技术, 2016, （6）：17-18.

[68] 张志政, 王惠, 张迪. 人工湿地在污水处理中的应用[J]. 山西化工, 2009, 29（5）：66-68.

[69] 许巧玲, 崔理华. 垂直流人工湿地对邻苯二甲酸二甲酯的去除效果研究[J]. 湿地科学, 2017, 15（2）：298-301.

[70] Liao P, Zhan Z, Dai J, et al. Adsorption of tetracycline and chloramphenicol in aqueous solutions by bamboo charcoal: A batch and fixed-bed column study[J]. Chemical Engineering Journal, 2013, 228: 496-505.

[71] Zhang D Q, Gersberg R M, Zhu J F, et al. Batch versus continuous feeding strategies for pharmaceutical removal by subsurface flow constructed wetland[J]. Environmental Pollution, 2012, 167: 124-131.

[72] Paranychianakis N V, Tsiknia M, Kalogerakis N. Pathways regulating the removal of nitrogen in planted and unplanted subsurface flow constructed wetlands[J]. Water Research, 2016, 102: 321-329.

[73] Chen Y, Wen Y, Tang Z, et al. Effects of plant biomass on bacterial community structure in constructed wetlands used for tertiary wastewater treatment[J]. Ecological Engineering, 2015, 84: 38-45.

[74] 卢少勇, 万正芬, 康兴生, 等. 《人工湿地水质净化技术指南》编制思路与体系[J]. 环境工程技术学报, 2021, 11（5）：829-836.

[75] 刘衍君. 人工湿地在污水处理中的应用及其展望[J]. 中山大学研究生学刊（自然科学与医学版）, 2003, （2）：34-39.

[76] 旋莹. 湿地生态系统处理废水的研究[J]. 农业环境科学学报, 1987, 6（2）：46-49.

[77] 俞孔坚, 李迪华, 孟亚凡. 湿地及其在高科技园区中的营造[J]. 中国园林, 2001, 17(2): 26-28.

[78] 朱彤, 许振武, 胡康萍, 等. 人工湿地污水处理系统应用研究[J]. 环境科学研究, 1991, 4(5): 17-22.

[79] 王久贤. 白泥坑人工湿地水力学计算研究[J]. 广东水利水电, 1997, (6): 50-52.

[80] 黄时达. 成都市活水公园人工湿地系统 10 年运行回顾[J]. 四川环境, 2008, 27(3): 66-70.

[81] 陈吉宁, 李广贺, 王洪涛. 滇池流域面源污染控制技术研究[J]. 中国水利, 2004, (9): 47-50, 5.

[82] Vymazal J, Brix H, Cooper P F, et al. Constructed Wetlands for Wastewater Treatment in Europe[M]. Leiden: Backhuys Publishers, 1998.

[83] 周琪. 人工湿地技术在污水处理与水环境保护中的应用及展望[J]. 给水排水, 2009, 45(1): 1-3.

[84] 张涛, 刘长娥, 陈桂发, 等. 人工湿地处理农村地区污水研究进展[J]. 上海农业学报, 2015, 31(3): 141-146.

[85] 魏志刚, 阮启刚, 邓祥义. 人工湿地技术的应用与发展[J]. 大众科技, 2005, 7(11): 95-96, 105.

[86] 唐松林, 周黎. 日本人工湿地和河湖岸带修复技术概况[J]. 江苏环境科技, 2006, 19(4): 43-45.

[87] 孙文全. 水耕蔬菜型人工湿地的应用研究[D]. 南京: 东南大学, 2004.

[88] 付融冰, 杨海真, 顾国维, 等. 潜流人工湿地对农村生活污水氮去除的研究[J]. 水处理技术, 2006, (1): 18-22.

[89] 孙亚兵, 冯景伟, 田园春, 等. 自动增氧型潜流人工湿地处理农村生活污水的研究[J]. 环境科学学报, 2006, 26(3): 404-408.

[90] 连小莹, 金秋, 李先宁, 等. 人工湿地对农村生活污水的处理效果研究[J]. 中国农村水利水电, 2011, (2): 1-3, 7.

[91] 林武, 廖波. 生态工程组合工艺应用于城市污水处理厂尾水深度处理[J]. 环境保护与循环经济, 2013, 33(7): 34-38.

[92] 范远红, 崔理华, 林运通, 等. 不同水生植物类型表面流人工湿地系统对污水厂尾水深度处理效果[J]. 环境工程学报, 2016, 10(6): 2875-2880.

[93] 韩成铁. 人工湿地技术在污水深度处理中的设计与应用[J]. 城市道桥与防洪, 2016, (6): 160-163, 16.

[94] 禹浩, 彭书传, 王进, 等. 尾水潜流湿地处理系统水力学特征与污染物分布研究[J]. 给水排水, 2016, 52(S1): 33-37.

[95] 杨敦, 徐丽花, 周琪. 潜流式人工湿地在暴雨径流污染控制中应用[J]. 农业环境保护, 2002, 21(4): 334-336.

[96] 徐丽花, 周琪. 不同填料人工湿地处理系统的净化能力研究[J]. 上海环境科学, 2002, (10): 603-605.

[97] 石文娟, 刘辉, 张学洪, 等. 应用人工湿地控制降雨径流污染的实验研究[J]. 西南给排水, 2007, 29(2): 20-23.

[98] 张荣社. 人工湿地去除农业区暴雨径流中氮磷的研究[D]. 上海: 同济大学, 2003.

[99] 肖海文, 翟俊, 邓荣森, 等. 处理生态住宅区雨水径流的人工湿地运行特性研究[J]. 中国给水排水, 2008, 24(11): 34-38.

[100] 单保庆, 陈庆锋, 尹澄清. 塘-湿地组合系统对城市旅游区降雨径流污染的在线截控作用研究[J]. 环境科学学报, 2006, 26(7): 1068-1075.

[101] 王凤平, 罗晓, 程娅先, 等. 人工湿地在城市河道水质改善中的应用[J]. 煤炭与化工, 2015,

38(8): 150-153.

[102] 张淑萍, 欧阳峰. 人工湿地处理城镇生活污水的应用研究: 以成都市龙泉驿区鸡头河污染治理项目为例[J]. 科技信息, 2010, (3): 368, 394.

[103] 林恒兆. 人工湿地技术对河道内湖水体及污水厂尾水进行深度处理的效用性分析[J]. 环境与发展, 2018, 30(8): 182-183.

[104] 王硕, 刘恋, 熊芨. 表面流-垂直流人工湿地用于某受污染河道水质净化[J]. 中国给水排水, 2017, 33(24): 95-98, 103.

[105] 郑骏宇, 楼倩, 郑离妮, 等. 化学强化-复合人工湿地组合工艺对东莞运河污水的处理效果[J]. 环境工程学报, 2016, 10(5): 2344-2348.

[106] 华莹珺. 污水处理型湿地景观营造研究——以杭州横溪湿地公园为例[D]. 杭州: 浙江农林大学, 2019.

[107] 麻汇, 刘同凯. 人工湿地技术在水景观设计中的应用[J]. 城市建设与商业网点, 2009, (27): 152-153.

[108] 俞孔坚. 城市景观作为生命系统: 2010 年上海世博后滩公园[J]. 建筑学报, 2010, (7): 30-35.

[109] 黄锦楼, 陈琴, 许连煌. 人工湿地在应用中存在的问题及解决措施[J]. 环境科学, 2013, 34(1): 401-408.

[110] Cookson W R, Cornforth I S, Rowarth J S. Winter soil temperature (2-15℃) effects on nitrogen transformations in clover green manure amended or unamended soils; a laboratory and field study[J]. Soil Biology & Biochemistry, 2002, 34(10): 1401-1415.

[111] 聂志丹, 年跃刚, 李林锋, 等. 水力负荷及季节变化对人工湿地处理效率的影响[J]. 给水排水, 2006, 32(11): 28-31.

[112] 汪映萍, 张平. 低温污水强化处理工艺研究[C]. 温州: 2008 年度全国建筑给水排水委员会给水分会·热水分会·青年工程师协会联合年会, 2008.

[113] Kadlec R H, Wallace S C. Treatment Wetlands Second Edition[M]. Boca Raton: CRC Press LLC, 2009.

[114] 刘振东, 汪健. 模块化人工湿地在农村生活污水处理中的应用[J]. 绿色科技, 2016, (2): 45-47.

[115] 邵丽, 林志祥, 张洪海, 等. 人工湿地存在的问题及解决措施[J]. 云南农业大学学报(自然科学版), 2009, (4): 603-606, 613.

[116] Szczepański A. Allelopathy as a means of biological control of water weeds[J]. Aquatic Botany, 1977, 3: 193-197.

[117] 杨思璐, 闻岳, 李剑波, 等. 人工湿地处理系统的生命周期成本评估[J]. 中国给水排水, 2007, 23(12): 6-10.

[118] USEPA. Manual, Constructed Wetlands Treatment of Municipal Wastewaters[M]. Lancaster: DIANE Publishing, 2000.

[119] 赵艳红, 董文华, 郑小飞. 人工湿地在新农村生活污水处理中的应用[J]. 工业安全与环保, 2012, 38(8): 67-69.

[120] 乔峤. 人工湿地生态修复技术标准研究[J]. 中国标准化, 2017, (24): 10-11.

[121] 张宏英. 循环经济的实质及其具体实践[D]. 石家庄: 河北师范大学, 2006.

[122] 晋苗. 什么是循环经济[J]. 山西农经, 2005, (3): 67.

[123] 宋思远, 张帆, 张海飞, 等. 安徽湿地生态系统服务价值评估及生态经济分析[J]. 湿地科学与管

理, 2017, 13（3）: 21-26.

[124] 董金凯, 贺锋, 肖蕾, 等. 人工湿地生态系统服务综合评价研究[J]. 水生生物学报, 2012, 36（1）: 109-118.

[125] 陈永华, 吴晓芙, 郝君, 等. 人工湿地植物应用现状与问题分析[J]. 中国农学通报, 2011, 27（31）: 88-92.

[126] 谢素艳. 加强生态文明建设　推动大连科学发展[J]. 大连干部学刊, 2013, 29（2）: 58-61.

[127] 蔡妙珍, 罗安程, 章永松, 等. 水稻根表铁膜对磷的富集作用及其与水稻磷吸收的关系[J]. 中国水稻科学, 2003, 17（2）: 187-190.

[128] 龚紫娟, 张青田. 生物扰动影响沉积物理化特征的研究进展[J]. 海洋湖沼通报, 2022, 44（2）: 166-172.

[129] 宋金明, 李延, 朱忠斌. Eh 和海洋沉积物氧化还原环境的关系[J]. 海洋通报, 1990, 9（4）: 33-39.

[130] 于天仁. 土壤的电化学性质及其研究法[M]. 北京: 科学出版社, 1965.

[131] 姚爱军, 季国亮, 于天仁. 伏安法在土壤氧化还原领域的应用（I）[J]. 中山大学学报论丛, 2002, （5）: 214-2016.

[132] 尹军, 崔玉波. 人工湿地污水处理技术[M]. 北京: 化学工业出版社, 2006.

[133] Le Mer J, Roger P. Production, oxidation, emission and consumption of methane by soils: A review[J]. European Journal of Soil Biology, 2001, 37（1）: 25-50.

[134] Mitsch W J, Gosselink J. The value of wetlands: Importance of scale and landscape setting[J]. Ecological Economics, 2000, 35（1）: 25-33.

[135] 段晓男, 王效科, 尹弢, 等. 湿地生态系统固碳潜力研究进展[J]. 生态环境, 2006, 15（5）: 1091-1095.

[136] 刘赵文. 湿地生态系统的碳循环研究进展[J]. 安徽农学通报, 2017, 23（6）: 121-124, 138.

[137] 田应兵. 湿地土壤碳循环研究进展[J]. 长江大学学报（自然科学版）, 2005, 2（8）: 1-4.

[138] 张文菊, 童成立, 赵世伟, 等. 湿地碳循环过程与计算机模拟研究[J]. 西北植物学报, 2003, 23（6）: 1049-1055.

[139] Bailey J E, Ollis D F. Biochemical Engineering Fundamentals[M]. New York: McGraw-Hill, 1986.

[140] Knight R L, Kadlec R H. Treatment Wetlands[M]. Boca Raton: CRC Press LLC, 1996.

[141] Kadlec R H. Hydrological Factors in Wetland Water Treatment[M]. Boca Raton: CRC Press, 1992.

[142] Susarla S, Medina V F, McCutcheon S C. Phytoremediation: An ecological solution to organic chemical contamination[J]. Ecological Engineering, 2002, 18（5）: 647-658.

[143] Hong M S, Farmayan W F, Dortch I J, et al. Phytoremediation of MTBE from a groundwater plume[J]. Environmental Science & Technology, 2001, 35（6）: 1231-1239.

[144] Ma X, Burken J G. TCE diffusion to the atmosphere in phytoremediation applications[J]. Environmental Science & Technology, 2003, 37（11）: 2534-2539.

[145] Grove J K, Stein O R. Polar organic solvent removal in microcosm constructed wetlands[J]. Water Research, 2005, 39（16）: 4040-4050.

[146] Polprasert C, Dan N P, Thayalakumaran N. Application of constructed wetlands to treat some toxic wastewaters under tropical conditions[J]. Water Science & Technology, 1996, 34（11）: 165-171.

[147] Bankston J L, Sola D L, Komor A T, et al. Degradation of trichloroethylene in wetland microcosms containing broad-leaved cattail and eastern cottonwood[J]. Water Research, 2002, 36（6）: 1539-1546.

[148] Wallace S D. On-site remediation of petroleum contact wastes using subsurface-flow wetlands[M]// Nehring K W, Brauning S E. Wetlands and Remediation II. Proceedings of the Second International Conference on Wetlands & Remediation. Columbus: Battelle Press, 2002: 125-132.

[149] 杨洋. 人工湿地去除污染河水有机物的研究[D]. 西安: 西安建筑科技大学, 2013.

[150] 钟润生, 张锡辉, 管运涛, 等. 三维荧光指纹光谱用于污染河流溶解性有机物来源示踪研究[J]. 光谱学与光谱分析, 2008, 28(2): 347-351.

[151] 贾陈忠, 孔淑琼, 张彩香. 溶解性有机物的特征及对环境污染物的影响[J]. 广州化工, 2012, 40(3): 98-100.

[152] 丁疆华, 舒强. 人工湿地在处理污水中的应用[J]. 农业环境保护, 2000, 19(5): 320-321.

[153] Newman L A, Reynolds C M. Phytodegradation of organic compounds[J]. Current Opinion in Biotechnology, 2004, 15(3): 225-230.

[154] Wang X, Dossett M P, Gordon M P, et al. Fate of carbon tetrachloride during phytoremediation with poplar under controlled field conditions[J]. Environmental Science & Technology, 2004, 38(21): 5744-5749.

[155] 毛莉, 唐玉斌, 陈芳艳, 等. 难降解有机物污染水体微生物修复研究进展[J]. 净水技术, 2007, 26(1): 34-38.

[156] 冯琳. 潜流人工湿地中有机污染物降解机理研究综述[J]. 生态环境学报, 2009, 18(5): 2006-2010.

[157] 蒋玲燕. 潜流人工湿地降解受污染水体中有机物研究[D]. 上海: 同济大学, 2007.

[158] Comín F A, Romero J A, Astorga V, et al. Nitrogen removal and cycling in restored wetlands used as filters of nutrients for agricultural runoff[J]. Water Science and Technology, 1997, 35(5): 255-261.

[159] Cooper P F A, Job G D, Green M B, et al. Reed beds and constructed wetlands for wastewater treatment[J]. Water Pollution Control, 1997, 6: 49.

[160] de la Varga D, Ruiz I, Soto M. Winery wastewater treatment in subsurface constructed wetlands with different bed depths[J]. Water, Air, and Soil Pollution, 2013, 224(4): 1485.

[161] 贺锋, 吴振斌. 水生植物在污水处理和水质改善中的应用[J]. 植物学通报, 2003, 38(6): 641-647.

[162] Vymazal J. The use of sub-surface constructed wetlands for wastewater treatment in the Czech Republic: 10 years experience[J]. Ecological Engineering, 2002, 18(5): 633-646.

[163] 项学敏, 宋春霞, 李彦生, 等. 湿地植物芦苇和香蒲根际微生物特性研究[J]. 环境保护科学, 2004, 30(4): 35-38.

[164] 史进. 两种人工湿地处理效果及其生态因子比较[D]. 武汉: 华中科技大学, 2008.

[165] Vymazal J. Removal of BOD$_5$ in constructed wetlands with horizontal sub-surface flow: Czech experience[J]. Water Science & Technology, 1999, 40(3): 113-138.

[166] Barber L B, Leenheer J A, Noyes T I, et al. Nature and transformation of dissolved organic matter in treatment wetlands[J]. Environmental Science & Technology, 2001, 35(24): 4805-4816.

[167] 凌婉婷, 徐建民, 高彦征, 等. 溶解性有机质对土壤中有机污染物环境行为的影响[J]. 应用生态学报, 2004, 15(2): 326-330.

[168] McLatchey G P, Reddy K R. Regulation of organic matter decomposition and nutrient release in a wetland soil[J]. Journal of Environmental Quality, 1998, 27(5): 1268-1274.

[169] 白军红, 邓伟, 朱颜明. 湿地生物地球化学过程研究进展[J]. 生态学杂志, 2002, 21(1): 53-57.

[170] 崔保山, 刘兴土. 湿地生态系统设计的一些基本问题探讨[J]. 应用生态学报, 2001, 12(1):

145-150.

[171] Glenn E, Thompson L, Frye R, et al. Effects of salinity on growth and evapotranspiration of *Typha domingensis* Pers.[J]. Aquatic Botany, 1995, 52（1-2）: 75-91.

[172] 梁继东, 周启星, 孙铁珩. 人工湿地污水处理系统研究及性能改进分析[J]. 生态学杂志, 2003, 22（2）: 49-55.

[173] 石雷, 王宝贞, 曹向东, 等. 深圳沙田潜流式人工湿地的运行效能研究[J]. 哈尔滨商业大学学报（自然科学版）, 2004, 20（6）: 696-700.

[174] 姜新佩, 张欢, 李莹, 等. 人工湿地中不同植物对生活污水的净化研究[J]. 河北工程大学学报（自然科学版）, 2014, 31（2）: 59-63.

[175] 张迎颖. 潜流人工湿地处理农村生活污水的工艺研究[D]. 南京: 南京农业大学, 2009.

[176] 卢少勇, 金相灿, 余刚. 人工湿地的氮去除机理[J]. 生态学报, 2006, 26（8）: 2670-2677.

[177] 路丁. 人工湿地水质净化实践应用研究[J]. 能源与环境, 2021, （4）: 105-106.

[178] Hu Y, He F, Ma L, et al. Microbial nitrogen removal pathways in integrated vertical-flow constructed wetland systems[J]. Bioresource Technology, 2016, 207: 339-345.

[179] Du L, Trinh X, Chen Q, et al. Enhancement of microbial nitrogen removal pathway by vegetation in Integrated Vertical-Flow Constructed Wetlands（IVCWs）for treating reclaimed water[J]. Bioresource Technology, 2018, 249: 644-651.

[180] 吕凯, 季文芳, 韩萍芳, 等. 超声、臭氧处理石化污水厂剩余活性污泥研究[J]. 环境工程学报, 2009, 3（5）: 907-910.

[181] Thamdrup B. New pathways and processes in the global nitrogen cycle[J]. Annual Review of Ecology, Evolution, and Systematics, 2012, 43（1）: 407-428.

[182] 丁怡, 宋新山, 严登华. 影响潜流人工湿地脱氮主要因素及其解决途径[J]. 环境科学与技术, 2011, 34（S2）: 103-106.

[183] Kuschk P, Wiessner A, Kappelmeyer U, et al. Annual cycle of nitrogen removal by a pilot-scale subsurface horizontal flow in a constructed wetland under moderate climate[J]. Water Research, 2003, 37（17）: 4236-4242.

[184] 王世和, 王薇, 俞燕. 水力条件对人工湿地处理效果的影响[J]. 东南大学学报（自然科学版）, 2003, 33（3）: 359-362.

[185] Lim P E, Wong T F, Lim D V. Oxygen demand, nitrogen and copper removal by free-water-surface and subsurface-flow constructed wetlands under tropical conditions[J]. Environment International, 2001, 26（5-6）: 425-431.

[186] 鄢璐, 王世和, 钟秋爽, 等. 强化供氧条件下潜流型人工湿地运行特性[J]. 环境科学, 2007, 28（4）: 4736-4741.

[187] White S A, Taylor M D, Albano J P, et al. Phosphorus retention in lab and field-scale subsurface-flow wetlands treating plant nursery runoff[J]. Ecological Engineering, 2011, 37（12）: 1968-1976.

[188] 白雪莹. 人工湿地填料锰砂深度脱氮除磷特征及影响因素[D]. 绵阳: 西南科技大学, 2021.

[189] Yang B, Lan C Y, Yang C S, et al. Long-term efficiency and stability of wetlands for treating wastewater of a lead/zinc mine and the concurrent ecosystem development[J]. Environmental Pollution, 2006, 143（3）: 499-512.

[190] Geary P, Moore J A. Suitability of a treatment wetland for dairy wastewaters[J]. Water Science and

Technology, 1999, 40(3): 179-185.

[191] 张荣社, 周琪, 史云鹏, 等. 潜流构造湿地去除农田排水中磷的效果[J]. 环境科学, 2003, 24(4): 105-108.

[192] 孙权, 郑正, 周涛. 人工湿地污水处理工艺[J]. 污染防治技术, 2001, 14(4): 20-23.

[193] Wang N, Mitsch W J. A detailed ecosystem model of phosphorus dynamics in created riparian wetlands[J]. Ecological Modelling, 2000, 126(2-3): 101-130.

[194] 陈永华, 吴晓芙, 何钢, 等. 人工湿地污水处理系统中的植物效应与基质酶活性[J]. 生态学报, 2009, 29(11): 6051-6058.

[195] 张荣社, 李广贺, 周琪, 等. 潜流湿地中植物对脱氮除磷效果的影响中试研究[J]. 环境科学, 2005, 26(4): 83-86.

[196] 王鹏, 董仁杰, 吴树彪, 等. 水力负荷对潜流湿地净化效果和氧环境的影响[J]. 水处理技术, 2009, 35(12): 48-52.

[197] 雒维国, 王世和, 黄娟, 等. 潜流型人工湿地冬季污水净化效果[J]. 中国环境科学, 2006, 26(S1): 32-35.

[198] 叶建锋, 徐祖信, 李怀正, 等. 模拟钢渣垂直潜流人工湿地的除磷性能分析[J]. 中国给水排水, 2006, 22(9): 62-64, 68.

[199] 李林永, 王敦球, 张华, 等. 煤渣作为人工湿地除磷基质的性能评价[J]. 桂林理工大学学报, 2011, 31(2): 246-251.

[200] Du G, Huang L, Gao X, et al. Number of microbe and relationship between it and removal of pollutants in constructed wetlands[J]. Wetland Science, 2013, 11(1): 13-20.

[201] 尹炜, 李培军, 傅金祥, 等. 潜流人工湿地不同基质除磷研究[J]. 沈阳建筑大学学报(自然科学版), 2006, 22(6): 985-988.

[202] Whitney D M, Chalmers A G, Haines E B, et al. The Cycles of Nitrogen and Phosphorus[M]//The Ecology of a Salt Marsh. New York: Springer, 1981.

[203] 李亚峰, 刘佳, 王晓东, 等. 垂直流人工湿地在寒冷地区的应用[J]. 沈阳建筑大学学报(自然科学版), 2006, 22(2): 281-284.

[204] 胡静, 董仁杰, 吴树彪, 等. 脱水铝污泥对水溶液中磷的吸附作用研究[J]. 水处理技术, 2010, 36(5): 42-45.

[205] 刘志寅, 尤朝阳, 肖晓强, 等. 人工湿地填料除磷影响因素研究[J]. 水处理技术, 2011, 37(10): 50-54, 59.

[206] 李林锋, 年跃刚, 蒋高明. 植物吸收在人工湿地脱氮除磷中的贡献[J]. 环境科学研究, 2009, 22(3): 337-342.

[207] 吴振斌, 贺峰, 程旺元, 等. 极谱法测定无氧介质中根系氧气输导[J]. 植物生理学报, 2000, (3): 177-180.

[208] 曹世玮, 陈卫, 荆肇乾. 高钙粉煤灰陶粒对人工湿地强化除磷机制[J]. 中南大学学报(自然科学版), 2012, 43(12): 4939-4943.

[209] 袁东海, 景丽洁, 高士祥, 等. 几种人工湿地基质净化磷素污染性能的分析[J]. 环境科学, 2005, 26(1): 51-55.

[210] Rogers K H, Breen P F, Chick A J. Aquatic Plants in experimental removal Nitrogen evidence treatment systems: The role of aquatic wetland for plants[J]. Water Pollution Control, 1991, 63(7):

934-941.

[211] Pijuan M, Saunders A M, Guisasola A, et al. Enhanced biological phosphorus removal in a sequencing batch reactor using propionate as the sole carbon source[J]. Biotechnology and Bioengineering, 2004, 85(1): 56-67.

[212] 张顺, 田晴, 汤曼琳, 等. 磷回收对厌氧/好氧交替式生物滤池蓄磷/除磷的影响[J]. 环境科学, 2014, 35(3): 979-986.

[213] 宁可佳. 重金属在新型复合型人工湿地中的去除、迁移及累积规律[D]. 重庆: 重庆大学, 2011.

[214] van Ryssen R, Leermakers M, Baeyens W. The mobilisation potential of trace metals in aquatic sediments as a tool for sediment quality classification[J]. Environmental Science & Policy, 1999, 2(1): 75-86.

[215] 曹婷婷, 王欢元, 孙婴婴. 复合人工湿地系统对重金属的去除研究[J]. 环境科学与技术, 2017, 40(S1): 230-236.

[216] 杨金燕, 杨肖娥, 何振立, 等. 土壤中铅的吸附-解吸行为研究进展[J]. 生态环境学报, 2005, (1): 102-107.

[217] Wiessner A, Kappelmeyer U, Kuschk P, et al. Influence of the redox condition dynamics on the removal efficiency of a laboratory-scale constructed wetland[J]. Water Research, 2005, 39(1): 248-256.

[218] 曹婷婷. 人工湿地不同工艺对重金属的去除研究[D]. 西安: 长安大学, 2015.

[219] 阳承胜, 蓝崇钰, 束文圣. 重金属在宽叶香蒲人工湿地系统中的分布与积累[J]. 水处理技术, 2002, 28(2): 101-104.

[220] 陈桂葵, 陈桂珠. 白骨壤模拟湿地系统中 Pb 的分布、迁移及其净化效应[J]. 生态科学, 2005, 24(1): 28-30, 34.

[221] Noller B N, Woods P H, Ross B J. Case studies of wetland filtration of mine waste water in constructed and naturally occurring systems in Northern Australia[J]. Water Science & Technology, 1994, 29(4): 257-265.

[222] 谭长银, 刘春平, 周学军, 等. 湿地生态系统对污水中重金属的修复作用[J]. 水土保持学报, 2003, 17(4): 67-70.

[223] Hallberg K B, Johnson D B. Biological manganese removal from acid mine drainage in constructed wetlands and prototype bioreactors[J]. Science of the Total Environment, 2005, 338(1-2): 115-124.

[224] Sriyaraj K, Shutes R. An assessment of the impact of motorway runoff on a pond, wetland and stream[J]. Environment International, 2001, 26(5): 433-439.

[225] Ye Z H, Whiting S N, Qian J H, et al. Trace element removal from coal ash leachate by a 10-year-old constructed wetland[J]. Journal of Environmental Quality, 2001, 30(5): 1710-1719.

[226] Jentschke G, Godbold D L. Metal toxicity and ectomycorrhizas[J]. Physiologia Plantarum, 2000, 109(2): 107-116.

[227] 沈振国, 刘友良. 重金属超量积累植物研究进展[J]. 植物生理学通讯, 1998, (2): 133-139.

[228] Moffat A S. Plants proving their worth in toxic metal cleanup[J]. Science, 1995, 269(5222): 302-303.

[229] Rugh C L, Wilde H D, Stack N M, et al. Mercuric ion reduction and resistance in transgenic arabidopsis thaliana plants expressing a modified bacterial merA gene[J]. Proceedings of the National Academy of Sciences, 1996, 93(8): 3182-3187.

[230] MacFarlane G R, Koller C E, Blomberg S P. Accumulation and partitioning of heavy metals in mangroves: A synthesis of field-based studies[J]. Chemosphere, 2007, 69(9): 1454-1464.

[231] 徐健, 张德纯, 周广. 微生物在城市污水处理系统中的应用与展望[J]. 中国微生态学杂志, 2006, 18(1): 75, 77.

[232] 于荣丽, 李亚峰, 孙铁珩. 人工湿地污水处理技术及其发展现状[J]. 工业安全与环保, 2006, 32(9): 29-31.

[233] 陈素华, 孙铁珩, 周启星, 等. 微生物与重金属间的相互作用及其应用研究[J]. 应用生态学报, 2002, 13(2): 239-242.

[234] 刘清, 王子健, 汤鸿霄. 重金属形态与生物毒性及生物有效性关系的研究进展[J]. 环境科学, 1996, 17(1): 89-92.

[235] 祝云龙, 姜加虎. 湖泊湿地沉积物重金属污染的研究现状与进展[J]. 安徽农业科学, 2010, 38(22): 11902-11905, 11928.

[236] Förstner U, Wittmann G T W. Metal Pollution in the Aquatic Environment[M]. Heidelberg: Springer-verlay Berlin Heidelberg, 1983.

[237] Stone M, Droppo I G. Distribution of lead, copper and zinc in size-fractionated river bed sediment in two agricultural catchments of southern Ontario, Canada[J]. Environmental Pollution, 1996, 93(3): 353-362.

[238] Tack F, Callewaert O, Verloo M. Metal solubility as a function of pH in a contaminated, dredged sediment affected by oxidation[J]. Environmental Pollution, 1996, 91(2): 199-208.

[239] 陈雪龙, 齐艳萍. 重金属元素在湿地生态系统中的迁移与分配[J]. 水土保持通报, 2013, 33(4): 279-283.

[240] Baker A J M, Brooks R R, Pease A J, et al. Studies on copper and cobalt tolerance in three closely related taxa within the genus *Silene* L. (Caryophyllaceae) from Zaïre[J]. Plant & Soil, 1983, 73: 377-385.

[241] 寇丹丹, 邹书成. 人工湿地处理重金属废水技术的研究现状[J]. 环境, 2011, (S1): 44-47.

[242] 王科, 李红. 重金属超积累植物浅谈[J]. 萍乡高等专科学校学报, 2008, 25(3): 88-91.

[243] Yang X, Long X, Ni W, et al. *Sedum alfredii* H: A new Zn hyperaccumulating plant first found in China[J]. Chinese Science Bulletin, 2002, 47: 1634-1637.

[244] Zhao F J, Dunham J, McGrath S. Arsenic hyperaccumulation by different fern species[J]. New Phytologist, 2002, 156(1): 27-31.

[245] 李东旭, 文雅. 超积累植物在重金属污染土壤修复中的应用[J]. 科技情报开发与经济, 2011, 21(1): 177-181.

[246] Baker A J W, Mcgrath S P, Sidoli C M D, et al. The possibility of in situ heavy metal decontamination of polluted soils using crops of metal-accumulating plants[J]. Resources Conservation and Recycling, 1994, 11(1-4): 41-49.

[247] Shukla S R, Skhardande V D. Column studies on metal ion removal by dyed cellulosic materials[J]. Journal of Applied Polymer Science, 1992, 44(5): 903-910.

[248] 周海兰. 人工湿地在重金属废水处理中的应用[J]. 环境科学与管理, 2007, 32(9): 89-91, 114.

[249] Sturman P J, Stein O R, Vymazal J, et al. Sulfur Cycling in Constructed Wetlands[M]//Wastewater Treatment, Plant Dynamics and Management in Constructed and Natural Wetland. Berlin: Springer,

2008: 329-344.

[250] Lens P N L, Visser A, Janssen A J H, et al. Biotechnological treatment of sulfate-rich wastewaters[J]. Critical Reviews in Environmental Science and Technology, 1998, 28(1): 41-88.

[251] 秦天悦, 邢保山, 张珏, 等. 人工湿地污水处理系统中硫的转化过程[J]. 杭州师范大学学报(自然科学版), 2015, 14(1): 66-71.

[252] Wiessner A, Gonzalias A E, Kästner M, et al. Effects of sulphur cycle processes on ammonia removal in a laboratory-scale constructed wetland planted with Juncus effusus[J]. Ecological Engineering, 2008, 34(2): 162-167.

[253] Stein O R, Hook P B. Temperature, plants, and oxygen: How does season affect constructed wetland performance?[J]. Environmental Letters, 2005, 40(6/7): 1331-1342.

[254] Holmer M, Storkholm P. Sulphate reduction and sulphur cycling in lake sediments: A review[J]. Freshwater Biology, 2001, 46: 431-451.

[255] Kosolapov D B, Kuschk P, Vainshtein M B, et al. Review microbial processes of heavy metal removal from carbon-deficient effluents in constructed wetlands[J]. Engineering in Life Sciences, 2004, 4(5): 403-411.

[256] Wiessner A, Rahman K, Kuschk P, et al. Dynamics of sulphur compounds in horizontal sub-surface flow laboratory-scale constructed wetlands treating artificial sewage[J]. Water Research, 2010, 44(20): 6175-6185.

[257] 吴琼, 翟莹, 陈旭, 等. 国内人工湿地规范表流湿地设计比较分析[J]. 资源节约与环保, 2021, (9): 11-12.

[258] 常雅婷, 卫婷, 嵇斌, 等. 国内各地区人工湿地相关规范/规程对比分析[J]. 中国给水排水, 2019, 35(8): 27-33.

[259] 住房和城乡建设部标准定额研究所. 人工湿地污水处理技术导则 RISN-TG006—2009[M]. 北京: 中国建筑工业出版社, 2009.

[260] 李辉. 隰县玉露香梨经济林退耕还林生态效益研究[J]. 山西林业, 2021, (5): 34-35.

[261] 崔丽娟. 湿地恢复手册[M]. 北京: 中国建筑工业出版社, 2006.

[262] 叶春, 金相灿, 王临清, 等. 洱海湖滨带生态修复设计原则与工程模式[J]. 中国环境科学, 2004, 24(6): 717-721.

[263] 崔丽娟, 张曼胤, 李伟, 等. 湿地基质恢复研究[J]. 世界林业研究, 2011, 24(3): 11-15.

[264] 孙儒泳. 基础生态学[M]. 北京: 高等教育出版社, 2002.

[265] 刘晖, 董芦笛, 刘洪莉. 生态环境营造与景观设计[J]. 城市建筑, 2007, (5): 11-13.

[266] 李洪远, 孟伟庆. 湿地中的植物入侵及湿地植物的入侵性[J]. 生态学杂志, 2006, 25(5): 577-580.

[267] 陈林, 辛佳宁, 苏莹, 等. 异质生境对荒漠草原植物群落组成和种群生态位的影响[J]. 生态学报, 2019, 39(17): 6187-6205.

[268] 高杨. 土壤营养异质性对鹅绒委陵菜种群分布格局和空间拓展的影响[D]. 长春: 东北师范大学, 2014.

[269] 徐远杰, 林敦梅, 石明, 等. 云南哀牢山常绿阔叶林的空间分异及其影响因素[J]. 生物多样性, 2017, 25(1): 23-33.

[270] 向欣. 苏州古典园林营造手法的生态学分析[D]. 西安: 西安建筑科技大学, 2018.

[271] 宋海龙. 城市湿地公园植物景观设计研究——以菱湖渚湿地公园为例[D]. 西安: 西安建筑科技

大学, 2016.

[272] 曲媛媛, 王爱杰, 何甜甜. 浅谈河道生态护岸[J]. 水利科技与经济, 2009, 15(7): 619-620.

[273] 竺军, 陈望清. 城市滨水岸线生态驳岸设计初探[J]. 技术与市场(园林工程), 2007, (9): 23-25.

[274] Gao M Y, Xie H J, Wang W X. Microbial mechanism of pollutants removal in new biological island grid[J]. Environmental Science, 2012, 33(5): 1550-1555.

[275] 宿军勇. 湿地组合工艺处理污水处理厂尾水的性能研究[D]. 济南: 山东大学, 2017.

[276] 高明瑜. 生物岛栅对污染河水的长期净化效果及微生物机理研究[D]. 济南: 山东大学, 2012.

[277] 张筱媛. 浅谈河道整治中的生态护岸设计[J]. 治淮, 2007, (6): 38-39.

[278] 冯媛. 表面流人工湿地水动力-水质模拟与分析[D]. 济南: 山东大学, 2016.

[279] 刘天翼. 于桥水库水人工湿地水动力及水质模拟研究[D]. 西安: 西安理工大学, 2016.

[280] 吴炳方, 沈良标, 朱光熙. 东洞庭湖湖流及风力影响分析[J]. 地理学报, 1996, 51(1): 51-58.

[281] 李锦秀, 刘树坤, 陈喜军, 等. 山体遮挡对滇池风生流的影响初探[J]. 湖泊科学, 1996, 8(4): 312-318.

[282] 闻岳, 周琪. 水平潜流人工湿地模型[J]. 应用生态学报, 2007, 18(2): 456-462.

[283] 朱岩, 李桂星, 杨悦新. 人工湿地去除污染物模型的研究进展[J]. 安徽农业科学, 2010, 38(15): 8138-8140.

[284] 张军, 周琪, 何蓉. 人工湿地污染物去除的数学模型[J]. 韶关学院学报(社会科学版), 2003, 24(12): 63-67, 107.

[285] Kadlec R H. The inadequacy of first-order treatment wetland models[J]. Ecological Engineering, 2000, 15(1): 105-119.

[286] 邓春光, 蔡明凯. 人工湿地动力学模型研究[J]. 安徽农业科学, 2007, 35(15): 4583-4584, 4613.

[287] Kadlec R H. Overview: Surface flow constructed wetlands[J]. Water Science and Technology, 1995, 32(3): 1-12.

[288] 李忠卫. 复合垂直流人工湿地处理生活污水中氮磷的试验研究[D]. 南昌: 华东交通大学, 2009.

[289] 王钰, 杨光超. 污水排放并入市政污水管网可行性及效果[J]. 环境保护与循环经济, 2022, 42(2): 44-47, 62.

[290] 汪迎春, 刘贵平. 城市雨水径流年污染总量核算[J]. 土木建筑与环境工程, 2012, 34(4): 118-124.

[291] 贺亚兰. 治理小微水体污染是小事吗?[J]. 中国生态文明, 2019, (2): 98.

[292] 潘龙, 张瑞斌, 潘卓兮, 等. 太湖流域污水处理设施尾水深度脱氮除磷工艺[J]. 中国环保产业, 2020, (2): 50-52.

[293] 孔向东. 北方地区人工湿地污水处理实用技术研究[J]. 铁道标准设计, 2015, 59(7): 169-172.

[294] 张翔, 李子富, 周晓琴, 等. 我国人工湿地标准中潜流湿地设计分析[J]. 中国给水排水, 2020, 36(18): 24-31.

[295] 吴秀营. 水生态修复工程茅洲河流域(宝安片区)燕川湿地设计分析[J]. 陕西水利, 2020, (7): 86-88.

[296] 曾伟涛. 企业生活污水高效除磷脱氮工艺研究与应用[J]. 黄冈职业技术学院学报, 2023, 25(1): 100-102.

[297] 景长勇, 丁洁然, 李国会, 等. 混凝沉淀+A/O+曝气生物滤池工艺处理沙棘加工废水工程实践[J]. 环境工程, 2016, 34(11): 45-48, 84.

[298] 都苏雨, 赖家业. 城市建成区河道综合整治的生态修复与景观设计——以深圳市宝安区铁岗水

库排洪河为例[J]. 现代园艺, 2020, (4): 96-97.

[299] 周香香. 崇明前卫村沟渠生态修复示范工程研究[D]. 上海: 华东师范大学, 2008.

[300] 人工湿地污水处理工程技术规范[J]. 上海建材, 2011, (1): 1-5.

[301] 郭彩蝶. 太原市河西北污水处理设施改扩建工程工艺设计探究[J]. 河北水利, 2020, (2): 38-40.

[302] 詹金星, 支崇远, 夏品华, 等. 水生植物净化污水的机理及研究进展[J]. 西南农业学报, 2011, 24(1): 352-355.

[303] 刘双发, 安德荣, 张勤福, 等. 新型微生物菌剂在生活污水处理中的应用研究[J]. 环境工程学报, 2008, 2(9): 1177-1180.

[304] 熊鸿斌, 刘田欣. 基于 WASP 石墨烯可见光催化的水质提升效果研究[J]. 合肥工业大学学报(自然科学版), 2022, 45(8): 1107-1112.

[305] 邹胜男, 严晓立, 许亮, 等. 石墨烯光催化氧化技术在黑臭河道综合整治中的应用[J]. 环境保护与循环经济, 2018, 38(6): 24-26.

[306] 刘芳, 樊丰涛, 吕玉翠, 等. 石墨烯/TiO_2 复合材料光催化降解有机污染物的研究进展[J]. 化工学报, 2016, 67(5): 1635-1643.

[307] 邹文, 郑瑶, 郑超. 食品工业废水的处理技术[J]. 四川水泥, 2015, (10): 43.

[308] 张兰军, 王浩胜. 单一基质快滤系统处理生活污水的研究[J]. 公路交通技术, 2014, 30(2): 130-134.

[309] 张兴凯, 姬广庆, 宋旭辉. "县城限高"是发展烧结多孔砖和砌块的重大机遇[J]. 砖瓦, 2021, (7): 25-27.

[310] 王辉, 黄艳燕. 浅谈建设项目池体防渗监理工作[J]. 青海环境, 2022, 32(3): 150-152.

[311] 班峰, 覃吉善. 人工湿地系统处理工业废水尾水的工艺设计研究[J]. 广东化工, 2019, 46(14): 135-136, 150.

[312] 戚景南. 潜流人工湿地水力学模型及污染物去除动力学模拟[D]. 重庆: 西南大学, 2008.

[313] 李慧峰. 空港经济区水平潜流人工湿地设计优化研究[D]. 天津: 天津大学, 2014.

[314] 谭军莲. 非稳态条件下人工湿地双氯芬酸的去除效果及模拟[D]. 重庆: 重庆大学, 2018.

[315] 李慧峰, 黄津辉, 林超. Subwet 模型在人工湿地设计中的应用[J]. 环境科学, 2013, 34(7): 2628-2636.

[316] 黄成才, 杨芳. 湿地公园规划设计的探讨[J]. 中南林业调查规划, 2004, 23(3): 26-29.

[317] 王立龙, 陆林, 唐勇, 等. 中国国家级湿地公园运行现状、区域分布格局与类型划分[J]. 生态学报, 2010, 30(9): 2406-2415.

[318] 成玉宁, 张祎, 张亚伟, 等. 湿地公园设计[M]. 北京: 中国建筑工业出版社, 2012.

[319] 金云峰, 杨玉鹏, 蒋祎. 国外湿地公园保护与管理研究综述[J]. 中国城市林业, 2015, 13(6): 1-5, 22.

[320] 许婷, 简敏菲. 城市湿地公园研究进展及发展现状[J]. 安徽农业科学, 2010, 38(16): 8753-8755.

[321] 杨觅. 我国湿地公园建设发展限制因素与对策[J]. 林业资源管理, 2015, (3): 44-46.

[322] 徐键, 金诺. 安徽国家湿地公园游客感知服务质量测评[J]. 佳木斯大学学报(自然科学版), 2021, 39(2): 138-141, 152.

[323] 吴后建, 但新球, 王隆富, 等. 中国国家湿地公园的空间分布特征[J]. 中南林业科技大学学报, 2015, 35(6): 50-57.

[324] 吴后建, 但新球, 舒勇, 等. 中国国家湿地公园: 现状、挑战和对策[J]. 湿地科学, 2015, 13(3):

306-314.

[325] 张冠湘, 付元祥, 苏琴. 国家湿地公园监管现状及存在问题初探[J]. 林业建设, 2021, (6): 7-10.

[326] 郭子良, 张曼胤, 崔丽娟, 等. 中国国家城市湿地公园的建设现状及其趋势分析[J]. 湿地科学与管理, 2018, 14(1): 42-46.

[327] 李进进. 城市湿地公园规划设计研究——以南京市雨花经济开发区三桥湿地公园为例[D]. 南京: 南京农业大学, 2014.

[328] 吴后建, 但新球, 刘世好, 等. 湖南省国家湿地公园分类分区管理探讨[J]. 中南林业科技大学学报, 2016, 36(11): 144-150.

[329] 王胜永, 王晓艳, 孙艳波. 对湿地公园分类的认识与探讨[J]. 山东林业科技, 2007, 37(4): 95-96, 86.

[330] 翁白莎, 严登华, 赵志轩, 等. 人工湿地系统在湖泊生态修复中的作用[J]. 生态学杂志, 2010, 29(12): 2514-2520.

[331] Brix H. Treatment of wastewater in the rhizosphere of wetland plants–the root-zone method[J]. Water Science & Technology, 1987, 19(7): 107-118.

[332] Prince M, Sambasivam Y. Bioremediation of petroleum wastes from the refining of lubricant oils[J]. Environmental Progress, 1993, 12(1): 5-11.

[333] 卢少勇, 张彭义, 余刚, 等. 农田排灌水的稳定塘-植物床复合系统处理[J]. 中国环境科学, 2004, 24(5): 605-609.

[334] 赵薇, 张艳桥. 人工湿地在雨水处理与湖泊水质改善中的应用研究[J]. 环境保护科学, 2010, 36(1): 24-27.

[335] 赖龙隆, 范洁, 鲁承虎, 等. 景观型人工湿地在海绵城市建设中的应用[C]. 贵阳: 2017(第五届)中国水生态大会, 2017.

[336] 袁重芳. 人工湿地生态系统景观模式构建研究[D]. 重庆: 重庆大学, 2008.

[337] 李甜. 人工湿地在城市湿地公园规划中的应用研究[D]. 上海: 同济大学, 2009.

[338] 梁雪阳, 陈明辉. 浅谈我国园林设计的要点[J]. 黑龙江科技信息, 2011, (28): 306.

[339] 高婷. 城市人工湿地公园中地形设计研究[D]. 西安: 西安建筑科技大学, 2011.

[340] 俞孔坚. 让水流慢下来: 六盘水明湖湿地公园[J]. 园林, 2014, (10): 58-61.

[341] 李娜. 湿地公园水体景观设计研究[D]. 北京: 中国林业科学研究院, 2015.

[342] 陈颖. 河流湿地公园建设与管理模式研究[D]. 北京: 北京林业大学, 2012.

[343] 李新国, 江南, 王红娟, 等. 近 30 年来太湖流域湖泊岸线形态动态变化[J]. 湖泊科学, 2005, 17(4): 294-298.

[344] 朱敏, 张媛媛. 园林工程[M]. 2 版. 上海: 上海交通大学出版社, 2016.

[345] 王馨. 自然: 日本建筑之心[J]. 美与时代(城市), 2020, (2): 7-8.

[346] 单栋祚, 周文君. 园林景观水体的水质生态净化技术探讨[J]. 现代园艺, 2018, 8(15): 139-140.

[347] 王庆安, 钱骏, 任勇, 等. 人工湿地系统处理技术在成都市活水公园中的应用[J]. 科学中国人, 2000, (6): 27-29.

[348] 成静. 解析城市人工湿地植物景观的营造[J]. 现代园艺, 2019, (20): 110-111.

[349] 张德顺. 上海辰山植物园营建关键技术及对策[J]. 中国园林, 2013, 29(4): 95-98.

[350] 胡灵卫. 外来种伊乐藻的无性繁殖力和生态适应性研究[D]. 新乡: 河南师范大学, 2009.

[351] 杨正平, 王立如. 21 世纪初我国外来生物入侵的现状分析及对策[J]. 科技资讯, 2011, 9(32): 248,

250.

[352] 周明涛, 杨平, 许文年, 等. 三峡库区消落带植物治理措施[J]. 中国水土保持科学, 2012, 10(4): 90-94.

[353] 柳伟. 人工湿地技术在河道流域综合治理中的应用[J]. 建筑技术开发, 2017, 44(19): 49-50.

[354] 王希勇. 水务环保工程施工现场标准化管理探索与实践分析[J]. 安徽建筑, 2022, 29(5): 186-187.

[355] 常雅婷. 国内外人工湿地设计规范/规程对比分析及陕西省生活污水人工湿地规范编制研究[D]. 西安: 西安理工大学, 2020.

[356] 王建设, 董淑珍, 王晨龙. 浅谈潜流人工湿地的设计与施工[J]. 治淮, 2019, (6): 40-41.

[357] 赵兴杰. 污水处理厂 HDPE 土工膜施工技术[J]. 山西建筑, 2011, 37(3): 77-78.

[358] 徐国华, 徐灏龙, 章一丹, 等. 高渗透性土质人工湿地防渗设计与施工[J]. 中国建筑防水, 2013, (14): 34-36.

[359] 张怀玉. HDPE 防渗膜铺设施工工艺及质量控制[J]. 甘肃科技, 2012, 28(10): 112-114.

[360] 杨玉轩. 复合土工膜在滹沱河倒虹吸渠道工程中的应用[J]. 水科学与工程技术, 2008, (4): 37-38.

[361] 陈红文, 李可. 人工生态潜流湿地设计、施工、管理中容易出现的问题及相关注意事项剖析[J]. 中外建筑, 2014, (12): 124-125.

[362] 张文磊, 姜秀丽, 刘金龙, 等. 潜流人工湿地施工技术的应用探讨: 以北京未来科技城滨水公园建设工程为例[J]. 中国水利, 2015, (2): 29-32.

[363] 骆建. 市政污水处理人工湿地构筑施工工艺技术详析[J]. 居舍, 2018, (12): 53, 184.

[364] 郭子州. 浅谈人工湿地植物池施工[J]. 安徽建筑, 2015, 22(5): 81-83.

[365] 黄彦. 珠海市城市河道生态化治理思路研究[D]. 广州: 华南理工大学, 2013.

[366] 陆春晖. 上海迪士尼乐园星愿公园水生植物的种植施工技术及后期养护[J]. 中国园林, 2017, 33(7): 26-29.

[367] 许玉娟, 安沛超. 浅谈水生植物在北方城市园林造景中的应用[J]. 河北林业, 2010, (6): 26-27.

[368] 熊杰. 景观园林绿化种植施工探讨[J]. 现代园艺, 2017, (14): 210-211.

[369] 姚枝良, 闻岳, 李剑波, 等. 人工湿地处理系统的运行管理与维护[J]. 四川环境, 2006, 25(5): 41-44.

[370] 闻岳, 董宁, 周琪. 修复受污染水体人工湿地系统的开发与管理[J]. 建设科技, 2008, (14): 34-38.

[371] 刘学燕. 在北方地区利用潜流人工湿地处理地表水试验研究[D]. 北京: 中国农业大学, 2004.

[372] Drizo A, Comeau Y, Forget C, et al. Phosphorus saturation potential: A parameter for estimating the longevity of constructed wetland systems[J]. Environmental Science & Technology, 2002, 36(21): 4642-4648.

[373] 叶超, 叶建锋, 冯骞, 等. 人工湿地堵塞问题的机理探讨[J]. 净水技术, 2012, 31(4): 43-48.

[374] 朱洁, 陈洪斌. 人工湿地堵塞问题的探讨[J]. 中国给水排水, 2009, 25(6): 24-28, 33.

[375] 曹营渠, 易畅, 龙俊宇, 等. 人工湿地堵塞的研究进展[C]. 成都: 四川省环境科学学会 2017 年学术年会, 2017: 181-185.

[376] 李雪娟, 和树庄, 杨海华. 人工湿地堵塞机制及其模型化的研究进展[J]. 环境科学导刊, 2008, 27(1): 1-4.

[377] Winter K J, Goetz D. The impact of sewage composition on the soil clogging phenomena of vertical flow constructed wetlands[J]. Water Science and Technology, 2003, 48(5): 9-14.

[378] 林莉莉, 鲁沁, 肖恩荣, 等. 人工湿地生物堵塞研究进展[J]. 环境科学与技术, 2019, 42(6):

207-214.

[379] 贺映全, 曹红军, 胡武林, 等. 垂直流人工湿地基质堵塞分析与处理措施[J]. 山西建筑, 2019, 45(10): 175-176.

[380] 吕天慧, 谢悦波. 本源微生物菌剂治理垂直流人工湿地堵塞问题[J]. 中国农村水利水电, 2013, (7): 26-29, 31.

[381] 王国芳, 金秋, 李先宁. 蚯蚓改善垂直潜流人工湿地处理农村污水效能的研究[J]. 中国给水排水, 2009, 25(23): 10-14.

[382] Ye J F, Xu Z X, Chen H, et al. Reduction of clog matter in constructed wetlands by metabolism of *Eisenia foetida*: Process and modeling[J]. Environmental Pollution, 2018, 238(7): 803-811.

[383] 华昇, 陈浩, 刘云国, 等. 不同季节人工湿地处理污水效果[J]. 安徽农业科学, 2019, 47(19): 68-72.

[384] 谭月臣, 姜冰冰, 洪剑明. 北方地区潜流人工湿地冬季保温措施的研究[J]. 环境科学学报, 2012, 32(7): 1653-1661.

[385] 雒维国, 王世和, 黄娟, 等. 潜流型人工湿地低温域脱氮效果研究[J]. 中国给水排水, 2005, 21(8): 37-40.

[386] 黄翔峰, 谢良林, 陆丽君, 等. 人工湿地在冬季低温地区的应用研究进展[J]. 环境污染与防治, 2008, 30(11): 84-89.

[387] 高廷耀, 顾国维, 周琪. 水污染控制工程[M]. 4版. 北京: 高等教育出版社, 2014.

[388] 黄有志, 刘永军, 熊家晴, 等. 北方地区表流人工湿地冬季污水脱氮效果及微生物分布分析[J]. 水处理技术, 2013, 39(1): 55-59.

[389] 练建军, 许士国. 低温下人工湿地去污效率及强化措施研究进展[J]. 水电能源科学, 2011, 29(8): 25-28, 213.

[390] 崔玉波, 郭智倩, 姜廷亮. 低温下人工湿地去除营养物的机理与效能[J]. 西安建筑科技大学学报 (自然科学版), 2008, 40(1): 121-125, 148.

[391] 王淑军, 刘佩楼, 徐世鹏, 等. 临沂市武河湿地的设计及其水质净化效果分析[J]. 中国给水排水, 2011, 27(22): 61-64.

[392] 林卉. 人工湿地在寒冷地区的应用和工艺优化措施研究[J]. 绿色环保建材, 2020, (4): 33-34.

[393] 申欢, 胡洪营, 潘永宝. 潜流式人工湿地冬季运行的强化措施研究[J]. 中国给水排水, 2007, 23(5): 44-46.

[394] 胡奇. 生物接触氧化-温室结构潜流人工湿地处理农村生活污水[D]. 哈尔滨: 哈尔滨工业大学, 2011.

[395] 潘春叶. 对北方地区给排水设计的几点体会[J]. 科技资讯, 2009, 7(16): 77.

[396] 邢奕, 钱大益, 应高祥. 应用耐冷菌株改善寒冷地区冬季人工湿地系统生物脱氮效果[J]. 北京科技大学学报, 2007, 14(S2): 53-57.

[397] 耿智慧. 地域文化在边缘村庄物质要素中的体现[D]. 西安: 长安大学, 2014.

[398] 宋瑞平, 陶如钧, 李智行, 等. 双碳目标下城镇污水处理厂的绿色市政理念应用实践[J]. 中国给水排水, 2022, 38(16): 61-65.

[399] 邵楠. 农村生活污水处理工艺的相关研究[J]. 中国资源综合利用, 2018, 36(12): 35-37.

[400] 李明远, 魏杰, 张武强, 等. 深圳市初期雨水特征分析及控制对策研究[J]. 广东化工, 2017, 44(10): 4.

后　记

　　人工湿地工程设计是一项系统工程，涉及生态工程、水文、环境科学、水工、结构、景观、建筑等诸多专业领域。通过多年实践与发展，人工湿地工程设计综合考虑协同处理好水质强化净化、生物多样性保育与恢复、景观游憩等功能间的相互关系，并成为人工湿地工程设计持续发展的方向与动力。本人从事湿地的学习、研究以及实践工作 16 年，攻读硕博士学位期间，以理论学习为主，参与了一些零星的规划设计；参加工作以后，以实践成果为依托，反哺理论学习。上述的学习研究与工程实践让我对人工湿地这一系统有了感性认识，积累了相关知识与经验。经过多年实践探索和大量工程实例研究，我带领团队形成了具有自身特色的人工湿地构建技术方法，并广泛运用于工程建设。

　　终于，我们迎来了《人工湿地设计要点及案例分析》的完成。在编撰本书的过程中，我们倾注了无数的心血和汗水，也得到了无数人的支持和帮助。感谢科学出版社对我们的信任！感谢科学出版社工作人员精心的编辑！由衷感谢家人对我们工作的支持！本书在写作过程中，得到相关单位的鼎力帮助，在此也一并致以谢意！在编撰本书过程中，我们深刻地感受到了生态文明建设的重要性。生态环境的保护和修复是当今世界面临的共同使命，而人工湿地作为生态系统的重要组成部分，发挥着不可替代的作用。我们希望这本书能为人工湿地的建设和管理提供有益的参考，为生态文明建设贡献一份微薄之力。愿生态文明建设之路越走越宽广，愿地球家园更加美好！